高等学校工商管理专业应用型本科系列教材

信息检索

Xinxi Jiansuo

——理论与创新

Lilun Yu Chuangxin

U0133858

许福运　张承华　主编

马静玉　黄　睿　姜仁珍　副主编

高等教育出版社·北京

HIGHER EDUCATION PRESS　BEIJING

内容提要

　　快捷准确、及时有效地检索和利用信息，是网络环境下对信息检索提出的新要求，也是知识经济时代的劳动者必须具备的基本信息素养。本书为适应信息检索课程发展的需要，系统地阐述了信息检索的基本理论和方法，并适时地把信息检索领域的最新知识和成果充实进来。全书共分 9 章，包括：数字信息检索的基本理论和知识；中文数据库；国外几种在编排结构上具有代表性的著名综合性检索系统；经济管理专业重要检索系统；经济信息检索及专利标准信息检索；互联网信息检索以及搜索引擎的相关理论和知识。本书还对检索与创新一体化进行了阐述，对考研、就业、留学等实用信息检索进行了介绍，并对信息综合利用给出了典型案例。本书由多年从事高等学校"信息检索"课程教学和科研的教师编写而成，可作为广大文献信息工作者、教学科研管理和技术工作者用书，也可作为各类应用型本科高等学校相关专业开设"信息检索"课程的教材或教学参考书，对热衷于信息检索研究和学习的广大读者也十分适用。

图书在版编目(CIP)数据

信息检索/许福运，张承华主编. —北京：高等教育出版社，2012.1

ISBN 978-7-04-030762-7

Ⅰ.①信… Ⅱ.①许… ②张… Ⅲ.①情报检索-高等学校-教材 Ⅳ.①G252.7

中国版本图书馆 CIP 数据核字（2011）第 256934 号

策划编辑	宋志伟	责任编辑	宋志伟	封面设计	张　楠	版式设计	马敬茹
责任校对	刘春萍	责任印制	刘思涵				

出版发行	高等教育出版社	咨询电话	400-810-0598
社　　址	北京市西城区德外大街 4 号	网　　址	http://www.hep.edu.cn
邮政编码	100120		http://www.hep.com.cn
印　　刷	唐山市润丰印务有限公司	网上订购	http://www.landraco.com
开　　本	787mm×960mm　1/16		http://www.landraco.com.cn
印　　张	21.75	版　　次	2012 年 1 月第 1 版
字　　数	390 千字	印　　次	2012 年 1 月第 1 次印刷
购书热线	010-58581118	定　　价	31.80 元

本书如有缺页、倒页、脱页等质量问题，请到所购图书销售部门联系调换

版权所有　侵权必究

物 料 号　30762-00

前　言

　　21世纪的中国以创新为灵魂的知识经济正在成为社会发展的主流。在知识经济时代，信息广泛渗透到经济、科技、文化的各个学科领域乃至人类生活的各个方面，它是一种极其重要的经济资源、战略资源，是不可替代的生产要素和不断增值的社会财富。信息的获取和利用成为人类赖以生存与发展的一种本能。任何一位劳动者，在他从事创造性的研究活动时，在他运用观察、比较和推理的能力来研究自然现象和社会现象时，必须首先广泛地获取文献信息，在前人已经取得成就的基础上去进行新的探索。俄罗斯信息学家布留索夫认为，学问与其说是知识的储蓄，倒不如说是善于在浩如烟海的信息海洋中找到知识的本领。科研的过程，在很大程度上是从搜集文献信息入手，经过分析研究到引出科学结论的过程。历史上有成就的学者能够在科学领域取得辉煌成就，无一不是在搜集和积累文献信息上下过苦功夫。掌握信息检索技术成为每个大学生和科研人员必备的基本技能之一。如何快捷、准确、及时、有效、经济地获取与自身需求相关和有用的信息，是知识经济和网络时代对信息检索提出的新要求，也是当代大学生必须具备的基本信息素质。因此，信息素质的培养日益成为世界各国教育界乃至社会各界所关注的理论与实践的重大课题。

　　近年来，世界信息环境发生着巨大变化。伴随网络化、数字化而产生的网络信息资源具有数量庞大、类型繁多、分布广泛的特点。数字资源、计算机网络存储和传递技术以及个性化的信息需求构成了新的信息环境。信息资源的组织、检索与利用模式正在发生根本性的变革。目前，培养学生在网络环境下获取和利用信息的能力已成为高等教育教学活动的基本要求之一，信息检索课程教学成为实现大学生获取与利用信息能力培养的重要教育环节。许福运教授组织全国信息检索课程教师及部分专家率先开展信息检索与创新教学研究，编撰出版了这部《信息检索》教材。通过现行的信息检索技能教育课程进行全方位的改革和探讨，形成一体化的教学模式，以拓宽信息检索教育的专业领域，推进并完善我国信息检索教育模式，实现大学生信息素养与创新能力的提高。

　　本书以提高大学生的信息素质和信息获取能力为出发点，突出信息检索的应用性，将侧重点放在叙述检索数字信息的方法和技巧上，向读者提供一部覆盖面广且较精炼实用的教材。

　　应用性是该书的主要特点。本书列举了很多检索实例并配有大量检索图示。凡涉及数字信息检索技术与方法的演示图片，都进行了反复实践操作验证，以确保所配实例操作过程的准确性。除实用性之外，新颖性也是本书所追求的目标。为此，本书的编著者们密切关注数字信息及信息检索工具的发展动态和最新成果，参考了许多最新资料，吸纳了一些新内容，尽可能反映最新的信息检索理论研究成果，以满足新世纪信息检索课程教学的需要。本书专门编写了检索与创新的章节，对创新思维和技巧进行了介绍并且给出了案例。这对于开拓读者的视野大有裨益，也是对检索与创新教育一体化的有益尝试。这是已出版的其他同类型教材中所不曾见到的。

　　本书共有九章，其中第一章由刘二稳编写，第二章由贺伟、姚伟编写，第三章由刘鹏编写，第四章由刘一农、姜仁珍编写，第五章、第六章由张承华、杨冰、黄睿编写，第七章由史建华编写，第八章由许福运、贺长伟编写，第九章由张承华、马静玉编写，全书由许福运、张承华统稿，许福运总纂。

　　该书的面世得到了高等教育出版社有关编辑的大力支持与帮助，在此表示衷心的感谢。在创作本书的过程中，听取了许多专家提出的宝贵意见，参考了大量文献资料包括部分网络资料，不便于一一标出，在此深表谢意。数字信息检索的理论和实践发展很快，新的理论和方法层出不穷。本书的编写，由于时间仓促，而编著者学识水平有限，因此疏漏、不足甚至错误之处在所难免，尚望广大读者不吝赐教，至为感谢。

编　者

2011 年 12 月

目　录

第一章　数字信息检索基础

第一节　数字信息资源概述

一、数字信息资源的概念

数字信息资源,狭义讲,亦可称为电子资源,指一切以数字形式生产和传递的信息资源。所谓数字形式,是以能被计算机识别的、不同序列的"0"和"1"构成的形式。数字资源中的信息,包括文字、图片、声音、动态图像等,都是以数字代码方式存储在磁带、磁盘、光盘等介质上,通过计算机输出设备和网络传送出去,最终显示在用户的计算机终端上。

随着互联网的发展,利用网络传递的数字信息资源的数量每年都以几何倍速增长,我们把这一类数字资源均称为网络信息资源(network information resources)。网络信息资源目前在数字信息资源中已经占有绝对比例。除此之外,到目前为止,仍然存在着大量仅在本地计算机上使用、没有通过网络传递的信息资源,如只用于单机的光盘或机读磁带数据库等,我们把这一类资源也归为数字信息资源。

二、数字信息资源的类型

数字信息资源的类型可以从数字信息的记录形式、时序、出版形式、制作形式四个方面进行划分。

(一) 按记录信息的形式分

根据记录信息的形式,数字信息资源可划分为文本类、图形(图像)类和声(视)频多媒体类三种。

1. 文本类数字信息资源

它是用语言、文字记录的信息资源,是最重要的信息资源,即文献。它是使用计算机文字处理软件产生的文件保存格式。其主要格式有:①TXT 文本格式;②DOC 文件格式;③HTML 超文本格式;④PDF 格式。

虽然 DOC、HTML 和 PDF 格式都可以包含图形、声音等多媒体信息,但由于它主要以文字、文本信息为主,图形、声音是辅助性的,因而我们仍然把它看成是文本数字信息。

2. 图形(图像)类数字信息资源

图形(图像)类数字信息资源主要包括各种照片、绘画、图谱、图片、图纸、图表等。目前常见的图形(图像)格式大致分为两大类:一类为位图;另一类为描绘类、矢量类或面向对象的图形(图像)。前者是以点阵形式描述图形(图像)的,后者是以数学方法描述的一种由几何元素组成的图形(图像)。一般来说,后者对图像的表达细致、真实,缩放后图像的分辨率不变,在专业级的图像处理中运用较多。

图形(图像)类数字信息资源的文件保存格式主要有:①BMP 格式;②JPG 格式;③GIF 格式;④TIFF 格式;⑤PSD 格式等。

3. 声(视)频多媒体类数字信息资源

多媒体数字信息是指既用文字、图、表、符号记录,也用声音、影像等记录,是集文字、声音、图形(图像)、影像于一体的数字信息资源。目前较为流行的声(视)频多媒体文件格式有:①WAVE,扩展名为 WAV;②MOD,扩展名为 MOD、ST3、XT 等;③MPEG-3 和 MPEG-4,扩展名分别为 MP3、MP4 等;④Real Audio,扩展名为 RA 等。

(二) 按文献的时序形式及有序化程度分

1. 零次文献

零次文献也称零次信息,指未经正式发表或不宜公开和大范围交流的比较原始的素材、底稿、手稿、书信、工程图纸、考察记录、实验记录、调查稿、原始统计数字,以及各种口头交流的知识、经验、意见、论点等。

此类文献的形式为手抄本、油印件、复印件等;电子形式为内部录音、录像、E-mail、BBS 帖子、电子文档等。

2. 一次文献

一次文献即原始文献,指反映最原始思想、成果、过程以及对其进行分析、综合、总结的信息资源,如事实数据库、电子期刊、电子图书、发布一次文献的学术网站等。用户可以从一次文献中直接获取自己所需的原始信息。

此类文献的印刷形式主要包括图书、期刊和报纸、科学考察报告、研究报告、会议论文、学位论文、专利说明书、技术标准、政府出版物、产品样本等;电子形式包括实时数据库、电子期刊、电子图书、电子预印本和发布一次文献的正式学术网站等。

3. 二次文献

二次文献也称二次信息,习惯上又称检索工具,是根据实际需要,按照一定的科学方法,将特定范围内的分散的一次文献进行筛选、加工、整理,使之有序化而形成的文献。由于它能较为全面系统地反映某学科、某专业的文献线索,因而是检索和评价一次文献的便捷工具。

此类文献的印刷形式有书目、文摘、题录、索引等；电子形式有二次文献数据库、搜索引擎等。其中二次文献数据库是在传统检索工具（如书目、文摘、题录、索引）基础上形成和发展起来的数据库。

4. 三次文献

三次文献也称三次信息，是指通过二次文献提供的线索，选用一次文献的内容，进行分析、综合、研究后而编成的文献。一般包括专题述评、专题调研、动态综述、进展报告、学科年度总结等。此类文献的印刷形式和电子形式基本重合，都包括综述、述评、字词典、百科全书、年鉴、标准、数据手册等。

（三）按文献的出版形式分

数字信息资源的出版形式是图书馆和信息服务机构存放、管理和提供服务的依据。根据文献出版形式的类型和特点不同，文献型数字信息资源分为以下几种类型。

1. 图书

图书是最早的文献类型之一，至今仍占据文献的主导地位。它具有内容成熟、知识系统完整，但传递知识信息相对较慢，编辑出版的周期较长等特点。图书根据功能不同分为阅读类和工具类。阅读类图书包括各种教科书、专著、文集等。工具类图书包括各种百科全书、年鉴、手册、词典、指南、名录、图册等。

图书著录的主要外部特征是：书名、著者、出版社名称、出版地、出版时间、总页数和国际标准书号（ISBN）。图书辨识的直接关键词是"出版（社、者）"，英文词是 press、publication（pub.）、publisher。例如：

Computer Simulation of Electrionic[①]，R.Raghuram[②]，New Delhi，India：Weiley[③]（1989）[④] 246pp[⑤]，［8122401112］[⑥]

注：①书名；②著者；③出版地、出版者；④出版日期；⑤图书总页数；⑥国际标准书号。

2. 期刊

期刊又称杂志（journal）、连续出版物（serials），指定期或不定期出版的有固定名称的连续出版物。它们有连续的卷或年月顺序号，具有周期短、反映新成果及时、内容新、学术性强、信息量大等特点。

期刊的类型常用冠名：acta（学报）、journal（杂志）、chronicles（纪事）、annuals（年刊）、bulletin（通报）、transactions（汇刊）。

期刊文献著录的主要外部特征是：论文题名、著者、刊名、卷号（Vol.）、期号（No.）年月、起至页码、国际标准刊号（ISSN）。其中：卷号（Vol.）、期号（No.）年月、起至页码、国际标准刊号（ISSN）是辨识期刊文献的主要外部特征。上述期刊类型的常用冠名也是辨识期刊的直接关键词。例如：

J.Pressure Vessel Technol. Trans，ASME[1] V112 n.4[2] Nov 1990[3] p410—416[4]

注：①刊名缩写；②卷期；③出版年月；④起止页码。

3. 会议文献

会议文献是指在学术会议上宣读或交流的书面论文。会议文献一般有会前、会中和会后文献三种类型。其中会后文献是主要的文献类型，通常以期刊、论文集、会议记录等形式出版。会议文献的特点是：文献论题集中，内容新颖，学术性强，能反映一个国家、一个地区或某一科学技术领域的最新成就、最高水平和发展趋势。许多最新的研究成果往往首先在会议上发表，所以会议文献成为了解各国科技发展水平和发展动向的重要文献源，因而受到科学界的高度重视。

会议和会议文献常用的主要名称有大会（conference）、小型会议（meeting）、讨论会（symposium）、研讨会（seminar）、会议录（proceeding）、单篇论文（paper）、汇报（transaction）等。

会议文献著录的主要外部特征是：论文题名、著者、编者、会议名称或会议论文集名称、会议地或主办国、会议时间、论文在会议论文集中起至页码、会议论文编号。其中：会议名称或会议论文集名称、会议地或主办国、会议时间、论文在会议论文集中起至页码、会议论文编号是辨识会议文献的主要外部特征。上述会议和会议文献常用的主要名称也是辨识的直接关键词。例如：

Proceedings Fourth Annual Symposium on Logic Computer Science[1]（Cat. No.89 CH2753–2）[2] Paific Grove，CA.USA，5–8 June 1989[3]（Washington，D.C.USA：IEEE Computer，Soc Press 1989 p263–72）[4]

注：①会议及会议录名称；②订购号；③会议地点及时间；④会议录出版单位、地址及出版年份和页码。

4. 学位论文

学位论文是高等院校的学生为了获取一定的学位资格而撰写的学术性研究论文，如博士论文、硕士论文、学士论文等，其特点是具有学术性和独创性。大多数国家采用学士（Bachelor）、硕士（Master）和博士（Doctor）三级学位制。通常所讲的学位论文，主要指博士、硕士论文及优秀学士学位论文。

学位论文除在本单位被收藏外，通常也被本国的国家图书馆收藏。例如，在我国，国家科技文献中心（NSTL）、中国科技信息研究所、万方数据、CNKI（清华同方）都集中收藏和报道国内各学位授予单位的博士、硕士学位论文。

学位论文著录的主要外部特征是：学位名称、导师姓名、学位授予机构、学位授予时间等。学位论文辨识的直接关键词是"学位论文"和"学位名称"，英文词是 doctoral dissertation 和 M.S、M.B.A、Ph.D.、D.E、D.S. 等。例如：

Allen,B.[1],Learning Body Shape Models from Real-World Date[2],ph.D.Thesis[3],2005[4].(pdf)[5]

> 注:①作者;②论文题目;③论文级别;④时间;⑤原文格式。

5. 科技报告

科技报告是科技人员从事某一专题研究所取得的成果和进展的实际记录。科技报告一般都有编号,且单独成册。科技报告反映的是新兴科学和尖端科学的研究成果,内容新颖,专业性强,能代表一个国家的研究水平,各国都很重视。目前,美、英、德、日等国每年产生的科技报告达 20 万件左右,其中美国占 80%。美国政府的 AD、PB、NASA、DOE 四大报告在国际上最为著名。

（1）PB（Publishing Board）报告。由美国商务部国家技术情报服务处（NTIS）出版发行,报告的内容侧重于各种民用科学技术、生物医学。

（2）AD（ASTIA Document）报告。原来为美国武装部队技术情报局（Armed Services Technical Information Agency,ASTIA）出版的文献,即 ASTIA Document 报告。现今 AD 含义已变为入藏文献（Accessioned Documents）,主要收录军事科技方面的文献资料。

（3）NASA 报告。NASA 是美国航空航天局（National Aeronautics and Space Administration）的简称。内容除航空航天技术以外,涉及许多相关学科,在一定程度上成为综合型科技报告。

（4）DOE 报告。DOE 报告是美国能源部（US Department of Energy）出版的报告,收录能源部所属实验室、能源技术中心和情报中心以及合同单位发表的科技报告,内容涉及核能与其他能源,包括矿物燃料、太阳能以及节能、环境和安全等内容。

科技报告具有保密的特点,因而不易获取。在我国,国家图书馆、国防科技信息研究所和上海图书馆的科技报告相对比较完整。

科技报告文献著录的主要外部特征是:报告名称、报告号、研究机构、完成时间等。例如：

Report KFKI—1983—570[1],Hungarian Acad,Sci.,Budapest[2](1983)[3],15pp[4]

> 注:①科技报告编号;②收集或编写科技报告机构地址;③公布时间;④报告页数。
> 科技报告有"Report"这个特征词。

6. 专利文献

专利文献指根据专利法公开的有关发明的文献,主要为专利说明书,也包括专利法律文件和专利检索工具。专利文献具有新颖性、创造性和实用性的特点，且范围广泛，出版速度快，格式规范，有助于科技人员借鉴国际先进技术，避免重复劳动。专利文献是一种实用性很强的技术资料。

专利文献的主要外部特征有：申请号、公开号、申请人（专利权人）、发明（设计）人、申请日、公开（公告）日等。例如：

……Patent no：US 4202737……

> 注：US 是美国的专利号代码，专利文献有"patent"这个特征词。

7. 标准文献

标准文献是对工农业新产品和工程建设的质量、规格、参数及检验方法所做的技术规定，是人们在设计、生产和检验过程中共同遵守的技术依据。它是一种规章性的技术文件，具有一定的法律约束力。按批准机构级别和适用等级可分为国际标准、国家标准、部颁标准（行业标准）和企业标准四个等级。标准的主要收藏单位是省级以上的技术监督研究所和科技信息所。

标准文献都有标准号，通常由国别（组织）代码＋顺序号＋年代组成。我国的国家标准分为强制性的国标（GB）和推荐性的国标（GB/T）；行业标准代码以主管部门名称的汉语拼音声母表示，如 JT 表示交通行业标准；企业标准编号为：Q/省、市简称＋企业名代码＋年份。

标准文献著录的主要外部特征是：标准级别、标准名称、标准号、审批机构、颁布时间、实施时间等。标准文献辨识的直接关键词是"标准"（standard）与"标准号"。例如：

GB^① 50411^②-2007^③

> 注：①标准代号（中国国家标准）；②顺序号；③年份。

8. 政府出版物

政府出版物指各国政府部门及其所属机构颁布的文件，如政府公报、会议文件和记录、法令汇编等。所包含内容范围广泛，几乎涉及整个知识领域，但重点在政治、经济、法律、军事等方面。政府出版物按其性质可分为行政性文献和科技性文献，它具有正式性和权威性的特点。

西方国家多设有政府出版物的专门出版机构，如英国的皇家出版局（HMSO）、美国政府出版局（GPO）等。中国的政府出版物大部分是由政府部门编辑，由指定出版社出版。

9. 产品资料

产品资料又称产品说明书，是对一种产品的性能、规格、构造、用途、使用方法等所作的说明。产品资料技术比较成熟、数据可靠,常附有外观照片与结构图,直观性强。但产品资料的时间性强,使用寿命较短。产品资料是技术人员设计、制造新产品的一种有价值的参考资料。

10. 技术档案

技术档案指生产建设、科技部门和企事业单位针对具体的工程或项目形成的技术文件、设计图样、图表、照片,原始记录的原本及复印件。包括任务书、协议书、技术经济指标和审批文件、研究计划、研究方案、试验记录等。它是生产领域、科学实践中用以积累经验、吸取教训和提高质量的重要文献。科技档案具有保密性,常常限定使用范围。

第二节　数字信息检索理论

一、数字信息检索的概念和原理

(一) 数字信息检索的概念

数字信息检索是指人们在计算机或网络终端上,使用特定的检索指令、检索词和检索策略,从计算机检索系统的数据库中检索出所需要的信息,再由终端设备显示、下载、拷贝、打印的过程。广义的数字信息检索包含信息存储和信息检索两个部分(见图 1-1)。

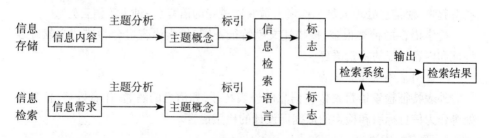

图 1-1　数字信息检索的全过程

(1) 信息存储,就是指标引人员对文献内容进行主题分析,即把文献包含的信息内容分析成若干能代表文献主题的概念,并用词表、分类表等规范标志的检索语言对文献主题进行标引,同时把入选文献中的其他特征标志(标题、著者、文摘、原文出处等)按所选数据库结构的索引结构一起输入到计算机文献检索系统中进行存储,编制成一系列索引文档数据库和文摘信息数据库。

（2）数字信息检索是检索者对检索课题进行主题分析，明确检索范围，形成能代表信息需求的若干主题概念，把这些主题概念转换成计算机信息检索语言，即用数据库、检索工具书对各概念选词并进行概念逻辑组配，编制成文献检索提问式，再在所选的合适数据库中用检索系统规定的指令输入到计算机，通过检索软件在数据库中运行，将信息需求的主题概念和数据库内文献主题标志进行匹配，找到命中文献。

（二）数字信息检索的原理

无论是数字信息还是传统信息，其检索原理基本相同，即对信息集合与需求集合的匹配与选择，也就是检索提问标志与存储在数据库中的文献标引标志进行比较，两者一致或信息标引的标志包含着检索提问标志，则具该标志的信息就从数据库中输出，输出的信息就是检索命中的信息（见图 1–2）。

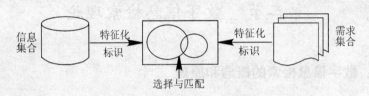

图 1–2　数字信息的检索原理

二、数字信息的检索语言

检索语言就是信息组织、存储与信息检索时所用的语言，它是把存储与检索联系起来，使信息处理人员和检索人员共同遵守的语言（一种人工语言）。

检索语言的种类很多，按描述文献特征不同，检索语言可分为描述文献外表特征和内容特征的检索语言。

（一）外表特征检索语言

外表特征检索语言是依据信息的外表特征，如信息的题名、作者姓名、信息出处等作为信息标引和检索的依据而设计的检索语言。

1. 题名检索语言

这是指以书名、刊名、篇名、论文题名为标志的检索语言。题名检索语言一般规定：题名索引按字顺排列，如西文题名中的虚词不作索引，实词按字母顺序排列，中文按汉语拼音字母顺序或汉字的笔画笔形排列。

2. 著者检索语言

这是指以作者、译者、编者等信息的责任者的姓名或团体组织名称为标志的检索语言。这种语言一般要求：著者的姓名用姓在前、名在后的形式，而且姓要用全称,名要用缩写。但各个数据库的要求则不尽相同。因此,检索时要参考检索工具的使用说明。

3. 序号检索语言

这是指以信息特有的序号为标志的检索语言,如专利号、技术标准号、化学文摘号等。使用这种检索语言,也要注意各检索工具的差别。

(二) 内容特征检索语言

1. 分类检索语言

分类检索语言是指按照学科范畴及知识之间的关系列出类目,并用数字、字母符号对类目进行标志的一种语言体系,也称分类法。目前常用的分类法有《中国图书馆图书分类法》(简称《中图法》)、《美国国会图书馆分类法》、《杜威分类法》、《国际专利分类法》等。例如《中图法》将所有的知识分为 22 个大类,并且用不同的字母标志不同的学科,构成一个知识体系,如:

……	O 数理科学和化学
F 经济	P 天文学、地球科学
G 文化、科学、教育、体育	Q 生物科学
H 语言、文字	R 医药、卫生
I 文学	S 农业科学
……	……

其中每一个大类又可以细分成若干个二级类目,二级类目还可以再细分。例如经济又可以划分为:

F0 经济学	F3 农业经济
F1 世界各国经济概况、经济史、经济地理	F4 工业经济
F2 经济计划与管理	……

"工业经济"又可以进一步划分为"工业经济理论"、"世界工业经济"、"中国工业经济、""各国工业经济"等。这些类目还可以再层层划分,每一级类目都用"字母 + 数字"形式进行标志。

2. 主题检索语言

由主题词构成,是直接以代表文献内容的主题概念作为检索标志,并按其字顺组织起来的一种检索语言。根据词语的选词原则、组配方式、规范方法,主题语言可分为标题词语言、单元词语言、叙词语言和关键词语言。

(1) 标题词,是一种先组式的规范词语言,即在检索之前已经将概念之间的关系组配好。具有较好的通用性、直接性和专指性,但灵活性较差。

(2) 单元词,是一种最基本的、不能再分的单位词语,亦称元词,从文献内容中抽出,再经规范,能表达一个独立的概念。例如"信息检索"是一个词组,"信息"

和"检索"才是单元词。

（3）叙词，是计算机检索中较多的一种语言。可以用复合词来表达主题概念，在检索时可由多个叙词形成任意合乎逻辑的组配，构成多种组合方式。由叙词构成的词表叫叙词表。

（4）关键词，是直接从信息资源名称、正文或文摘中抽出的代表信息主要内容的重要语词。关键词语言是不受词表控制的非规范化语言。

三、数字信息的检索途径

数字信息的检索途径是与文献信息的特征和检索标志相关的。现根据文献的外部特征和内容特征，将信息的检索途径分为两大类型。

（一）以文献外部特征为检索途径

1. 题名途径

题名途径即以书、刊名称或论文篇名编成的索引作为文献检索的一种途径。如果已知书名、篇名，可以此作为检索点，利用书（刊）名目录、题名索引等进行检索，查出所有特定名称的文献。题名途径一般较多用于查找图书、期刊、单篇文献。

2. 责任者途径

责任者途径是指根据已知责任者的名称检索点查找文献的途径。利用责任者途径检索文献，主要是利用作者索引、团体作者索引、专利权人索引等。

3. 号码途径

号码途径是指根据文献信息出版时所编的顺序来检索文献信息的途径。如报告号、专利号、标准号、入藏号查找文献的途径。使用这种途径多见于查找专利、科技报告、政府文献和从文号查找档案文件。

（二）以文献内容特征为检索途径

1. 分类途径

按照文献的文题内容所属的学科体系和事物性质进行分类编排所形成的检索途径。通过分类号来进行检索。使用这一途径必须了解学科分门别类的体系，并将文字概念转换成分类检索标志。在转化分类号的过程中，由于受专业知识和分类方法的影响，易发生错误，造成漏检和误检，影响检索结果。

2. 主题途径

主题途径是根据文献主题内容提取主题词，按字顺将其排列起来，通过主题索引检索文献的途径。常用的主题索引有"标题词索引"、"关键词索引"、"叙词索引"等。

主题途径直接以词或词组作为检索词，表达概念比较准确、灵活，可随时增补、修改，以便及时反映学科新概念；另外主题途径能满足特性检索的要求，适合于查找比较具体、专深的课题资料。主题途径的缺点是它要求使用者必须具备较高的专业知识、检索知识和外语水平。

以上所述的各种检索途径中,分类途径和主题途径是最常用的途径。分类途径适合于族性检索,主题途径适合于特性检索。两者相互配合则会取得较好的检索效果。其他途径都是辅助性的检索途径。

四、数字信息的检索系统

(一) 检索系统的构成

1. 按物理构成来划分

从物理构成来讲,数字信息检索系统由硬件、软件、数据库三部分组成:

(1) 硬件,是和计算机检索有关的各种硬件设备的总称,如大型计算机主机(服务器)、存储器(硬盘或光盘)、网络(广域网、局域网或存储区域网等)、输入输出设备(键盘、打印机、鼠标等)、计算机终端或个人计算机(PC)等。

(2) 软件,指与计算机检索相关的数据库系统软件及相关应用软件,包括信息采集、存储、标引、建库、用户检索界面、提问处理、网络发布、数据库管理等模块。

(3) 数据库,是指按一定方式、以数字形式存储、可通过计算机存取、相互关联的数据的集合。数据库的特点是:数据重复少,可以共享数据资源;数据具有独立性,并能提供多种检索途径,检索结果准确。

2. 按存储设备和用户检索方式划分

(1) 联机数据库检索系统,是指信息用户利用计算机终端设备,通过通信线路或网络,在联机检索中心的数据库中进行检索并获得信息的过程。联机检索是计算机技术、信息处理技术和现代通信技术三者的有机结合。联机数据库的更新速度快、检索速度快,但费用较高。

(2) 光盘数据库检索系统,通常是指 CD-ROM 数据库。CD-ROM(compact disc read-only memory)意为只读光盘,体积小、容量大,可存储文字、图片、图像、声音等。

(3) 网络数据库检索系统,是指用户在自己的客户端上,通过互联网和浏览器界面对数据库进行检索。这一类检索系统是基于互联网的分布式特点开发和应用的,即数据库分布式存储,不同的数据库分散在不同的数据库生产者的服务器上;用户分布式检索,任何地方的终端都可以访问并存储数据;数据分布式处理,任何数据都可以在网上的任何地点进行处理。

(二) 文献信息数据库的类型

按照国际上通用的分类方法,文献信息数据库通常划分为以下类型。

1. 参考数据库(Reference Database)

参考数据库是指引用户到另一信息源以获得原文或其他细节的一类数据库。

它包括书目数据库和指南数据库两种。

（1）书目数据库（Bibliographic Database），有时又称二次文献数据库，或简称文献数据库，指存储某个领域的二次文献信息的数据库。题录、文摘、目录数据库等都属于书目数据库。例如，美国化学文摘数据库 CA Search，中国机械工程文摘数据库，各国生产发行的机读目录（MARC）等，即属于此类型。

（2）指南数据库（Directory Database），指存储关于某些机构、人物、地名、产物、出版物、项目、程序、活动等对象的简要描述信息的一类数据库，也称为指示性数据库。例如，各种机构名录数据库、人物传记数据库、产品数据库、软件数据库等，均属此类。

2. 源数据库（Source Database）

源数据库是能直接为用户提供原始资料或者具体数据的一类数据库。它又可以划分为以下几种类型。

（1）全文数据库（Full-Text Database），指存储文献全文或其中主要部分的一种源数据库，简称全文库，如新闻信息全文库、法律法规全文库、期刊论文全文库等。

（2）数值数据库（Numerical Database），指专门存储数值信息的一种源数据库（或包括数值统计的有关数据），如各种统计数据库、财务数据库和公司年度报表数据库等。

（3）文本、数值数据库（Textual-Numeric Database），指能同时提供文本信息和数值数据的一种源数据库，如公司信息库、产品市场销售数据库等。

（4）术语数据库（Terminological Bank），指专门存储名词术语信息、词语信息以及术语工作和语言规范工作成果的一种源数据库，如电子化辞书等。

（5）图像数据库（Graphics Database），指用来存储各种图像或图形信息及有关文字说明资料的一种源数据库，主要用于建筑设计、广告、产品目录、图片或照片等资料类型的计算机存储与检索。专利、商标的图像在相应数据库中也可检索。

3. 混合数据库（Mixed Database）

混合数据库是兼有源数据库和参考数据库特点的一类数据库。多媒体数据库（Multimedia Database）就属于这一类。它能把文字、数值、声音、图像等性质不同的信息存储于同一载体上进行一体化处理和管理。这种数据库一般为超文本。

（三）文献信息数据库的结构

一个数据库通常由一个主文档（Master File）和若干个索引文档或称倒排文档（Inverted File）组成。从使用者的观点来看，数据库主要由文档、记录、字段三个层次构成。

1. 文档

文档是书目数据库和文献检索系统中数据组成的基本形式，是由若干个逻辑记录构成的信息集合。从数据库的内部结构看,通常一个数据库至少包括一个顺排文档和一个倒排文档。

(1) 顺排文档是将数据库的全部记录按照记录号的大小排列而成的文献集合,它构成了数据库的主体内容。由于顺排文档中主题词等特征标志的无序性,使系统空间过大,检索速度慢、实用性差。

(2) 倒排文档是把记录中一切可检索字段(或属性值),如著者姓名、主题词、叙词等抽出,按照一定顺序排列起来,即将具有同一属性的所有记录列出。使用倒排文档可以大大提高检索的效率。

顺排文档和倒排文档的主要区别是顺排文档是以文献的完整记录为顺序来处理和检索文献;倒排文档则是以文献信息的属性(即记录中的字段)来处理和检索文献。在实际运行的数据库中,倒排文档通常有好几个。这是因为不同属性的标志需要分别建立不同的倒排文档。另外,按照检索习惯,首先知道的是含有检索词的记录数而不是显示的具体记录,因此数据库中专门建立索引词典倒排文档和记录号倒排文档。

2. 记录

记录是文档的基本单元,由若干个字段组成,是对某一文献的全部属性进行描述的结果。在全文数据库中一条记录相当于一篇完整的文献;在书目数据库中,一个记录相当于一条题录或文摘。以下是维普中文科技期刊数据库中一篇文献的文摘记录。

高等教育扩展对中国居民收入差距的影响

[作者]韩雪峰

[机构]沈阳化工学院经济管理学院,辽宁沈阳 100142

[刊名]生产力研究 –2009(7).–92–93

[关键词]高等教育扩展　收入差距　基尼系数　 [ISSN]1004–2768

[分类号]F124.7

[文摘]改革开放以来,我国经济飞速发展,居民收入迅速增长,但居民收入差距也在逐步扩大;同时,我国的高等教育事业也在蓬勃发展。那么我国高等教育扩展与居民收入差距扩大的关系如何? 文章首先在理论上对教育扩展影响居民收入差距进行分析;其次对两者之间的关系进行了现状描述;再次对两者的关系进行了计量分析;最后就如何加快教育扩展,以教育扩展为手段促进居民收入差距的缩小提出了自己的政策建议。

3. 字段

字段是文献记录的基本单元,是对文献具体属性的描述。在书目数据库中,记录中含有题名、著者、出版年份、主题词、文摘等字段。在不同的文档中,根据文献内容的不同属性标出不同的字段,通常分为主题字段和非主题字段。有的系统把主题字段组成的倒排文档称为基本索引,把非主题字段组成的倒排文档称为辅助索引(例如 Dialog 系统)。基本索引和辅助索引在检索策略的构成方法上往往有些区别。基本索引通常是主题检索途径,而辅助检索通常是非主题检索途径。

第三节   数字信息检索技术

一、构建检索提问式

检索提问式主要由检索词和算符组成。

（一）检索词

检索词即信息属性的标志,除表示信息资源形式特征的题名、著者、代码等特征词之外,主题词是构造提问检索式十分重要的要素。

检索词也可以说是用户或检索者在检索活动开始前提出的字词或字符,它是用于进入系统检索所需记录的依据。检索词包括叙词(Descriptor)、标题词(Subject Heading)、自由标引词(Identifier)、关键词(Keyword)和全文检索自由词(Free Term)以及一些表示信息形式特征的词,如题名、著者等。

检索词也是构成检索式的基本单元,确定与选择检索词是一个至关重要的问题。由于主题检索途径是计算机检索的主要途径,检索词应该与信息用户的需求及检索系统中的特定记录相互匹配。

（二）检索提问式

亦称检索式(项)或检索提问表达式,它是一个直接面对数据库或检索系统的完整的检索条件表达式,是要求系统执行的检索语句。

（三）关系算符

关系算符是用于表示检索项在记录中出现的逻辑关系或位置关系的符号,也称为关系符。主要有逻辑算符和位置算符等。

二、数字信息的检索技术

（一）布尔逻辑检索

布尔逻辑检索即运用布尔逻辑算符对检索词进行逻辑组配,表达两个概念之间的逻辑关系。

(1) 逻辑"与"(AND)。检索时,命中信息同时含有两个概念,专指性强(见图1-3)。

(2) 逻辑"或"(OR)。检索时,命中信息包含所有关于 A 或 B 或同时有 A 和 B 的,检索范围比"AND"扩大(见图1-4)。

(3) 逻辑"非"(NOT)。命中信息包括 A、不包括 B 或同时含有 A 和 B 的,排除了不需要的检索词(见图1-5)。

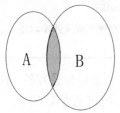 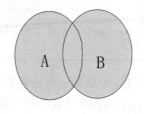 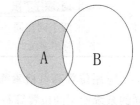

图1-3　逻辑"与"关系　　　图1-4　逻辑"或"关系　　　图1-5　逻辑"非"关系

在中文数据库中,布尔逻辑算符有时用 AND、OR、NOT 下拉菜单形式表示,供用户选择;有时用"*"、"+"、"-"表示"与"、"或"、"非"。

在不同的检索系统里,布尔逻辑的运算次序是不同的,因此会导致检索结果的不同。通常的运算次序有这样几种形式:

(1) 按算符出现的顺序,如果是 AND、OR、NOT 就按 AND、OR、NOT 的顺序运算;如果是 OR、NOT、AND 就按 OR、NOT、AND 顺序运算。

(2) 默认 AND 优先运算,其次 OR、NOT。

(3) 默认 OR 优先运算,然后是 NOT、AND。

(二) 位置算符检索

位置算符检索即运用位置算符表示两个检索词的位置邻近关系,又叫邻接算符。这种检索技术通常只出现在西文数据库中,在全文检索中应用较多。常用的位置算符如表1-1 所示。

表1-1　常用位置算符

算符	功能	表达式	检索结果
W、W/N	两词相邻、两词之间只能有一空格,标点符号按输入时顺序排列	education(W) school	education school、education schools、(education-school、education-schools)
nW	两词相邻、两词之间可插入 n 个词、按输入顺序	education(1W) school	education school、education schools、education and school

续表

算符	功能	表达式	检索结果
N、NEAR、ADJ	两词相邻、顺序可以颠倒	education（N）school	education school、education schools、school education
nN	两词相邻、两词之间可插入 n 个词、顺序不限	education（1N）school	education school、school of education、education and music school、school of music and education
F	两个词在同一个标引字段中	education（F）school	例如同时出现在题名或文摘字段中

　　应用位置算符检索需要注意,不是每一个检索系统都使用上述位置算符,不同的系统使用的位置算符不同,不同的算符在不同的系统中有时可能含义不同。

　　(三) 截词检索

　　截词检索又称词干检索,指检索者将检索词在他认为比较合适的地方截断,是用截断的词的一个局部进行的检索,也就是利用检索词的词干加上截词符号进行检索。由于是对词的片段进行的非精确一致的检索,所以也称模糊检索。这种检索方法具有检索命令简单、检索步骤简便、查全率较高等特点,主要用于西文数据库检索。截词符号主要用“? ”、“*”、“$”表示。

　　截词方式有多种,根据截词位置的不同,分为后截断、中截断和前截断 3 种;根据截断的数量不同,分为有限截断和无限截断。

　　1. 后截断

　　后截断也称前方一致检索,或称右截断,即把截词符号置于被截词的右方,表示其右边截去有限或无限个词,数据库中只要有与截词符前面部分一致的文献,即为命中文献。例如,输入 librar*,可检索 libraries、librarian、library 等。

　　2. 中截断

　　中截断即把截词符号放在检索词的中间,检索到的是词首和词尾部分与检索词一致的文献。如 organi? ation,可检索出 organisation、organization,这种方式查找英文中不同拼法的概念最有效(如英美拼写差异)。

　　3. 前截断

　　前截断又称左截断,截词符号放在被截词的左边,表示其左边截去有限或无限个词,数据库中只要有与截词符号后面部分一致的文献,即为命中文献。例如,输入 *magnetic,可检索 electro-magnetic、electeomagnetic 等。

　　4. 无限截断

　　无限截断即不限制被截断的字符的数量,例如输入 educat? ,可以检索educator、educators、educated、educating 等。

5. 有限截断

有限截断即限制被截断的字符数量,例如输入 educat **,表示被截断的字符只有两个,可以检索 educator、educated 等。

(四)字段检索

字段检索是限定检索词在数据库记录中出现的字段范围的一种检索方法,即指定检索词出现的字段。被指定的字段也称检索入口。检索时,系统只对指定字段进行匹配运算,提高了效率和查全率。

在西文数据库中,字段检索有时是用代码来表示。常用的字段代码如表 1-2 所示。

表 1-2 数据库常用检索字段

西文数据库常用字段		中文数据库常用字段
字段名称	字段代码	
author	AU	作者
abstracts	AB	文摘
corporate source、organization、company	CS	机构名称
descriptor、subject	DE	叙词 / 主题词
document type	DT	文献类型
full-text	FT	全文
ISSN	ISSN	国际标准连续出版物号
journal name、publication title	JN	期刊名称
keyword、topic	KW	关键词
language	LA	语言
publication year	PY	出版年
title	TI	题名

应用字段检索需要注意表格中字段代码限制符在不同的检索系统中有不同的表达形式和使用规则。

(五)全文检索

全文检索是指直接对原文进行检索,从而更加深入到语言细节中去。它扩展了用户查询的自由度,使用户能对原文的所有内容进行检索,检索更直接、彻底。

全文检索技术通常用于全文数据库和搜索引擎中。使用全文检索会提高查全率,但同时也会有很多不相关的信息出现。因此,在标引工作做得比较好的数据库中,这种方法是在进行其他字段的检索后,仍无法得到满意的结果时才会使用。在西文数据库中进行全文检索时,使用位置算符会帮助提高查准率。

（六）其他检索技术

1. 分类检索

分类检索多用于目录搜索引擎。用户无须输入任何文字,只要根据目录搜索引擎提供的主题分类目录,层层点击进入,便会查找到所需的网络信息资源。

2. 关键词检索

关键词检索是搜索引擎提供的最基本功能。当用户想快速查找所需的网络资源,或者无法确定所要搜索的网络资源的类别时,可以使用关键词检索方法。用户只需在搜索引擎的提问框中输入合适的提问关键词,按回车键之后,搜索引擎便会将与该提问关键词匹配的结果反馈于用户。大多数的搜索引擎以模糊检索原理实现关键词检索功能。

3. 目录与关键词检索相结合

目前很多搜索引擎开始使用该技术,例如 Sohu（http://www.sohu.com）等。

4. 自然语言检索

自然语言检索是一种直接采用自然语言中的字、词甚至整个句子作为提问式进行检索的方法,即用户可以用"What is the weather in Beijing？"这样的自然语言表达作为提问式。

5. 限制检索

在输入检索式时,使用一些限定来缩小或约束检索结果的方法,即为限制检索,也称限定检索。检索系统通常以菜单的方式将所有可供限定的内容排列出来,供检索用户选择。最常见的检索限定包括出版时间、来源出版物、语种、文献类型、是否需要核心期刊、检索结果是否为全文等。

6. 区分大小写的检索

主要针对检索词中含有人名、地名等专有名词的情况。在区分大小写的情况下,大写检索词等被当做专有名词看待。而在不区分大小写的情况下,则无法区分该检索词是专有名词还是普通词,从而在一定程度上会影响检索结果的准确。

第四节 数字信息检索程序

数字信息检索可分四个步骤进行:分析研究课题;选择相关信息资源,确定检索方法;构造检索式,选择检索入口;对检索策略进行调整。

一、分析研究课题

对一个检索用户来说,对检索课题进行分析,是下一步制定检索策略的前提和基础,其目的是让用户搞清楚自己的需求,知道要解决哪些问题。因此,要弄清以下几个方面。

(一) 明确检索目的

一般来说,用户的信息需求和检索目的包括以下几类:

一是需要关于某一个课题的系统详尽的信息,包括掌握其历史、现状和发展,如撰写硕士、博士论文,申请研究课题,进行科技成果查新,鉴定专利,编写教材等。这类需求要求检索得全面、彻底,检索的资源多,覆盖的时间年限长。为满足这类需求,要尽可能使用光盘数据库和网络数据库,降低检索成本。

二是需要关于某个课题的最新信息。这类需求的用户通常一直对某个课题进行跟踪研究,或从事管理决策、工程工艺的最新设计等工作。对于这样的检索目的,需要检索的资源则必须是更新速度较快,如联机数据库、网络数据库、搜索引擎检索等,覆盖的年限也比较短。

三是了解一些片断信息,解决一些具体问题。带有这类需求目的的用户通常比较多。例如,写一般论文时,针对某个问题查找一些相关参考资料;或进行工程设计施工时需要一些具体数字、图表、事实数据等;或查找某个人的传记、介绍,某个政府机关或商业公司的网页,某个术语的解释等。这类需求不需要查找大量资源,但必须针对性很强,结果必须准确,速度要快。解决这类需求,除数据库外,网上搜索引擎、专题 BBS 都是可供使用的资源。

(二) 明确课题的主题或主要内容

要形成若干个既能代表信息需求又具有检索意义的主题概念,包括所需的主题概念有几个、概念的专指度是否合适,哪些是主要的,哪些是次要的,概念之间的关系如何等。

(三) 课题涉及的学科范围

搞清楚课题所涉及的学科领域,是否是跨学科研究,以便按学科选择信息资源。

(四) 信息的具体指标

所需信息的数量、语种、年代范围、类型等具体指标。

二、选择相关信息资源,确定检索方法

(一) 选择相关信息资源

通过对检索需求和目的的分析,可以开始有针对性地选择相关信息资源,主要要确定以下几个方面:

（1）是否所有与检索课题相关的资源都要进行检索。如果是,则不但要考虑检索一次文献和二次文献的数据库,而且对于网上其他资源,如搜索引擎／分类检索指南、学科导航、专题 BBS 等,也要查询。

（2）选择哪些学科的信息资源。例如,查找财经方面的信息,则可能会涉及统计方面的信息资源,因此要特别注意跨学科的问题。

（3）选择哪些语种的信息资源。是中文还是西文,或是二者兼顾。

（4）信息资源覆盖的年限是否符合需求。大多数数字信息资源覆盖的年限都是近二十年的内容,因此如果需要更早的资料,就要考虑手工检索的问题;还有些数据库由于更新速度的原因(例如光盘数据库,或数据加工的速度不够快),无法提供最新的信息,也是要考虑的因素,这时更多是使用其他一些相关数据库(如同一数据库的网络版)或其他网络资源来予以补充。

（5）信息资源的特点及其针对性如何。要了解已选择的信息资源的查询特点是否与自己的信息需求相吻合。例如,查询某个机构或公司的网页,使用搜索引擎是最好的,而即使是搜索引擎,各自的特点不同,涵盖的内容也有所侧重和不同;查询新闻时事,可以登录到一些新闻网站;查找学位论文,就一定要使用学位论文数据库,或直接到大学或学院的网站上查询,因为有些学校的学位论文在网上是提供二次文献服务的。

（二）确定检索方法

1. 直接检索法

直接检索法又称直查法,是指不利用检索系统,直接浏览或查阅原始文献,来获取所需信息的一种检索方法。

2. 间接检索法

间接检索法又称常用法,是利用检索系统进行查找文献的方法,这是文献检索中最常用的一种检索方法。常用法又可分为顺查法、倒查法和抽查法三种。

（1）顺查法。这是一种依照时间顺序,按照检索课题所涉及的起始年代由远而近地查找信息的方法。这类方法适合于检索内容复杂、时间较长、范围较广的理论性或学术性的课题。此法查全率高,但耗时费力,效率较低。

（2）倒查法。这是一种由近及远、由新到旧的逆着时间顺序检索信息的方法。即以查准查新为主。此法多用于检索新课题或有新内容的老课题,或对某课题研究已有一定基础,需要了解其最新研究动态的检索课题。此法节省时间,效率较高。

（3）抽查法。这是一种依据信息提问的特定需求,根据某学科发展的实际情况抽出学科的发展兴旺时间段进行检索,以达到采用较少的时间获得较多文献的检索方法。使用此法必须熟悉学科的发展历史,否则很难达到理想的结果。

3. 追溯法

追溯法又称扩展法，是一种与直接法相对应的检索方法。它是以现有的文献及其涉及的参考资料为线索逐一追踪，不断扩展，从而发现所有需要的文献资料的检索方法。

追溯法包括两种方法：一种是利用原始文献所附的参考文献进行追溯；另一种是利用引文索引检索工具进行追溯。

利用文献后所附的参考文献，逐一追查被引用文献，然后再从被引用文献所附参考文献目录逐一扩大检索范围，依据文献引用与被引用之间的关系获得内容相关的诸多文献，这是一种扩大信息来源最简捷的方法。通过追溯法获得的文献，有助于对论文的主题背景和立论依据等获得更深的理解，在检索工具短缺的情况下采用此法可获取一定数量的相关文献。但是由于原文作者记录参考文献存在着不全面与不准确的可能，因此有时难以达到理想的目标。如果能够利用引文索引（Citation Index）系统，则可获得较好的效果。

4. 综合法

综合法又称分段法、交替法或循环法，即直接法与间接法结合起来使用的一种综合性检索方法。具体做法是：在查找文献信息时，既利用检索系统进行顺查或倒查，又利用文献附录的参考文献进行追溯查检，两种方法分段进行，交替循环使用，直到满足要求为止。

三、构造检索式，选择检索入口

检索式是检索策略的逻辑表达式，是用来表达用户检索提问的，由基于检索概念产生的检索词和各种组配算符构成。检索式的好坏决定着检索质量。

检索词可以是一个单元词，表达一个单一概念；也可以是一个或多个词组，表达多个概念。检索词可以由检索用户提出，也可以在数据库中的受控词表（主题词表、分类表等）中选择。在人工检索语言和自然检索语言并用的数据库中，最好先浏览一下主题词表、叙词表和分类表，二者并用，以保证查全、查准。

组配算符通常有布尔逻辑算符、截词符（通配符）、位置算符、嵌套算符（优先算符）几种。前两种较为常用。

例如，某读者的检索课题为：计算机内存管理机制分析，其检索式为：

(memory management)OR((((memory block)OR(memory pool))AND allocate AND free)这是一个典型的检索式，它表达的逻辑是：

(memory block)OR(memory pool)是第一层，最先运算，表示检索包含这两个概念或其中一个概念的全部信息；((memory block)OR(memory pool))AND allocate AND free是第二层，其次运算，表示第一层的结果与另外两个概念"allocate"和"free"交叉，要查询这三者交集的信息；

（memory management）OR（（（memory block）OR（memory pool））AND allocate AND free）是第三层，表示第二层的检索结果与另一个概念"memory management"有交集，要检索交集这部分的信息，是最后运算，即为最终结果。

在这个检索式中，包含了五个概念，这五个概念用单元词或词组短语表示，它们之间存在着逻辑"与"、逻辑"或"、优先运算的关系，将这五个概念用布尔逻辑算符"AND"和"OR"，以及嵌套算符"（）"连接起来，即是一个检索式。

拟好检索式以后，就要选择检索点，即选择检索途径或检索入口，也称检索字段。常用的检索入口如题名、著者、主题词、关键词、引文、文摘、全文、出版年、ISSN 号（国际标准连续出版物编号）与 ISBN 号（国际标准书号）、分类号以及一些其他专业用检索点。检索点正确与否，决定着检索结果的数量和质量。例如，使用全文检索的检索点，结果数量可能会比较大，但会有很多相关性很差甚至根本不相关的结果；使用题名或文摘检索点，结果数量可能会少，但较为准确。

四、对检索策略进行调整

所谓调整检索策略，就是根据反馈的检索结果，反复对检索式进行调整，直至得到满意的结果。

（1）对检索数量比较少的结果，可以进行扩检，提高查全率。例如：①增加一些检索词，或将查询检索词的上位类词、近义词等补充进去；②调整组配算符，如改"AND"为"OR"；③使用截词检索，如将"center"改为"cent *"，即可查询包含"center"和"centre"英、美两种拼法，以及"centers"复数拼法的信息；④取消或放宽一些检索限定，例如检索的年限长一些，检索的期刊不只是核心期刊等；⑤增加或修改检索入口，例如在已经检索题名入口的基础上，增加文摘、全文检索等。

（2）对检索数量过多的检索结果，考虑进行缩检，提高查准率，具体方法与扩检相反，例如减少一些相关性不强的检索词，增加"AND"组配算符，增加检索限定，减少检索入口等。

第五节　数字信息检索效果评价

检索完成后，要审核检索结果。对检索结果的评价应该包括四个方面：查全率、查准率、检索时间、检索成本。这四个方面共同构成了检索效率的概念。检索效率高,就意味着查全率和查准率高,检索时间短,检索成本低。

一、查全率

查全率指从数据库内检出的相关信息量与总信息量的比率,具体可用下列公式表示:

$$查全率 = \frac{检中的相关信息数量}{数据库中的相关信息总量} \times 100\%$$

查全率的绝对值是很难求算的,正常情况下,只能根据数据库的内容、数据量来算。

二、查准率

查准率必须与查全率结合使用,主要指数据库中检出的相关信息量与检出的信息总量的比率,具体可用下列公式表示:

$$查准率 = \frac{查中的相关信息数量}{查中的信息总量} \times 100\%$$

三、检索时间

检索时间主要是看检索者能否在较短的时间内,尽可能全面、准确地检出相关信息。这方面要求检索者对信息资源、检索技术、自身的检索需求要熟悉、清楚,此外,要具备一定的上网条件和网络速度。

四、检索成本

降低检索成本的方法有很多种,主要包括:

(1) 充分利用缴费订购的网络数据库和光盘数据库,尽可能地增加用量。同一数据库的光盘版,更新速度较慢,可以考虑先在光盘数据库上查询时间较早的信息,降低网络费用成本。

(2) 充分利用免费网络信息资源,网络免费信息十分丰富,要尽可能地使用这些资源。

(3) 慎用国际联机检索(如 DIALOG 等)国际联机检索属于计时计次收费,费用高,尽可能少用以降低成本(但在时间紧、要求的信息量大且新的情况下还是必须要利用的)。

本 章 小 结

　　信息社会是展现信息价值的社会,信息向人才聚集,财富隐藏在信息之中,如何得心应手地获取和利用信息,将是决定个人和民族生存质量的关键。本章介绍了数字信息资源的类型、数字信息检索理论、数字信息检索技术、数字信息检索程序、数字信息检索效果评价。通过这些检索基本知识的学习,以了解数字资源的类型,掌握数字信息主要的检索途径以及检索式的构建、检索技术的应用、检索策略的调整等,从而更好地帮助自己获取所需的信息。

复习思考题

1. 数字信息资源的类型主要从哪几个方面划分? 按文献出版形式分为几种?

2. 数字信息检索的原理包括哪几个过程? 并给予简要描述。

3. 简述数字信息检索语言分哪几类? 常用的检索语言有哪些? 它们的主要特点是什么?

4. 熟悉计算机、外语、高等数学等学科的《中图法》类号;熟悉本专业图书的馆藏位置。

5. 布尔逻辑算法对信息检索有何作用? 练习布尔逻辑算式编写,熟悉位置算符的使用。

第二章 中文数据库

如何在信息的海洋中快速、有效地找到自己所需的信息,并且聚焦到我们所关注的问题上,而且排除与其无关的信息呢? 仅仅依靠免费的网络信息资源是远远不够的,这时就需要大量的专业学术资源。

专业数据库作为面向学术服务的数字化资源,能够确保所提供知识的专业性、可借鉴性、准确性、实用性、新颖性,可帮助用户进行科学的知识鉴别、精选、借鉴。

专业数据库主要包括期刊全文数据库、图书数据库、学术会议全文数据库、学位论文数据库、报纸数据库、科技成果数据库、专利数据库等,本章重点对国内的几个大型数据库,如 CNKI 系列数据库、维普中文科技期刊数据库、万方数据资源系统、人大报刊复印资料系统、超星读秀数字图书馆、书生数字图书馆、方正 Apabi 数字图书馆等数据库整体概况、检索路径及检索技巧等加以介绍。

第一节 中国知网(CNKI)

一、CNKI 概述

中国知识基础设施工程(China National Knowledge Infrastructure,CNKI),是以实现全社会知识信息资源共享为目标的国家信息化重点工程,由清华大学发起,同方知网技术产业集团承担建设,被国家科技部等五部委确定为"国家级重点新产品重中之重"项目。CNKI 工程于 1995 年正式立项,历经 10 余年,已建设成为世界上全文信息量规模最大的"CNKI 数字图书馆",深度集成整合了期刊、博硕士论文、会议论文、报纸、年鉴、工具书等各种文献资源。

1. CNKI 资源类型

CNKI 资源包括 8 800 种国内主要专业期刊、15 万篇博士论文、115 万篇优秀硕士论文、150 万篇重要会议论文、700 多种全国重要报纸、2 254 种国内优质年鉴、4 000 多部工具书以及各种专利、标准、科技成果等。CNKI 将这些资源主要有 8 种类型的数据库:

（1）中国学术期刊网络出版总库。该资源库完整收录我国基础与应用基础研究、工程技术、高级科普、政策指导、行业指导、实用技术、职业指导类学术期刊。截至 2011 年 6 月，收录国内学术期刊 7 700 多种，包括创刊至今出版的学术期刊 4 600 余种，全文文献数量 3 200 多万篇。

（2）中国非学术期刊系列网络出版数据库。该资源库囊括"中国高等教育期刊文献总库"、"中国基础教育期刊文献总库"、"中国精品科普期刊文献库"、"中国精品文化期刊文献库"、"中国精品文艺作品期刊文献库"、"中国党建期刊文献库"、"中国政报公报期刊文献总库"、"中国经济信息期刊文献总库"。截至 2011 年 6 月收录各类非学术期刊近 1 000 种，累计文献约 800 万篇。

（3）中国博士学位论文全文数据库。该资源库是国务院学位委员会办公室学位点评估唯一指定参考数据库，截至 2011 年 6 月，收录来自 397 家培养单位的博士学位论文 15 万余篇。除涉及国家保密的单位外，占我国博士学位培养单位的 98%，211 院校收录率达到 100%。

（4）中国优秀硕士学位论文全文数据库。截至 2011 年 6 月，收录 1984 年以来 598 家培养单位的优秀硕士论文 115 万余篇，网络出版不迟于答辩之日后 4 个月。

（5）中国年鉴网络出版总库。该资源库是全面系统集成整合我国年鉴资源的全文数据库。将年鉴条目按照行业、地域汇编为专辑数据库，不仅可按种、按本浏览、检索各种年鉴，还可以分类浏览、检索全国年鉴的相关内容。截至 2011 年 8 月收录 1912 年以来我国国内的中央、地方、行业和企业等各类年鉴的全文文献，共 2 254 种、16 688 册、13 962 928 篇。

（6）中国工具书网络出版总库。该资源库是高度集成、方便快捷的工具书检索系统，以网页形式发布，IE 浏览器浏览。词条可逐条与 CNKI 系列数据库的内容进行超文本链接。截至 2011 年 8 月，收录 4 000 余部工具书、1 500 万词条。

（7）中国重要会议论文全文数据库。该资源库是覆盖各学科最完备的中国会议论文全文数据库，重点收录 1999 年以来，中国科协系统及国家二级以上学会、协会、高校、科研院所、政府机关举办的重要会议以及在国内召开的国际会议上发表的文献。其中，国际会议文献占全部文献的 20% 以上；全国性会议文献超过总量的 70%，部分重点会议文献回溯至 1953 年。截至 2011 年 6 月，以收录出版国内外学术会议论文集近 16 300 本，累积文献总量 150 余万篇。网络出版时间平均不迟于会议结束之后 2 个月。

（8）中国重要报纸全文数据库。该资源库收录了自 2000 年以来中国国内重要报纸刊载的学术性、资料性文献的连续动态更新的数据库。至 2010 年底，累积 700 余种报纸全文文献 795 万篇。网络出版平均不迟于纸质报纸发行后 5 天。

2. CNKI 系列数据库特点

（1）学科分布均衡。收录资源学科完备，覆盖理工农医、人文社科等各方面。

（2）全数字化加工。各类资源均数字化加工，原版显示，实现真正的全文检索。

（3）统一导航结构。各数据库统一导航，统一划分为10大专辑、168个专题库，可合并为一个数据库应用。

（4）文献互补整合。可实现跨库检索，各种文献相互关联，整合应用，相辅相成，实现互补，满足读者不同层次、不同目的的知识需求。

二、中国期刊全文数据库检索

（一）登录，进入检索界面

使用数据库的用户必须是注册用户或是 CNKI 中心网站、CNKI 开放式镜像站点的包库用户以及建立镜像站点的单位内部网的各个终端。进入 CNKI 有两种方式，一是各图书馆主页上的"CNKI"栏目链接到 CNKI；二是输入 http://www.cnki.net/index.htm 直接进入 CNKI 的主页（见图 2-1）。CNKI 中包括的数据库品种较多，使用前首先要选择进入哪一个数据库。系统提供三种进入系统方式：

图 2-1　CNKI 主页

（1）账户登录。输入正确的账户名和密码，主要适用于个人用户。

（2）IP 登录。直接点击，适用于采用 IP 管理的机构用户。

（3）访客进入。非正式用户，不需点击登录，可直接点击页面链接进入各层页面。

先在 CNKI 主页中点选需要进入的数据库，然后根据自己的用户类型，点击相应的"登录"按钮，即可进入相应数据库。图 2-2 是登录以后的界面显示。

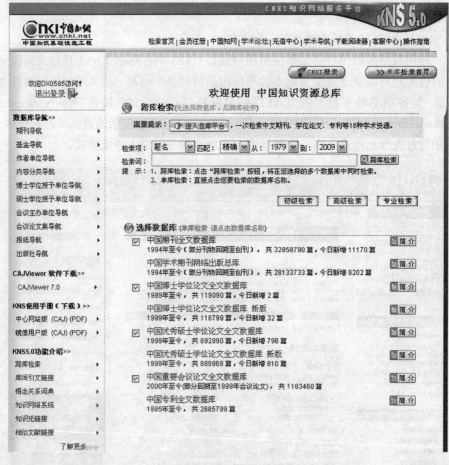

图 2-2　登录后的界面

CNKI 各个数据库的检索方法基本相同，下面以"中国期刊全文数据库"为例进行介绍。

CNKI 的检索功能有"分类浏览"、"初级检索"和"高级检索"。其中初级检索方式每次只能选用 1 个字段检索，而高级检索方式可同时选用多个字段进行检索。两种检索方式的切换可通过页面上方的导航按钮进行。选择数据库进入检索界面（见图2-3）。

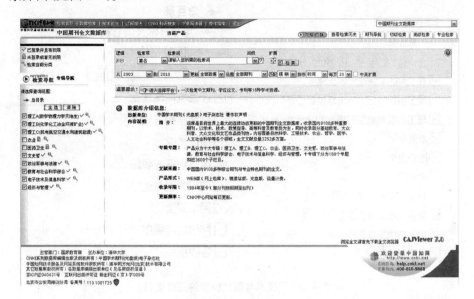

图2-3 CNKI检索界面

（二）检索方法

1. 分类浏览

检索页面左边设有导航栏,导航栏提供"专辑导航";利用专辑导航,可以从各个专辑的角度进行收藏论文的族性检索;如要选择某专辑作为检索范围,可以点击专辑栏目左边的方框（显示√号）。在分类浏览检索中,可以通过导航逐步缩小范围,最后检索出某一知识单元中的文章。例如:利用专辑导航,查找"网络安全"方面的论文。依次点击:电子技术及信息科学→互联网技术→网络安全,得到有关"网络安全"的相关论文集合。如图2-4所示。

点击其中的"网络安全",可得到32 495篇文献。这种浏览方式可使用户查询某一学科的所有文献,层次清晰,方便快捷。分类检索结果如图2-5所示。

2. 初级检索

初级检索方式,首先要选择检索字段,再在检索框中输入待检的检索词。检索字段包括:篇名、主题、关键词、摘要、作者、第一作者、单位、刊名、参考文献、全文、年、期、基金、中图分类号、ISSN、统一刊号16个检索途径。其中关键词检索是指对论文中的关键词或是主题词部分进行检索;与全文检索不同,参考文献检索是对文章后的参考文献的检索;刊名检索可以使用户浏览到某一期刊的全部文献。

输入检索词后,还要选择检索范围,即在需要检索的专辑（学科）或是其小类

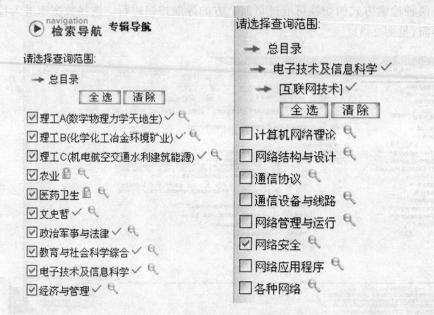

图 2-4　电子技术与信息科学的三级类目

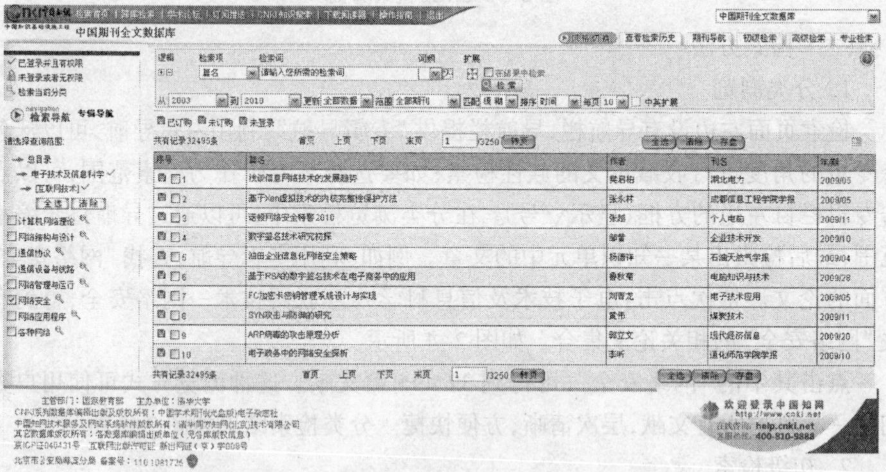

图 2-5　分类检索结果

名称方框内打上勾,然后再指定检索的时间范围以及检索结果的排序方式,最后单击"检索"按钮进行检索(见图 2-6)。

　　如果要增加检索条件,可点击检索窗口左边的"+"按钮,最多可增加四个检索窗口,变为高级检索。反之,点击"-"按钮,则逐一减少条件选项,最后恢复为

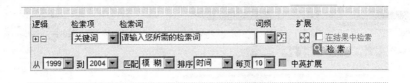

图 2-6 初级检索界面

简单检索。

［**例 2.1**］ 查找有关大学生心理健康方面的文献。

（1）选择左边的检索专辑。

（2）采用初级检索方式。选择检索词并填入检索窗口中，并选择检索时间、匹配方式、排序等限制条件。

（3）选择篇名、主题为检索字段时，可使用检索项右边的扩展功能，点击"检索"按钮，得到检索结果（见图 2-7）。

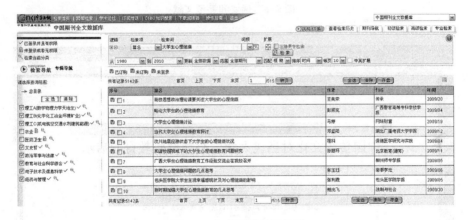

图 2-7 初级检索结果显示

（4）选择感兴趣的文章题目点击，可浏览其摘要和参考文献（见图 2-8）。

（5）文章题目后边提供了两种浏览格式，CAJ 格式是 CNKI 专用浏览格式（见图 2-9），PDF 是国际通用的浏览格式，可以选择其中一种浏览全文。

（6）要进行文字识别，可点击工具栏上的"T"形图标，然后选择识别区域（见图 2-10）。

此外，在图 2-8 中，可选择"作者"点击，以对作者的研究方向和研究成果进行进一步了解。还可选择参考文献（略）。

3. 高级检索

高级检索界面有 5 个检索项、10 个检索词的输入区。可以同时使用 5 个检

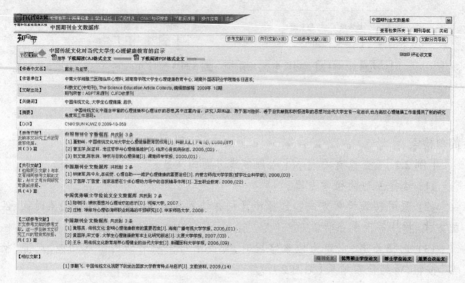

图 2-8　摘要和参考文献

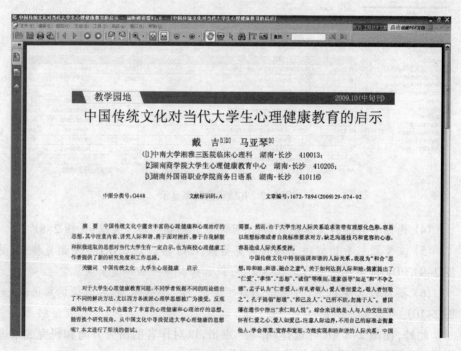

图 2-9　浏览全文

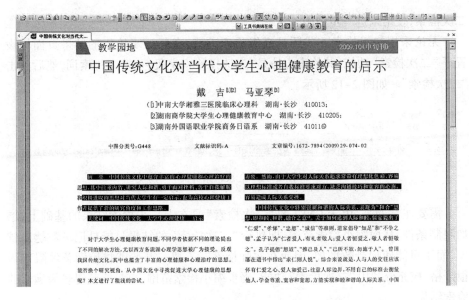

图 2-10 选择识别区域

索字段,这 5 个字段既可以相同,也可以不同。输入检索词后,选择检索框之间的逻辑选项,在出现的下拉菜单中根据检索需要选择 1 个逻辑算符,然后与初级检索一样,选择检索范围,指定检索时间及结果排序方式,最后单击"检索"(见图2-11)。

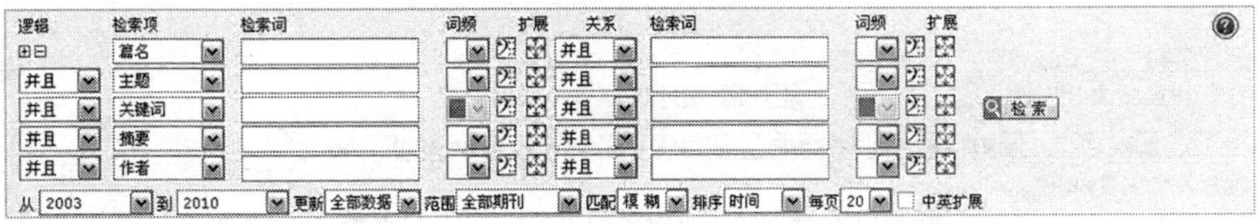

图 2-11 高级检索界面

"中国期刊全文数据库"中有部分文章最初发表时没有摘要和关键词,这些文章使用"中文摘要"或"关键词"字段便无法检出,因此在检索时应尽量避免单独使用"中文摘要"或"关键词"字段,可以在高级检索方式时,将"中文摘要"或"关键词"字段与其他字段进行组合检索。

CNKI 系列数据库支持布尔逻辑检索,采用的逻辑符为 AND、OR 和 NOT,但检索时不能在框中直接输入,必须通过字段之间设置的逻辑选项按钮来选择。

4. 二次检索

首次检索后,系统将反馈检索结果。若认为检出条数过多,难以选择,可进行二次检索,使结果进一步精确。

无论采用初级检索方式还是高级检索方式,在每一步检索的结果页面均设置了"二次检索"功能,其检索方法是:先选择检索字段,再输入检索词,然后点击"二次检索"。如图 2-12 所示。

图 2-12   二次检索界面

需要注意的是:由于 CNKI 的"二次检索"是在上一步检索结果的基础上,增加限制条件,从而缩小检索范围,即执行"二次检索"的结果只能是记录数越来越少,而不可能使记录数增加,因而在实际检索时不要一开始就将检索条件限定得很严格,应充分利用"二次检索"功能,逐步缩小检索范围,以最终获得较为满意的检索结果。

(三) 检索结果及处理

检索后,界面的右半部分出现检索结果,为检索结果概览,即检索结果列表,包括每篇论文的篇名、来源期刊刊名、卷期等;点击浏览区的篇名,即在细览区看到篇名、作者、机构、关键词、刊名、摘要、基金项目等内容;如果需要原文,可点击检索结果页面中相关文献篇名后的"下载阅读 CAJ 格式全文"和"下载阅读 PDF 格式全文"(在初级检索方式下也可点击篇名前的"磁盘"图标),在弹出的对话框

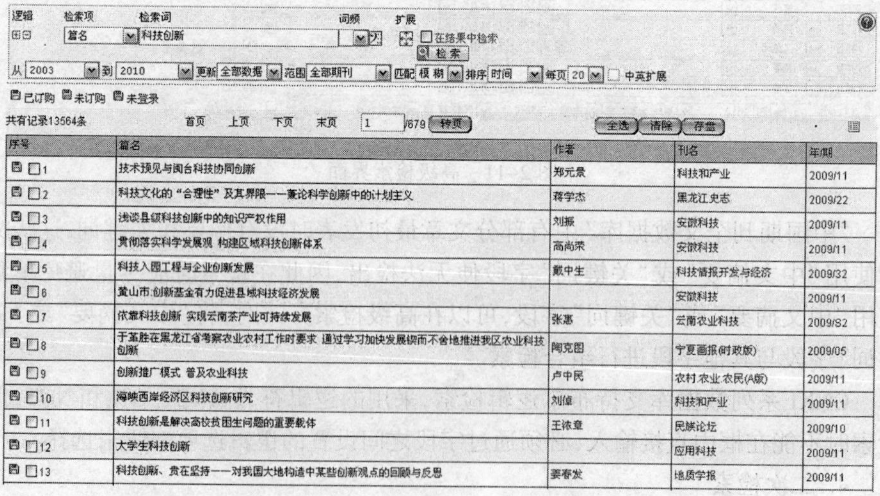

图 2-13   二次检索结果显示(初级检索)

中选择"在当前位置打开",此时只要计算机已安装了 CAJ 浏览器,便可打开文献全文;如选择了"将文件保存到磁盘",即可将文件保存到指定位置,以后只要双击该文件,同样可以打开文献全文。如图 2-13 所示。

第二节　维普中文科技期刊数据库

一、维普数据库简介

中文科技期刊数据库是我国最大的数字期刊数据库,是维普公司的主导产品,是中国新闻出版总署批准的大型连续电子出版物。截至 2011 年 6 月中文科技期刊数据库收录期刊 12 000 余种,文献总量超过 2 300 万篇,被我国高等院校、公共图书馆、科研机构所广泛采用,成为文献保障系统的重要组成部分,是科技工作者进行科技查新和科技查证的必备数据库。目前,该数据库在全国已经拥有 5 000 余家大型机构用户,并成为 Google 学术搜索频道最大的中文合作资源。该库的文献按照"中国图书馆分类法"进行分类,所有文献被分为 8 个专辑,8 个专辑又细分为 28 个专题。知识来源于 600 余种中文报纸,8 000 余种中文期刊;覆盖范围主要是自然科学、工程技术、农业科学、医药卫生、经济管理、教育科学和图书情报等学科。收录年限从 1989 年至今。该库在国内同类产品中,时间跨度较长,收录期刊种类及文献量较多,因而使用率较高。

二、维普中文科技期刊全文数据库检索指南

(一) 登录进入检索界面

使用数据库的用户必须是"中文科技期刊数据库"的注册用户或是镜像站点的用户以及已建立镜像站点的单位内部网络的各个终端。进入"中文科技期刊数据库"有两种方式:一是通过超链接的方式,由各图书馆主页上的链接直接链接到"中文科技期刊数据库";二是直接在地址栏中输入网址:http://www.cqvip.com 进入"中文科技期刊数据库"的主页(见图 2-14)。

进入"中文科技期刊数据库"的主页,系统提供 5 种检索方式:快速检索、传统检索、高级检索、分类检索和期刊导航。

(二) 快速检索

点击主页上的"搜索"按钮,可进入快速检索界面(见图 2-15)。也可以直接在检索词输入框中输入检索词。

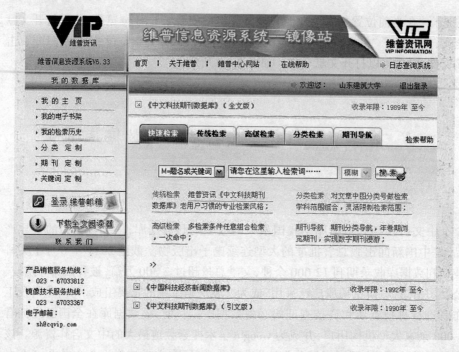

图 2-14　"中文科技期刊数据库"的主页

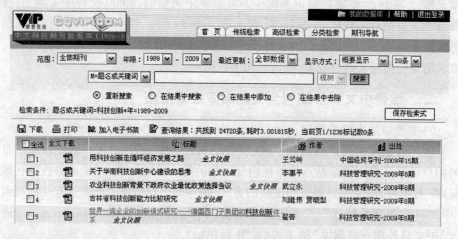

图 2-15　快速检索结果

在快速检索方式的概览页面中,可根据检索需求设置二次检索的筛选条件,以及对检索结果作各种操作(见图 2-15)。

(三)传统检索

点击"传统检索"按钮,进入传统检索界面(见图 2-16)。传统检索是该数据

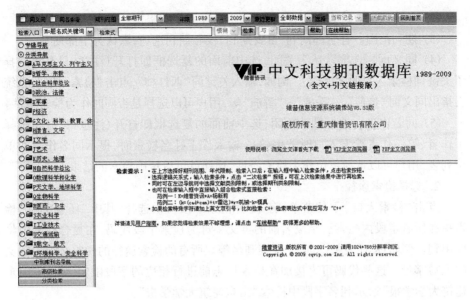

图 2-16 传统检索界面

库多年沿用的检索方式,提供导航和主题两种检索途径,外加各种修饰和限制条件,如同义词、同名作者、期刊范围、年限等。传统检索一般遵循如下步骤:

1. 限定检索范围

检索范围包括导航系统、年限、期刊范围、同义词、同名作者等选项。

(1) 导航系统。包括分类导航和期刊导航(见图 2-16 显示页面顶端)。分类导航是树形结构的,参考"中国图书资料分类法"进行分类。选中某学科节点后,任何检索都局限于此类别下的数据。

页面左栏的导航条同时提供专辑导航、分类导航和中刊库刊名导航。选择分类导航,连续对选择学科类目点击,可追溯到三级类目(见图 2-17),检索结果在显示窗口罗列。

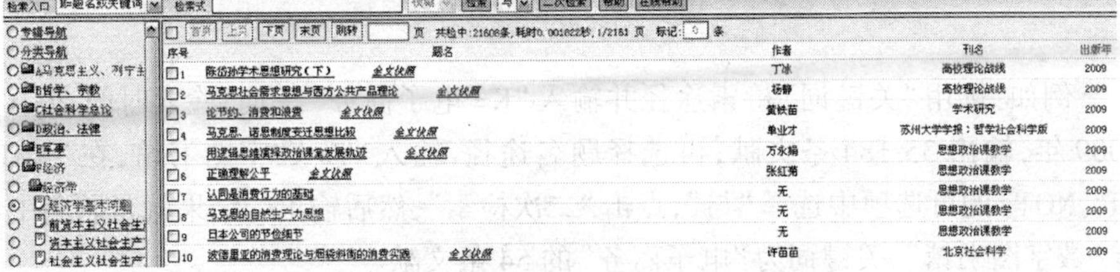

图 2-17 三级类目显示结果

（2）年限。用户检索时可在 1989 年至今任意年间限定。

（3）期刊范围。有全部期刊、重要期刊、核心期刊选项，默认为全部期刊。

（4）同义词。选框默认为关闭，选中前面的复选框即打开（注意：只有在选择了关键词检索入口时才生效）。例如，输入关键词"西红柿"，点击"检索"按钮，系统会指出同义词"蕃茄"、"番柿"、"番茄"等，用户可以选择是否同时作为检索条件。

（5）同名作者。选框默认关闭，选中前面的复选框即打开（注意：只有在选择了作者、第一作者检索入口时才生效）。输入作者姓名检索时，提示同名作者的单位列表，用户可以选择单位作为检索条件，这样就可以精确检索的结果。

2. 选择检索途径

点击"检索入口"下拉菜单，有 14 种检索字段可供选择，其中"任意字段"检索指在所有字段内检索。字段名前的英文字母为检索字段代码，在复合检索中将要用到。例如：K 代表关键词、J 代表刊名等。所有的检索途径的代码必须用英文的大写字母。这些代码可直接加在检索标志前进行相应的字段限定，如"J= 山东建筑大学学报"表示刊名字段中检索"山东建筑大学学报"。

3. 输入检索方式

检索可分为简单检索和复合检索。

简单检索可以直接输入检索词。复合检索有两种方式：

（1）二次检索：一次检索后可能有很多不需要的记录，可在第一次检索的基础上进行二次检索（见图 2-18），这样可以逐步缩小检索范围，使检索结果更接近自己想要的结果。二次检索可以多次应用，以实现复合检索。

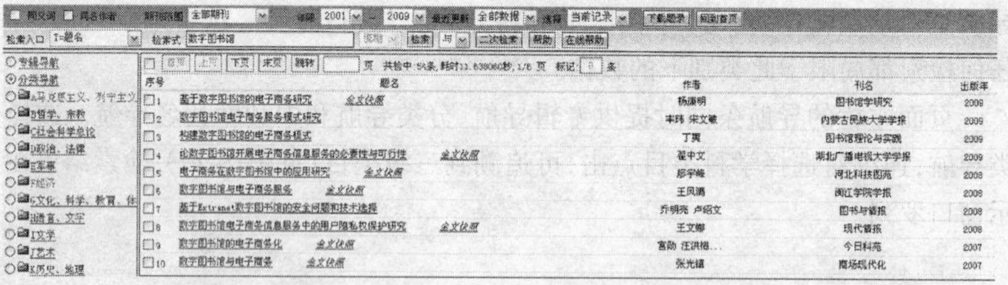

图 2-18　二次检索结果

例如：选用"关键词"检索途径并输入"K= 电子商务"一词，检索时间 2001—2009 年，输出 35 184 条文献；再选择题名途径，输入"T= 数字图书馆，在"AND、OR、NOT"的可选项中选择"与"，点击"二次检索"，然后输出的结果就是题名中含有"数字图书馆"、关键词为"电子商务"的 54 条文献。

（2）直接复合检索。在检索式输入框中直接输入复合检索式、检索词之间逻辑运算符"AND、OR、NOT"。例如:输入"K= 电子商务 *T= 数字图书馆",即检索出在关键词字段含有"电子商务"、题名中含有"数字图书馆"的文献(见图 2–19)。

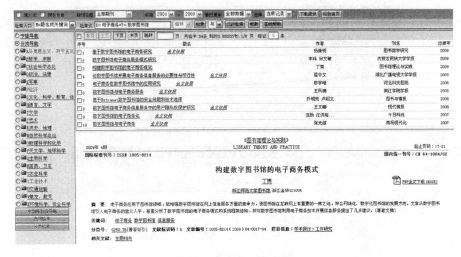

图 2–19　复合检索结果

4. 模糊和精确检索

"检索式"输入框的右侧提供了"模糊"、"精确"检索方式的可选项。只有在选定"关键词"、"刊名"、"作者"、"第一作者"和"分类号"这五个字段进行检索时,该功能才生效。系统默认"模糊"检索。例如:检索字段选择"关键词",然后输入"建筑"一词,在模糊检索方式下,将查到关键词字段含有"建筑技术"、"建筑科学"、"建筑理论"、"建筑学"等词的相关文献;而在精确检索方式下,就只能查到含有"建筑"一词的相关文献。

（四）高级检索

点击首页左侧中部的"高级检索"的链接,进入高级检索界面(见图 2–20),高级检索即可以将 5 个检索字段使用布尔逻辑运算符"AND、OR、NOT"结合起来检索。一次最多可以进行 5 个字段的逻辑组配。高级检索中选择字段、学科范围的限定、时间限定、期刊范围的限定都与传统检索相同。

（五）分类检索

点击"分类检索",在分类表中选择分类,将勾选的分类添加到右边"所选分类"方框中。如果要删除某一所选分类,可在点击该分类后直接双击删除。图 2–21 是分类检索界面。在检索框处选择检索入口,输入检索条件,在所选分类中进行再限制检索。

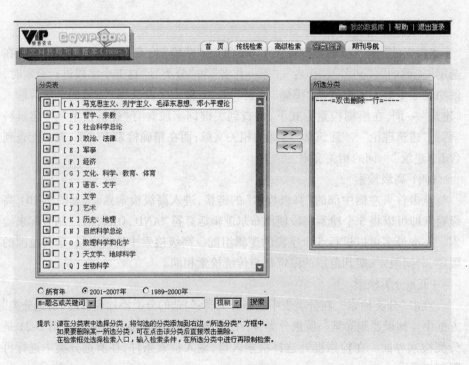

图 2-20 高级检索界面

图 2-21 分类检索界面

（六）期刊导航

点击"期刊导航"按钮，进入其检索界面。中刊库刊名导航系统将所有期刊按照"中国图书资料分类法"进行编排，提供按"刊名"和"ISSN"检索，并提供按字顺和学科查找刊名。图2-22是期刊导航检索界面。

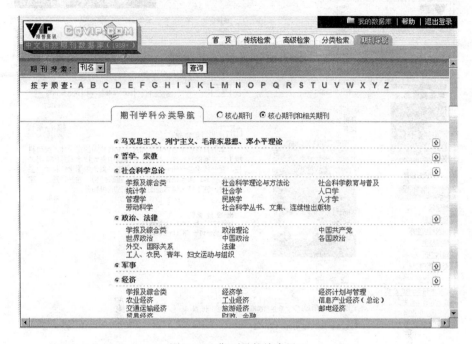

图 2-22 期刊导航检索界面

三、检索结果及处理

（一）显示检索结果

检索结果显示窗口（见图2-19）上方显示了本次检索命中的文献记录总数。中间概览区中的检索结果只有文献记录。点击概览区中的题名，在细览区中显示的是光盘号、篇名、作者、机构、关键词、文摘、刊名等文献详细信息。

（二）检索结果标记

在每条结果记录前的小方框内标"√"做标记，以便只选择想要的篇目进行打印和下载，做标记的记录只能下载题录。题录文摘输出方式为：通过检索界面右上角的下拉框，选择"标记记录"、"当前记录"、"全部记录"三种方式，之后点击"题录下载"按钮。

（三）刊名浏览

　　点击刊名链接,可以看到这种期刊在本数据库中的收录年限列表,点击其中一个选项(如"2006年期刊"),那么就可以查到这种期刊在本年度中的所有期,然后点击其中任一期,就可以看到这一期的主要文章信息(见图2-23)。

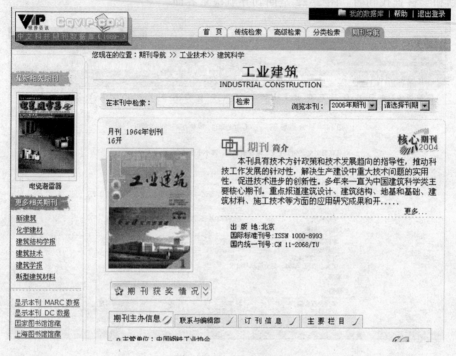

图 2-23　刊名浏览

（四）检索结果保存

　　显示结果只是论文的篇名,点击篇名打开细览区,在细览区篇名右侧点击"PDF 全文下载"图标,可将文献全文下载,安装 PDF 阅读器即可打开浏览。(见图2-24)。

四、综合检索示例

　　检索课题:电子商务对税收征管的影响与对策

　　1. 分析课题

　　本课题涉及电子商务、税收征管两个主题,两个主题的关系是电子商务的产生、存在对传统的税收征管产生影响,以及相应的对策。

　　2. 选择检索词、编制检索式

　　根据课题分析,我们选择电子商务相关词,网络贸易、网上贸易、网络营销、税

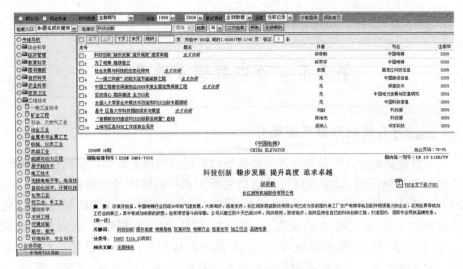

图 2-24　细览区下载

收征管影响、对策作为检索词。

3. 初步拟定检索词

（电子商务 OR 网络贸易 OR 网上贸易 OR 网络营销）AND 税收征管 AND（影响 OR 对策）。

4. 检索步骤

首先进入数据库检索的高级检索界面,选择"关键词"作为检索入口,在检索词输入框中输入检索词"电子商务"、"网络贸易"、"网上贸易"、"网络营销",检索词之间用"OR"连接。点击"开始检索",系统反馈命令记录 10 274 条。选择"关键词"作为检索入口,进行 3 次二次检索,在检索词输入框中分别输入检索词为"税收征管"、"影响"、"对策",系统最终反馈命令记录 5 条。

5. 文献

（1）电子商务对税收征管的影响与对策研究。

（2）电子商务对税收征管的影响与对策。

（3）电子商务对税收征管的影响及对策。

（4）电子商务对我国税收征管的影响及其对策。

（5）全球"电子商务"对税收征管制度的影响及对策。

6. 检索结果分析

通过对上述 5 条记录的分析,这些记录都符合检索课题要求。

第三节　万方数据资源系统

一、万方数据资源系统简介

万方数据资源系统是北京万方数据股份有限公司网上数据库联机检索系统，是我国最早建设的、以中国科技信息研究所为依托的国内最大的数据库生产基地。该系统以科技信息为主，同时涵盖经济、文化、教育等25大类的相关信息，包括期刊论文、专业文献、学位论文、会议论文、科技成果、专利数据、公司与企业信息、产品信息、标准、法律法规、科技名录、高等院校信息、公共信息等各类数据资源。该系统的主页把各数据库归纳成四个子系统：科技信息系统、数字化期刊、企业服务系统和医药信息系统（见图2-25）。

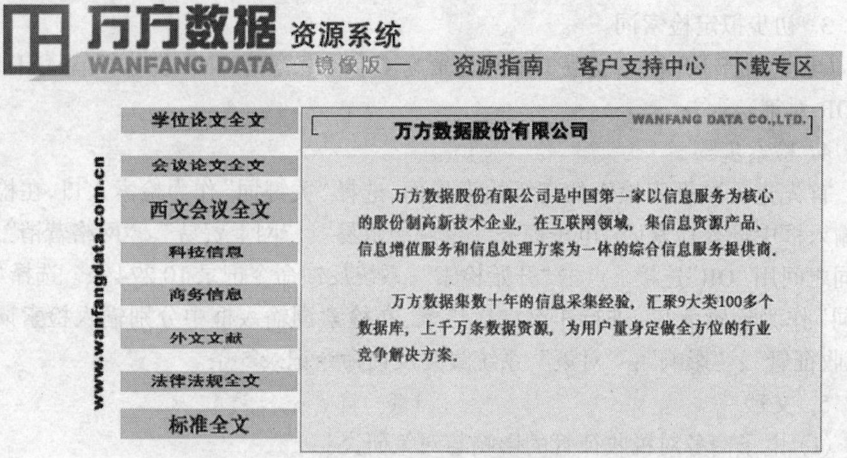

图2-25　万方数据主页

按照收录文献资源和揭示方式的不同，各数据库被划分为全文类、文摘类、题录类和动态信息类资源等。

（一）全文资源

1. 中国学位论文全文数据库

学位论文是全文资源。收录自 1980 年以来我国自然科学领域各高等院校、研究生院以及研究所的硕士、博士以及博士后论文，截至 2011 年 7 月共收录学位论文 193 万余篇。其中 211 高校论文收录量占总量的 70% 以上，每年增加约 20 万篇。

2. 中国学术会议论文全文数据库

该库是国内最具权威性的学术会议论文全文数据库，收录了 1998 年以来国家一级学会在国内组织召开的全国性学术会议论文全文，截至 2011 年 7 月，共收录会议论文 180 余万篇，是目前国内收录会议数量最多、学科覆盖最广的数据库，是掌握国内学术会议动态必不可少的权威资源。

3. 中国标准全文数据库（远程镜像为题录资源）

标准是在一定地域或行业内统一的技术要求。本库收录了国内外大量的标准，包括中国国家发布的全部标准、某些行业的行业标准以及电气和电子工程师技术标准；收录了国际标准数据库，美、英、德等国的国家标准，以及国际电工标准；还收录了某些国家的行业标准，如美国保险商实验所数据库、美国专业协会标准数据库、美国材料实验协会数据库、日本工业标准数据库等。

4. 中国法律法规全文库

该库包括自 1949 年新中国成立以来全国人大及其常委会颁布的法律、条例及其他法律性文件；国务院制定的各项行政法规，各地地方性法规和地方政府规章；最高人民法院和最高人民检察院颁布的案例及相关机构依据判案实例做出的案例分析、司法解释、各种法律文书、各级人民法院的裁判文书；国务院各机构、中央及其机构制定的各项规章、制度等；工商行政管理局和有关单位提供的示范合同式样和非官方合同范本；外国与其他地区所发布的法律全文内容，国际条约与国际惯例等全文内容。

5. 中国专利全文数据库

收录从 1985 年至今受理的全部发明专利、实用新型专利、外观设计专利数据信息，包含专利公开（公告）日、公开（公告）号、主分类号、分类号、申请（专利）号、申请日、优先权等数据项。

6. 数字化期刊全文数据库

作为国家"九五"重点科技攻关项目，目前集纳了理、工、农、医、哲学、人文、社会科学、经济管理与教科文艺等学科期刊论文，收录 5 500 余种各学科领域核心期刊，实现全文上网，论文引文关联检索和指标统计。从 2001 年开始，数字化期刊已经囊括我国所有科技统计源期刊和重要社科类核心期刊，成为中国网上期的门户之一。截至 2011 年 8 月,共收录期刊论文 177 万余篇。

(二) 文摘、题录资源库

1. 会议论文

该会议论文库是目前国内收集学科最全、数量最多的会议论文数据库,为用户提供最全面、详尽的会议信息,是了解国内学术会议动态、科学技术水平,进行科学研究必不可少的工具。收录由中国科技信息研究所提供的国家级学会、协会、研究会组织召开的各种学术会议论文,每年涉及 1 000 余个重要的学术会议,范围涵盖自然科学、工程技术、农林、医学等多个领域,内容包括数据库名、文献题名、文献类型、馆藏信息、馆藏号、分类号、作者、出版地、出版单位、出版日期、会议信息、会议名称、主办单位、会议地点、会议时间、会议届次、母体文献、卷期、主题词、文摘、馆藏单位等,总计约 180 余万篇,并保持年新增 4 万篇的数据量。

2. 科技文献

这是我国有史以来学科覆盖范围最广、文献时间跨度最长、文摘率最高的文摘型数据库,用户通过该库可以查阅过去和现在多种学科的文摘信息,是科技信息机构、科研院所、大专院校、大中型企业在科学研究、技术开发、工程设计、信息咨询以及科技教育培训中不可替代的科技信息资源。收录来自于机械部科技信息研究院、中国化工信息中心、中国农业科学院科技文献信息中心等权威专业部门的专业文献和中央各部委、省市自治区的综合文献,包括中国机械工程、中国农业科学、中国计算机及中国生物医学等 40 余个数据库,总计上千万条,并保持每年更新一次。该资源对科学技术研究有着不可估量的价值和意义。

3. 科技名人

这是我国第一部以 CD-ROM 形式出版的科技名人录,是获取科技界名人的个人情况、科学研究或管理成就、专著、论文等情况的权威性、实用性的数据库。该库是受国家科学技术委员会的委托,在中科院、工程院、全国科协、各部委、各省市及高校的积极配合和支持下建成的,收录了中国科学院院士、中国工程院院士、中国科技界卓有成就的科学家、工程师和科技管理者、政策制定人及企业科技负责人的全面信息,包括“中国科技名人数据库”和“全国一级建筑师数据库”,收录了我国总计上万位科技名人与专家的详细信息。该资源对于科技管理、科学研究和专业工作有极大的指导和帮助意义。

4. 科教机构

这是向国内外宣传我国科研机构的发展现状及科研成就的重要依据,促进中外科技界的合作与交流的理想平台,推动国内的科研单位更快地步入市场经济轨道的有效途径。该库主要包括我国科研机构、高等院校、信息机构及其他从事科技活动的机构的信息,包括“中国科研机构数据库”、“中国科技信息机构数据库”

和"中国高等院校数据库",内容包括机构名称、地址、邮编、负责人、电话、传真、成立年代、职工人数、科研成果、学科研究范围等,收录了我国总计上万家科技机构的详细信息,是社会各界了解我国科研院所、信息机构、高等院校情况的重要窗口。

5. 科技成果

该库主要收录了国内的科技成果及国家级科技计划项目。内容由"中国科技成果数据库"等十几个数据库组成,截至 2011 年 7 月 28 日收录的科技成果记录总计 622 452 项,内容涉及自然科学的各个学科领域。

6. 中外标准

该库综合了由国家技术监督局、建设部情报所、建材研究院等单位提供的相关行业的各类标准题录。它包括中国标准、国际标准以及各国标准等数据库,28万多条记录。该库每个季度更新 1 次,保证了实用性和实效性。目前该库已成为广大企业及科技工作者从事生产经营、科研工作不可或缺的信息资源。

7. 企业产品

该库收录了 96 个行业近 20 万家企业的基本信息和产品信息,提供的信息内容包括联系方式、资产规模、产量产值以及产品图片等,还提供产品需求信息、产品进出口和其他产品动态信息。开辟了产品推荐和企业展示窗口,加盟展示服务的企业可以公布其产品图片和其他动态信息等,同时系统拥有强大的检索浏览功能,展示企业可以得到优先排名,可以帮助用户了解企业在产品链中所处的位置,寻找到利润最大的客户、成本最少的上游产品,同时有助于用户在产品、技术和项目开发中找到最适当的合作伙伴。

二、万方数据资源系统检索

万方数据库资源系统各个数据库的检索方法基本相同,可以分为普通检索和专业检索。普通检索可以采用字段检索、全文检索以及高级检索(逻辑检索)。专业检索支持布尔检索、相邻检索、截断检索、同字段检索、同句检索和位置检索等全文检索技术,具有较高的查全率和查准率。

(一) 普通检索

用户可以按照需要,选择相应的数据库进行检索。点击数据库名称后,进入该数据库检索页面,检索提问表单如图 2-26 所示。

1. 数据库检索提问表单说明

数据库检索提问表单是用户向检索系统提出检索要求的窗口。

(1) 字段选择列表:可按下拉箭头选择字段,确定检索入口。

(2) 关键词输入框:用于输入检索关键词。

(3) 逻辑运算选择列表:用于确定两个检索关键词之间的关系。选项有

图2-26　"中国学位论文全文数据库"检索界面

"AND"、"OR"、"NOT"。

（4）执行按钮：按用户的检索要求提交系统，正确填写数据库检索提问表单可以实现对单一数据库的字段检索、全文检索以及高级检索。

2. 普通检索的简单检索

简单检索是在所选定的数据库字段中进行检索，检索的关键词只有一个。检索步骤包括：

（1）选择数据库。进入相应栏目资源总览区直接点击选取数据库，本例选取"中国学位论文全文数据库"检索。

（2）确定检索方式。在数据库检索提问表单的检索项选择列表框中按下拉箭头选择检索项，如选取"题目"（见图2-27）。

（3）输入检索关键词。在查询关键字输入框中输入第一个检索关键词，如"智能建筑"。

（4）执行检索。点击"执行"。针对本例，检索系统将在"中国学位论文全文数据库"中将题目中含有"智能建筑"的文献显示（见图2-28）。

3. 普通检索的高级检索（逻辑检索）

图 2-27　普通检索的简单检索

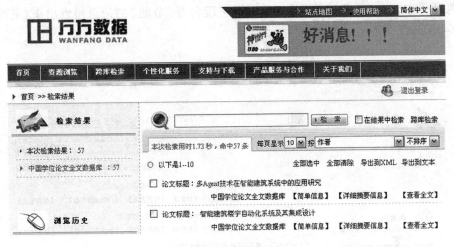

图 2-28　简单检索结果

高级检索是在所选定的数据库中用两个关键词进行的检索。检索步骤包括：

（1）选择数据库。进入相应栏目资源总览区直接点击选取数据库，本例选取"中国学位论文全文数据库"。

（2）确定第一个关键词的检索方式。在数据库检索提问表单的第一个字段选择列表框中按下拉箭头选择，如选择"题名"。

（3）输入第一个检索关键词。在数据库检索提问表单的第一个查询关键词框中输入关键词，如"智能建筑"。

（4）确定词间关系：在逻辑运算选择列表框中选择"与"、"或"、"非"，如选择"与"。

（5）确定第二个关键词的检索方式。在第二个检索字段列表框中作出选择，如选择"关键词"，选择"节能"（见图 2-29）。

（6）执行检索。点击"检索"，检索系统将在"中国学位论文全文数据库"中

图 2-29　普通检索的高级检索

将题名中含有"智能建筑"并且关键词字段含有"节能"的记录检索出来(见图 2-30)。

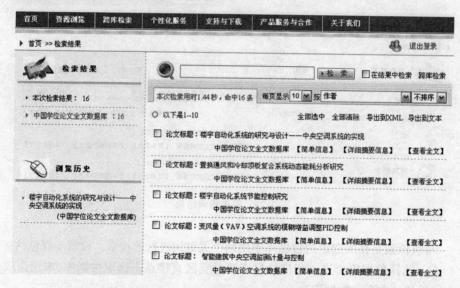

图 2-30　普通检索的高级检索结果

4. 检索结果显示及处理

命中记录默认的显示格式为论文名录(见图 2-30),可选择当页显示条数,按作者、授予单位、第一导师、授予学位年份、论文标题、关键词、分类号、授予学位、授予单位名称或规范名称、授予学位时间来控制显示标题排序。主要提供论文的标题,简单信息、详细摘要信息以及查看全文的超级链接。用户可以通过点击相应的超链接按钮查看相应信息(图 2-31)。可在线查看原文,分章节下载,也可打包下载(见图 2-32)。

(二) 专业检索

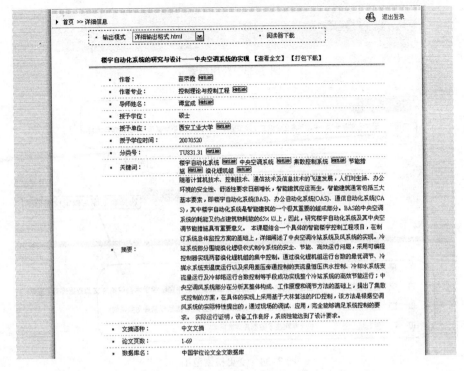

图 2-31　检索结果的详细摘要信息

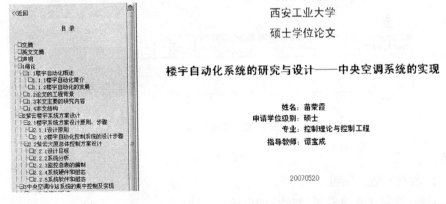

图 2-32　原文显示

　　用户登录后可以在系统首页的检索入口中输入检索词进行检索,也可以进入跨库检索变更检索范围后进行检索(见图 2-33)。可以变更检索范围(见图 2-34)。

　　点击专业检索即可进入其检索页面(见图 2-35)。高级检索需用户建立检索

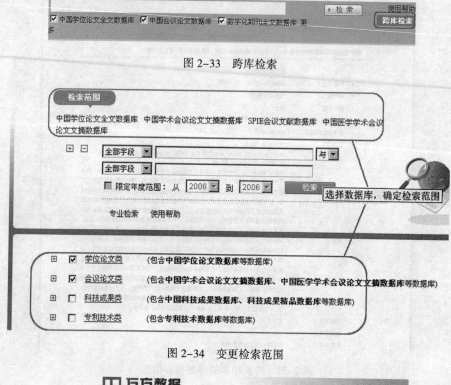

图 2-33 跨库检索

图 2-34 变更检索范围

图 2-35 高级检索

表达式。

1. 检索表达式说明

教授:检索含有检索词"教授"的记录。

教授 * 英语:检索同时含有检索词"教授"和"英语"的记录。

教授 + 英语:检索含有检索词"教授"或"英语"的记录。

教授 /(600):检索字段 600 中含有检索词"教授"的记录。

教授(a)英语:检索同一字段中既含有"教授"又含有"英语"的记录。

张 $:右截断检索,以"张"字开始的记录字段值。

2. 检索词的类型

可以使用两种类型的检索词来形成一个检索式。这两种检索词是:精确检索词和右截断检索词。

(1) 精确检索词。精确检索词可以是某一数据库的任一可检索词(项)。另外必须注意:如果检索词中含有括号或逻辑运算符(*、+、−)或以数字符号开始的检索词,必须用双引号""括起来,以免引起错误。例如:当检索词为 america(united states)时就必须按下面的方式输入:"america(united states)",否则就会出错。

(2) 右截断检索词。由于某种原因,用户可能并不知某一检索词的精确拼写法,而只知道一个词根。这种情况下,用户只需要给出一个检索词词根,而不必给出一个确定的检索词。右截断检索词用在词根后紧跟一个"$"符来表示。例如:输入检索词 weapon $,可以检索到 weapon、weapon aiming、weapon carrier、weapon delivery 等。

3. 检索运算符

在一个检索式中可以利用检索运算符把两个或两个以上的检索词连接起来,检索运算符指出了词与词之间的相互关系。

(1) 布尔逻辑运算符:OR、AND、NOT。

(2) 操作限定符:论文题名(200)、论文作者(300)、专业名称(201)、导师姓名(310)、授予学位(900)、授予单位(330)、出版时间(440)、分类号(610)、关键词(620)、文摘(600)。字段后括号里的数字是字段标识符(或称字段代码)。可以使用操作限定符来规定一个或多个检索词出现在某一字段或某一组字段内,这对于不同字段含有相同检索词的数据库尤其有用。标识符的书写格式为:

$$检索词 /(t_1, t_2, t_3, \cdots)$$

其中,$t_1, t_2, t_3, \cdots$是一组字段标识符,它限定检索词出现在这些字段中。例如,"数字图书馆 /(200)"表示在论文题名中查找含有检索词"数字图书馆"的记录。操作限定符与逻辑运算符连用,以限制检索在规定的字段内运行。此外,还可以将字段标识符用于右截断检索词中。

4. 分类检索

在页面上的"分类检索"区域,提供了按学科分类的检索(见图 2-36),在各大类下又分出若干子类。点击相应的子类,系统反馈该类下的所有论文记录。

图 2-37 是"建筑科学"类目的记录显示。

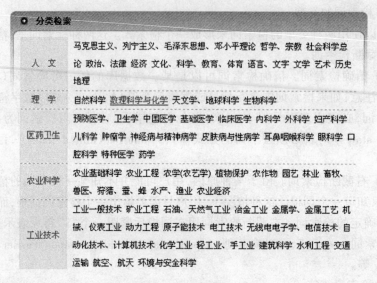

图 2-36　分类检索

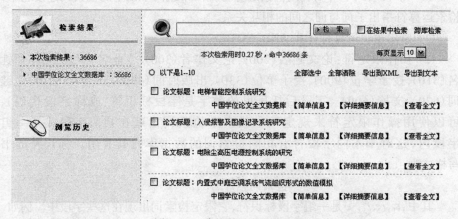

图 2-37　建筑科学类目的记录

第四节　人大报刊复印资料系统

一、人大报刊复印资料系统简介

人大报刊复印资料全文数据库是由中国人民大学书报资料中心聘请 100 多

位专家、学者、教授从全国公开出版的 4 000 多种核心期刊、报纸中精选出的社会科学、人文科学文献。其筛选标准是：内容具有一定的学术价值、应用价值，含有新观点、新材料、新方法，或具有一定的代表性，能反映学术研究或实际工作部门的现状、成就及其新发展的学术资料。产品信息含量大，内容丰富，被誉为"中华学术的窗口"、"中外文化交流的桥梁"，对研究人员、各类学校师生的学习和研究具有很重要的参考价值。数据库分为四个大类，收录时间范围从 1995 年至今，包括政治类（马列、社科、政治、哲学、法律）；经济类；教育类（教育、文化、体育）；文史类（语言、文学、历史、地理及其他），共计 100 多个专题。

二、人大报刊复印资料系统检索

（一）社科学术文献全文数据库的使用方法

在全文数据库界面左侧的树状结构中可以选择要查询的种类，右侧文章列表会根据选择显示出不同的内容。通过点击"下页"、"尾页"或输入页号来查找所需要的文章。在顶部的检索框中，首先选择不同的年份段，填写相应的关键词，点击检索后右侧就能显示出和关键词相匹配的文章。如果输入两个不同的关键词可以在词间加上不同的符号来表示它们的关系。"*"号表示"与"的关系，"＋"号表示"或"的关系（见图 2-38、图 2-39）。

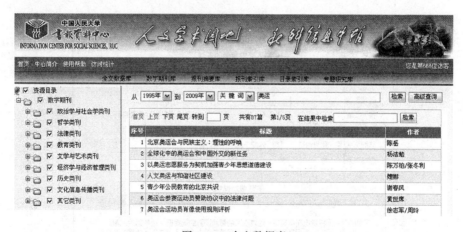

图 2-38　全文数据库

如果普通检索无法实现需要的功能，可以点击"高级查询"打开如图 2-40 所示的页面。

在第一个下拉菜单中可以选择填写信息的相互关系——"或者"、"并且"、"除了"。第二个下拉菜单中可以选择查找关键词属于什么位置——"标题"、"正文"、"作者"。

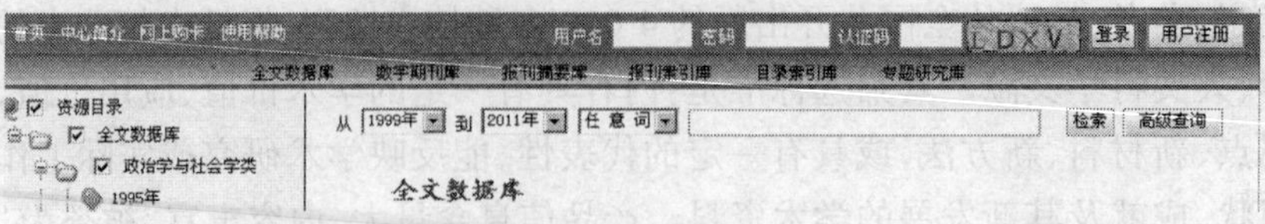

图 2-39　简单检索

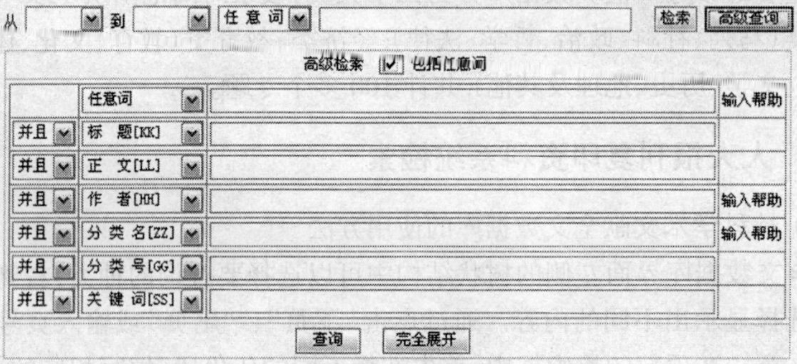

图 2-40　高级查询

　　如果认为查询条件不够多,可以点击"完全展开"来获得更多的查询框,打开如图 2-41 所示的界面。

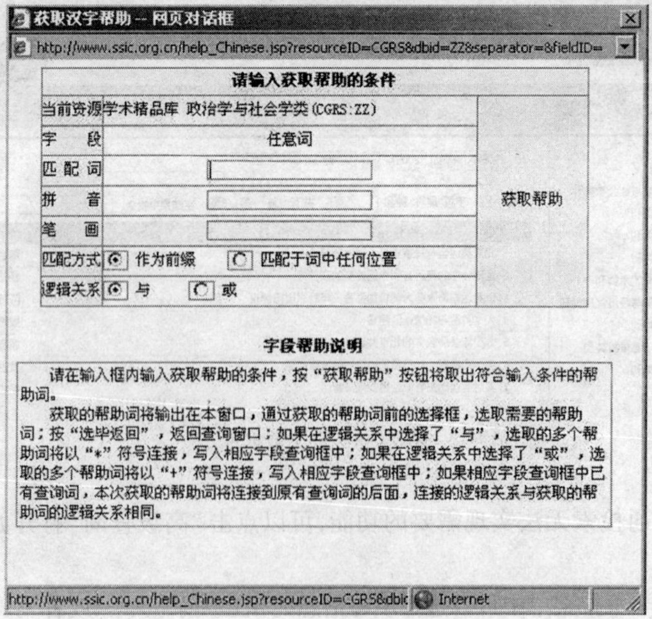

图 2-41　获取帮助

根据查询需要，填写相关的选项。然后点击“获取帮助”就显示为如图 2-42 所示的界面。

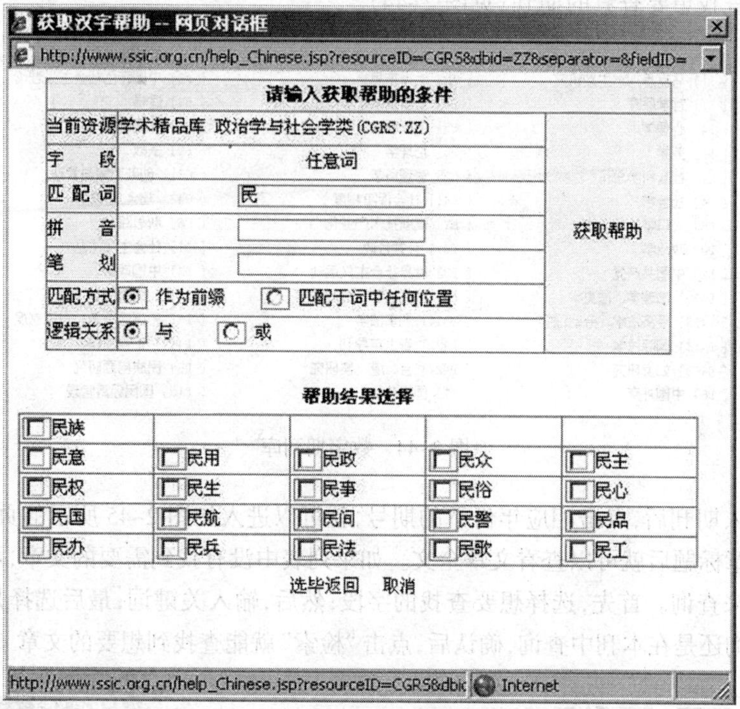

图 2-42 输入关键词

在结果中勾选输入的名称，点击“选毕返回”后，在页面中就可以看到查询条件了。确定想要查看的文章后，点击文章标题，就可以进入具体内容页面(见图 2-43)。

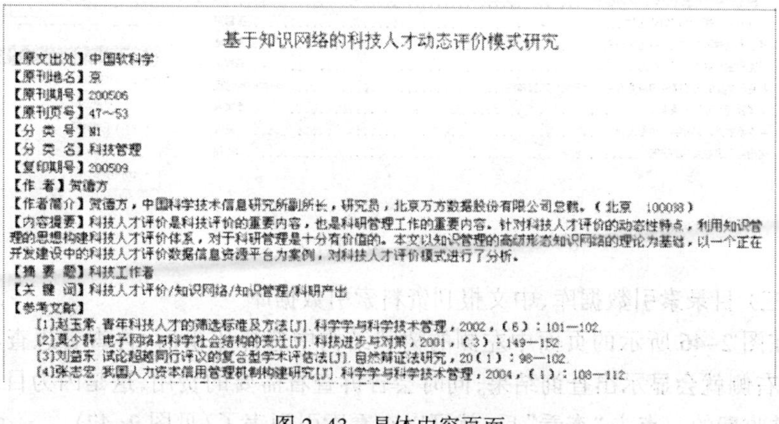

基于知识网络的科技人才动态评价模式研究

【原文出处】中国软科学
【原刊地名】京
【原刊期号】200506
【原刊页号】47～53
【分 类 号】N1
【分 类 名】科技管理
【复印期号】200509
【作 者】贺德方
【作者简介】贺德方，中国科学技术信息研究所副所长，研究员，北京万方数据股份有限公司总裁。（北京 100038）
【内容提要】科技人才评价是科技评价的重要内容，也是科研管理工作的重要内容。针对科技人才评价的动态性特点，利用知识管理的思想构建科技人才评价体系，对于科研管理是十分有价值的。本文以知识管理的高级形态知识网络的理论为基础，以一个正在开发建设中的科技人才评价数据信息资源平台为案例，对科技人才评价模式进行了分析。
【摘 要 题】科技工作者
【关 键 词】科技人才评价/知识网络/知识管理/科研产出
【参考文献】
[1]赵玉衆 青年科技人才的筛选标准及方法[J]. 科学学与科学技术管理，2002，(6)：101—102.
[2]莫少群 电子网络与科学社会结构的变迁[J]. 科技进步与对策，2001，(3)：149—152.
[3]刘益东 试论超越同行评议的复合型学术评估法[J]. 自然辩证法研究，20(1)：98—102.
[4]张志宏 我国人力资本信用管理机制构建研究[J]. 科学学与科学技术管理，2004，(1)：108—112.

图 2-43 具体内容页面

（二）"人大复印报刊资料"数字期刊库检索

可以通过各个分类来查找想看的期刊，或通过检索框输入期刊的代号或期刊名称来查找想要查看的期刊（见图 2-44）。

[A1] 马克思列宁主义研究	[A2] 毛泽东思想	[A3] 中国特色社会主义理论
[B1] 哲学原理	[B2] 科学技术哲学	[B3] 逻辑
[B4] 心理学	[B5] 中国哲学	[B6] 外国哲学
[B7] 美学	[B8] 伦理学	[B9] 宗教
[C1] 社会科学总论	[C3] 管理科学	[C31] 创新政策与管理
[C4] 社会学	[C41] 社会保障制度	[C42] 社会工作
[C5] 人口学	[C7] 高新技术产业化	[C8] 新思路
[D0] 政治学	[D01] 公共行政	[D1] 社会主义论丛
[D2] 中国共产党	[D3] 世界社会主义运动	[D4] 中国政治
[D410] 法理学、法史学	[D411] 宪法学、行政法学	[D412] 民商法学
[D413] 经济法学、劳动法学	[D414] 刑事法学	[D415] 诉讼法学、司法制度
[D418] 国际法学	[D421] 青少年导刊	[D422] 工会工作
[D423] 妇女研究	[D424] 台、港、澳研究	[D5] 民族问题研究
[D6] 中国外交	[D7] 国际政治	[F10] 国民经济管理

图 2-44　数字期刊库

进入期刊后，点击相应年份下的期号，就可以进入如图 2-45 所示的页面，点击具体文章标题后就可以查看文章全文。如果列表中没有找到需要的文章，可以通过检索框来查询。首先，选择想要查找的字段；然后，输入关键词；最后选择是想在本期中查询还是在本刊中查询，确认后，点击"检索"就能查找到想要的文章了。

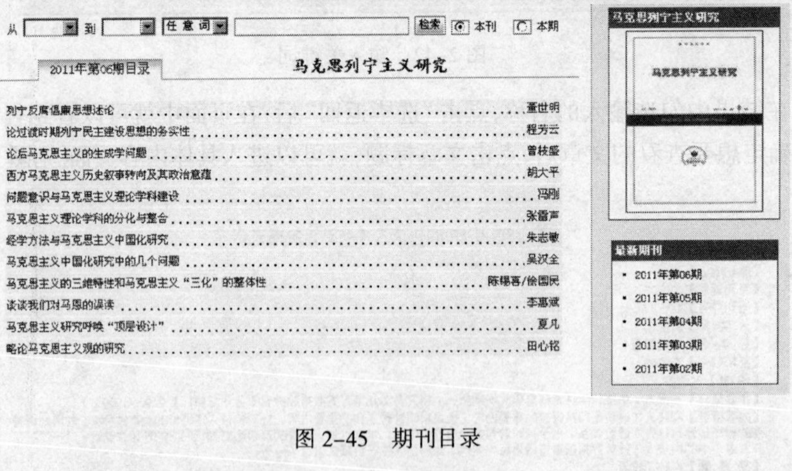

图 2-45　期刊目录

（三）目录索引数据库、中文报刊资料索引数据库

在图 2-46 所示的页面中左侧的树状结构中选择年份后，再查看想查看的类别，在右侧就会显示出查询结果，同时会告诉查看需要的费用，这是因为目录索引是按类收费的。点击"查看"后，就可以查看索引列表了（见图 2-47）。

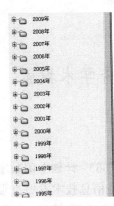

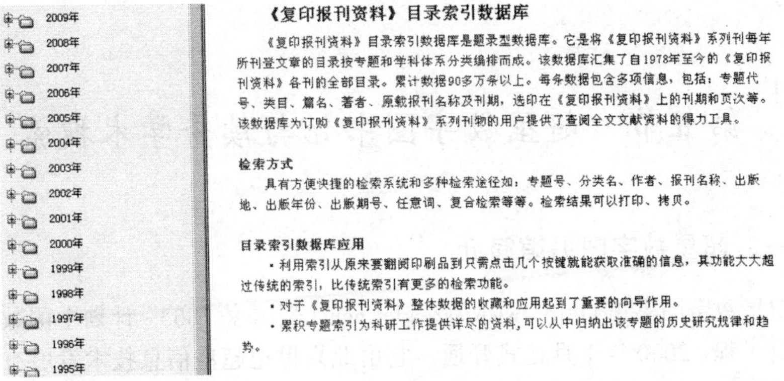

《复印报刊资料》目录索引数据库
《复印报刊资料》目录索引数据库是题录型数据库。它是将《复印报刊资料》系列刊每年所刊登文章的目录按专题和学科体系分类编排而成。该数据库汇集了自1978年至今的《复印报刊资料》各刊的全部目录。累计数据90多万条以上。每条数据包含多项信息，包括：专题代号、类目、篇名、著者、原载报刊名称及刊期，选印在《复印报刊资料》上的刊期和页次等。该数据库为订购《复印报刊资料》系列刊物的用户提供了查阅全文文献资料的得力工具。
检索方式
具有方便快捷的检索系统和多种检索途径如：专题号、分类名、作者、报刊名称、出版地、出版年份、出版期号、任意词、复合检索等等。检索结果可以打印、拷贝。
目录索引数据库应用
· 利用索引从原来要翻阅印刷品到只需点击几个按键就能获取准确的信息，其功能大大超过传统的索引，比传统索引有更多的检索功能。
· 对于《复印报刊资料》整体数据的收藏和应用起到了重要的向导作用。
· 累积专题索引为科研工作提供详尽的资料，可以从中归纳出该专题的历史研究规律和趋势。

图 2-46　目录索引数据库

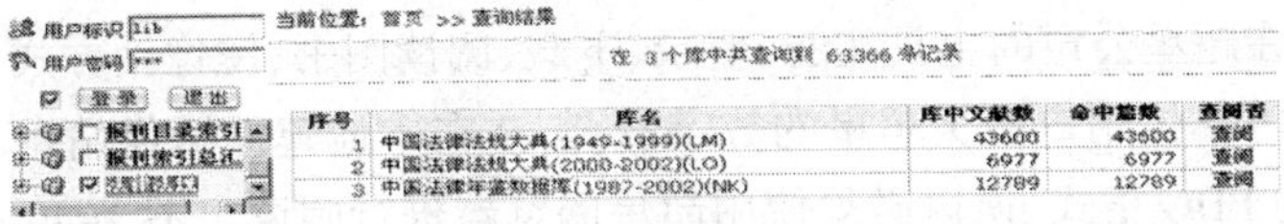
用户标识 lib
用户密码 ***
登录　退出
报刊目录索引
报刊索引总汇
当前位置：首页 >> 查询结果
在 3 个库中共查询到 63366 条记录
序号
库名
库中文献数
命中篇数
查阅否
1　中国法律法规大典(1949-1999)(LM)　43600　43600　查阅
2　中国法律法规大典(2000-2002)(LO)　6977　6977　查阅
3　中国法律年鉴数据库(1987-2002)(NK)　12789　12789　查阅

图 2-47　索引列表

在查看时，可以通过序号后面的多选框来勾选想查看的索引，然后点击“多篇显示”就可以在一页中查看选择的信息。也可以通过检索框来根据提供的关键词来查找需要的索引，同时可以通过“高级检索”根据提供的关键词精确查找（见图 2–48）。

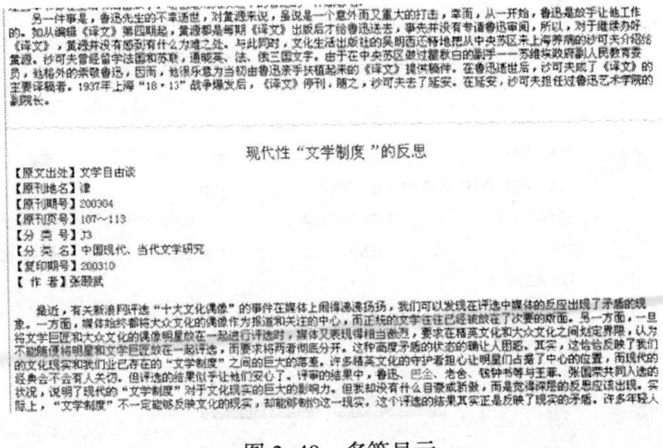

另一件事是，鲁迅先生的不幸逝世，对黄源来说，虽说是一个意外而又重大的打击，幸而，从一开始，鲁迅是放手让他工作的。如从编辑《译文》第四期起，黄源都是每期《译文》出版后才给鲁迅送去，事先并没有专请鲁迅审阅，所以，对于继续办好《译文》，黄源并没有感到有什么为难之处。与此同时，文化生活出版社的吴朗西还特地把从中央苏区来上海养病的沙可夫介绍给黄源。沙可夫曾经留学法国和苏联，通晓英、法、俄三国文字。由于在中央苏区做过瞿秋白的副手——苏维埃政府副人民教育委员，他格外的崇敬鲁迅，因而，他很乐意为当初由鲁迅亲手扶植起来的《译文》提供稿件。在鲁迅逝世后，沙可夫成了《译文》的主要译稿者。1937年上海“18·13”战争爆发后，《译文》停刊，随之，沙可夫去了延安。在延安，沙可夫担任过鲁迅艺术学院的副院长。

现代性“文学制度”的反思

【原文出处】文学自由谈
【原刊地名】津
【原刊期号】200304
【原刊页号】107～113
【分 类 号】J3
【分 类 名】中国现代、当代文学研究
【复印期号】200310
【作　者】张颐武

最近，有关新浪网评选“十大文化偶像”的事件在媒体上闹得沸沸扬扬，我们可以发现在评选中媒体的反应出现了矛盾的现象。一方面，媒体始终都将大众文化的偶像作为报道和关注的中心，而正统的文学往往已经被放在了次要的版面。另一方面，一旦将文学巨匠和大众文化的偶像明星放在一起进行评选时，媒体又表现得相当激烈，要求在精英文化和大众文化之间划定界限，认为不能随便将明星和文学巨匠放在一起评选，而要求将两者彻底分开。这种高度矛盾的状态的确让人困惑。其实，这恰恰反映了我们的文化现实和我们业已存在的“文学制度”之间的巨大的落差。许多精英文化的守护者担心让明星们占据了中心的位置，而现代的经典会不会有人关切。但评选的结果似乎让他们安心了。评审的结果中，鲁迅、巴金、老舍、钱钟书等与王菲、张国荣共同入选的状况，说明了现代的“文学制度”对于文化现实的巨大的影响力。但我却没有什么自豪或骄傲，而是觉得深层的反思应该出现。实际上，“文学制度”不一定能够反映文化的现实，却能够制约这一现实。这个评选的结果其实正是反映了现实的矛盾。许多年轻人

图 2-48　多篇显示

第五节　超星数字图书馆与读秀学术搜索

一、超星数字图书馆简介

超星数字图书馆（http://www.ssreader.com）是国家"863"计划中国数字图书馆示范工程，2000 年 1 月正式开通。它由北京世纪超星信息技术发展有限责任公司投资兴建，设文学、历史、法律、军事、经济、科学、医药、工程、建筑、交通、计算机和环保等几十个分馆。

超星数字图书馆提供读书卡、镜像站两种服务方式。读书卡方式主要适用于个人用户，在超星公司的主页注册、登录、下载、阅读图书；镜像站方式主要适用于高校、企业等单位用户购买超星的数字资源，并在本地建立镜像站点。超星图书使用专用的 PDG 格式，所以必须使用超星阅览器进行阅读。图 2-49 是超星数字图书馆、读秀学术搜索页面。

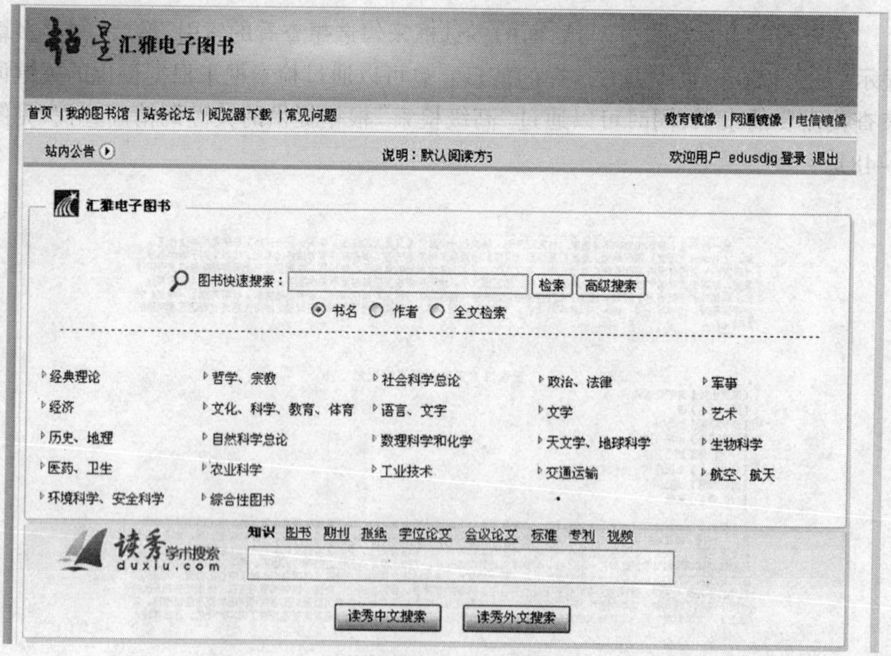

图 2-49　超星数字图书馆、读秀学术搜索页面

二、超星数字图书馆检索、读秀学术搜索指南

超星数字图书馆有分类检索、快速检索、高级检索三种检索方式。

（一）分类检索

图书分类按"中国图书馆分类法"分类，点击一级分类即进入二级分类，依次类推。末级分类的下一层是图书信息页面，点击书名超链接，阅读图书。图 2-50是超星数字图书馆图书分类检索。

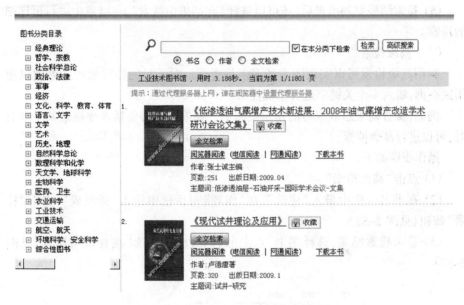

图 2-50　超星数字图书馆图书分类检索

（二）快速检索

快速检索是指用所需信息的主题词（关键词）进行查询（见图 2-51）。

图 2-51　图书快速搜索

（1）选择检索信息显示类别，分为"书名"、"作者"、"全文检索"三种。

（2）在检索框内键入关键词，比如"鲁迅"、"鲁迅　杂文"，多个关键词之间要以一个空格隔开。关键词越短少，检索结果越丰富。

（3）按回车键或点击"搜索"按钮，检索结果即可罗列出来。为便于查阅，关键词以醒目的红色显示。检索结果还可按"书名"、"作者"、"出版日期"进行排序。

（4）检索结果显示信息的差别。选择不同的查询信息显示类别所显示的检索结果是有差别的。选择"全文检索"搜索，即显示检索库中所有包含关键词的图书信息，包括图书封皮、书名、作者、页数、出版社、出版日期、目录等信息；选择"书名"搜索，即显示检索库中"书名"字段与关键词相符的图书信息；选择"作者"搜索，即显示检索库中"作者"字段与关键词相符的图书信息。

（5）检索结果罗列出来后，还可以选择"在结果中搜索"，在结果中进行更详细的检索。

（三）高级检索

利用高级检索可以实现图书的多条件查询。对于目的性较强的读者建议使用该查询，输入多个关键字进行精确搜索。

例如，要查询梁思成编写的建筑类图书。如果我们需要精确地搜索某一本书时，可以进行高级搜索。

操作步骤如下：

（1）点击"高级检索"。

（2）在书名一栏中敲入"建筑"，在"作者"对话框中输入"梁思成"，点击"检索"按钮（见图 2-52）。

（3）显示检索结果，选择图书，点击书名下边的"阅读"按钮就可阅读（见图 2-53）。

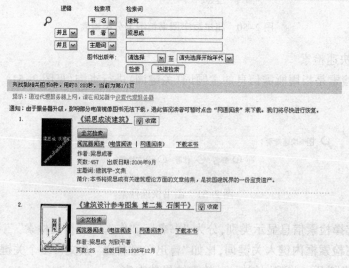

图 2-52　高级检索

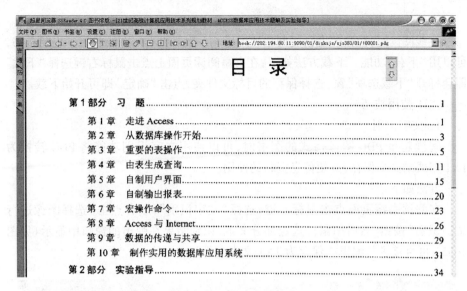

图 2-53　原文阅读显示

（四）分类导航

图书馆分类区位于主页中部，鼠标点击可逐级打开各个分类（见图 2-54）。在有关类目下逐册选择所需图书，确定后点击所需书名下的"阅读"按钮，即可通过超星阅览器进行阅读。

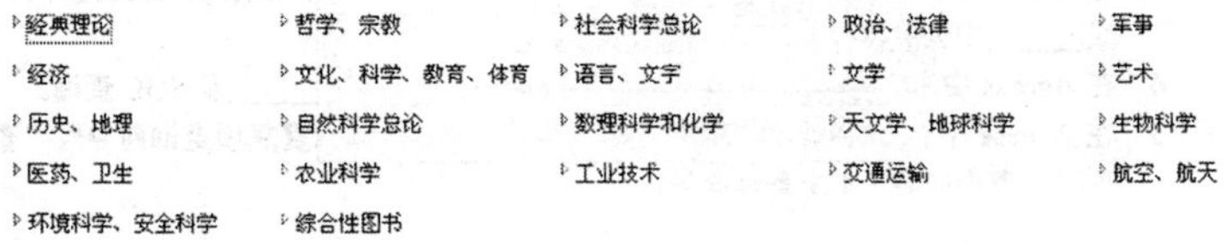

经典理论	哲学、宗教	社会科学总论	政治、法律	军事
经济	文化、科学、教育、体育	语言、文字	文学	艺术
历史、地理	自然科学总论	数理科学和化学	天文学、地球科学	生物科学
医药、卫生	农业科学	工业技术	交通运输	航空、航天
环境科学、安全科学	综合性图书			

图 2-54　分类检索

三、电子图书的阅读和下载

在使用超星数字图书馆的电子图书资源之前，必须先在本机安装超星浏览器，并注册浏览器。超星阅览器除了阅读、下载书籍外，还可以编写制作 PDG 格式的电子图书。

（一）阅读书籍

阅读时，点击上下箭头符号，可完成翻页操作。点击工具栏上的"缩放"按钮，可按整宽、整高、指定百分比进行编写缩放。

（二）下载书籍

在线阅读时，翻页速度会受网络速度影响。如果想不在在线状态下也能看书，可以用"下载"功能。下载方法如下：在书籍阅读页面上点击鼠标右键选择"下载"即会打开"下载选项"窗，选择保存的目标文件夹，点击"确定"即可开始下载。

（三）使用技巧

1. 文字识别

阅读超星 PDG 图像格式的图书时，可以使用文字识别功能将 PDG 转换为 TXT 格式的文本保存，方便信息资料的使用。

方法如下：

在阅读书籍页面点击鼠标右键，选择"文字识别"，或者点击"选择图像进行文字识别"按钮，然后用鼠标选定部分文本，识别结果在弹出的窗口中显示（见图 2-55），可直接进行编辑或保存为 TXT 文本文件。

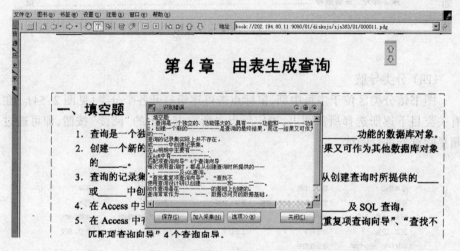

图 2-55　文字识别

2. 剪贴图像

在阅读书籍时，对于数学公式或图表类不能用汉字识别的部分，可点击鼠标右键选择"剪贴图像"或者点击"区域选择工具"按钮，然后用鼠标选剪贴的图像（见图 2-56），在其他编辑器中粘贴即可保存。

3. 书签

书签可以为读者的阅读提供很大便利，利用书签可以方便地管理图书、网页。对于一些阅读频率较高的图书，在超星数字图书镜像站点中可以添加"个人书签"，可以免去每次检索的麻烦。首先要注册，以注册用户登录后，就可以添加个

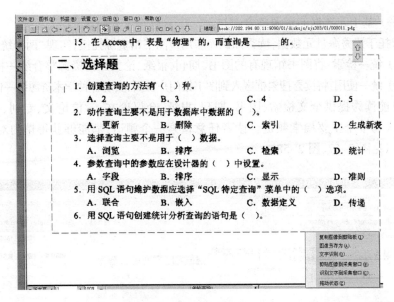

图 2-56　剪切功能

人书签了。

在每一本图书书目的下方有一个"添加个人书签"的按钮,点击一下就可以把此图书添加为自己的个人书签。回到主页刷新一次页面就可以看到此书签,并且在下次阅读图书的时候用自己的用户名和密码登录页面时就可以看到以前添加的个人书签。点击该书签就可以直接进入此书的阅读状态。如果想删除该书签,直接点击书签左侧的删除标记即可。

4. 自动滚屏

在阅读书籍时,可以使用自动滚屏功能阅读书籍。

5. 更换阅读底色

可以使用"更换阅读底色"功能来改变书籍阅读效果。

四、读秀学术搜索

读秀学术搜索是由海量全文数据及元数据组成的超大型数据库。其以 260 多万种中文图书、6 亿页全文资料为基础,为用户提供深入内容的章节和全文检索,部分文献的原文试读,以及参考咨询服务。读秀知识库基于元数据的整合,实现查找学术资料的需求在读秀一站式解决,完成图书馆原系统的整体升级,使其成为真正意义上的立体式知识型图书馆,保障高校重点学科及其他学科的文献资源的统一整合、深度搜索和权威咨询,提高学科管理水平。

（一）基于元数据的资源整合

依托于读秀海量元数据,读秀知识库与用户图书馆资源挂接,实现"两个统一"。

（1）统一检索:将图书馆现有的图书、期刊、报纸、论文异构资源整合统一检索。

（2）统一使用:将读秀搜索框嵌入到图书馆门户首页,实现各种学术资源统一使用。

目前读秀提供全文检索、图书、期刊、报纸、会议论文、学位论文、专利、标准、视频、人物十个主要检索频道。读者任意检索一个频道,都能够获得馆内对应资源内容(见图 2-57、图 2-58)。

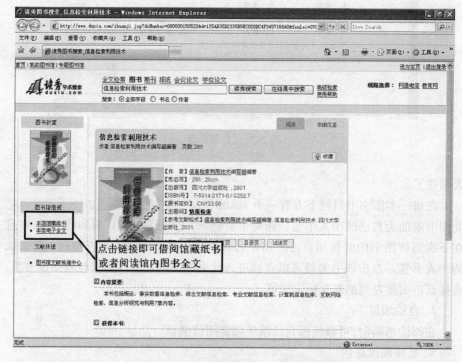

图 2-57　与馆藏纸质图书、电子图书挂接

（二）多面检索技术

在读秀学术搜索中,不论读者搜索图书、期刊还是查找论文,读秀将显示与之相关的图书、期刊、报纸、论文、人物、工具书解释、网页等多维信息,真正实现多面多角度的搜索功能,使读者获得全面的学术信息(见图 2-59)。

（三）阅读途径

读秀超大型数据库与馆藏资源结合,为读者提供多种资源阅读途径,实现资源完全共享(见图 2-60)。

（1）读秀提供部分原文试读功能。包括封面页、版权页、前言页、正文部分页,

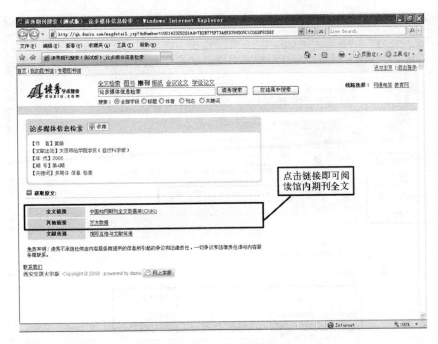

图 2-58 与馆藏期刊库挂接

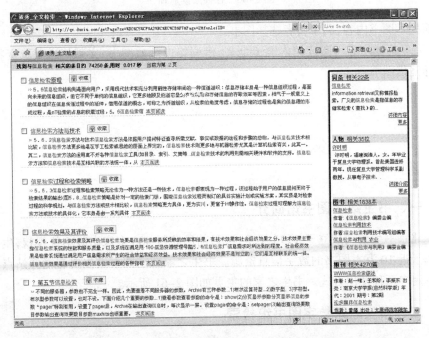

图 2-59 多面检索显示相关词条解释、人物、图书、期刊、报纸、论文等

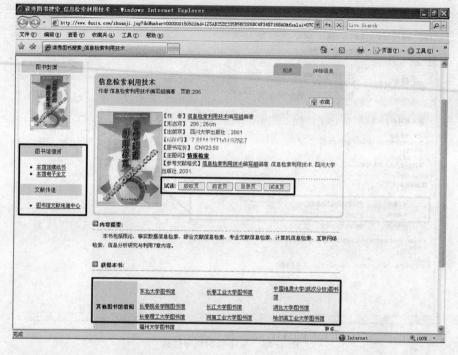

图 2-60　各种阅读途径

全面揭示图书内容,利于读者选择图书。

(2) 其他途径。阅读馆内电子全文、借阅馆内纸质图书、文献传递获取资料、馆际互借图书。

第六节　书生数字图书馆

一、书生数字图书馆简介

北京书生公司成立于 1996 年 7 月,目前已获得 400 多家出版单位授权,生产制作了近 10 万本图书的数字信息资源。书生之家数字图书馆主要有镜像站点和包库用户两种使用方式。书生之家的主页如图 2-61 所示。

二、书生之家数字图书馆检索

在书生之家查找图书可以有五种方法:简单检索、图书全文检索、分类检索、

图 2-61 书生之家的主页

组合检索、高级全文检索。图 2-62 是书生之家检索界面。

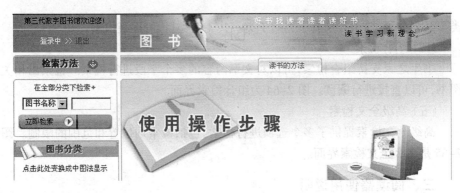

图 2-62 书生之家检索界面

（一）简单检索

在左上角的查询栏进行简单检索，可根据图书名称、ISBN 号、出版机构、作者、提要、丛书名称六种途径进行查询。

（二）图书全文检索

在导航栏点击"图书全文检索"，进入检索界面（见图 2-63）。输入检索词，确定检索分类，即可检索到所需图书。

（三）分类检索

中华图书网将全部电子图书按《中国图书分类办法》分成 23 个大类，每一大

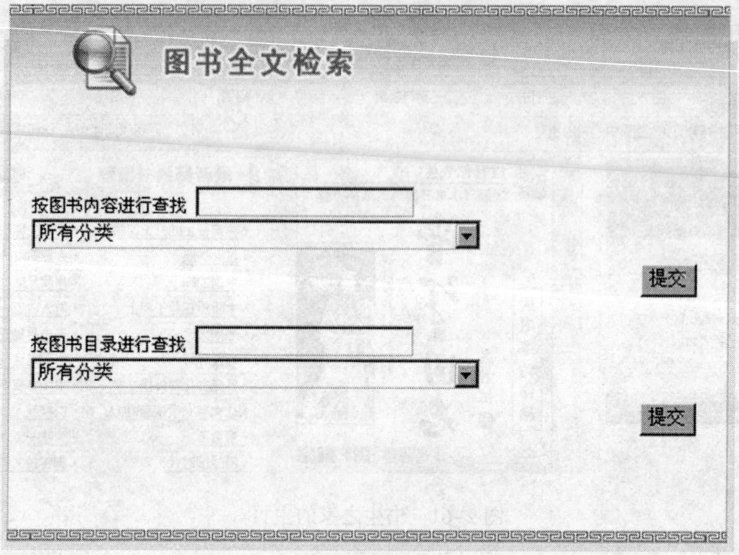

图 2-63　图书全文检索界面

类下又划分子类,子类又有子类的子类。共 4 级类目,可逐级检索。

（四）组合检索

书生之家支持组合检索,可以对文章内容的多个字段进行检索。检索出相关图书,可以直接进行阅读。图 2-64 为组合检索界面。

（五）高级全文检索

高级全文检索提供了多个选项进行检索,包括检索词位置和范围的限制。图2-65 是高级全文检索界面。

三、阅读器使用说明

书生阅读器用于阅读、打印书生电子出版物,包括电子图书、电子期刊、电子报纸等。书生电子浏览器能够显示、放大、缩小、拖动版面,提供栏目导航、顺序阅读、热区跳转等高级功能,可以打印出黑白和彩色复印件。图 2-66 是书生阅读器界面。

读书界面左边是书籍的目录,最多可分四级,点击相应目录则在右侧显示该目录内容的起始页。读书状态行显示当前所在图书的页数、总共页数、显示比例。数据输入状态的最后一行显示页面数据输入情况,若数据输入完毕,则显示完成。

书生阅读器快捷工具条分 6 组,共 19 个按钮,主要功能包括:

（1）翻页。需要进行翻页操作时,选择快捷工具条"第一页"、"下一页"、"最

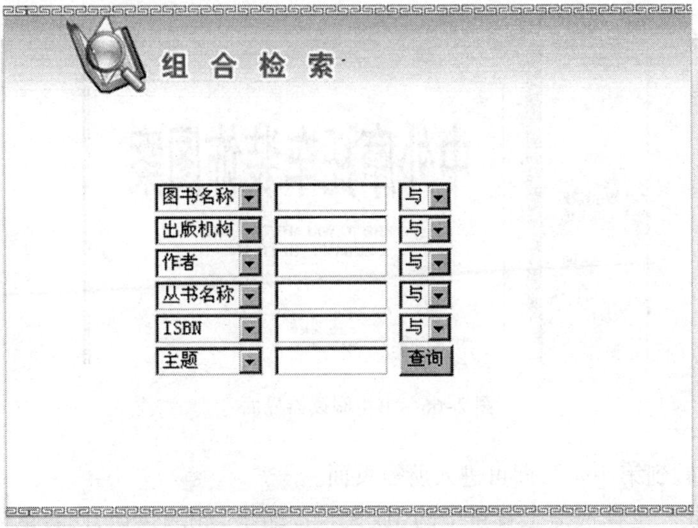

说明：　通过本功能读者可以进行复杂的图书检索，例如：要检索图书名称含有"中国"，出
　　　　版社名称包含"上海"，可以通过在图书名称项输入"中国"，出版机构项输入"上
　　　　海"，然后点击查询，就可以查询符合结果的图书列表；　如果输入方式同上，但在两
　　　　者间的"与"，"或"关系下拉列表选中"或"，则可以查到图书名称包含"中
　　　　国"，或者出版社名称包含"上海"的图书列表。

图 2-64　组合检索界面

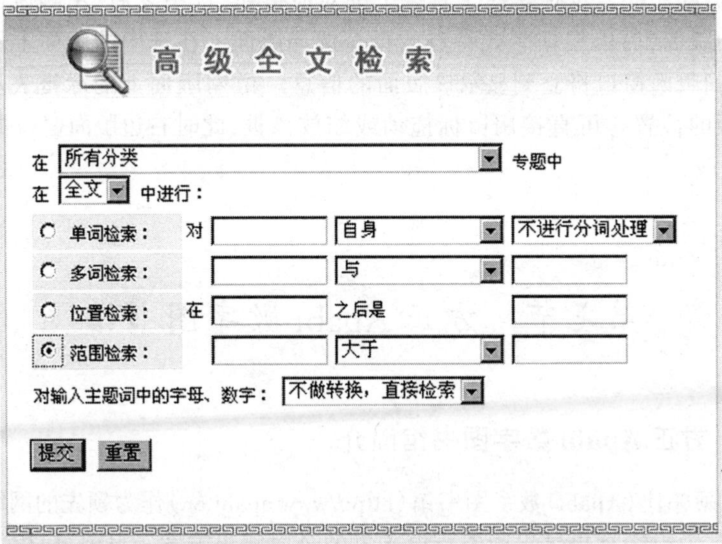

图 2-65　高级全文检索

图 2-66　书生阅读器界面

后一页"、"转到第……",即可进入所需页面。

　　(2) 缩放。选择快捷工具条中的"放大"、"缩小"相应按钮,此时鼠标指针变成放大镜或缩小镜形式,每单击版面一次,版面就会放大或缩小。

　　(3) 选择文本。当需要对某段文字进行摘录时,可选中快捷工具条中标有"T"字样的按钮,此时鼠标指针变为"+"形式,拖动光标选中的文字显示成黑色,其文本已被自动存入剪贴板,可粘贴到其他程序的文档中。

　　(4) 打印。选中快捷工具条上"打印"按钮,即可将当前页输出。

　　(5) 全屏显示。选择快捷工具条的"全屏显示"按钮,将以全屏显示版面。

　　(6) 微缩版面。选择快捷工具条上的对应按钮,选中之后,左侧窗口显示各页的微缩版面,可以根据版式特点或页号选择版面。在选中的版面上用鼠标点一下,右侧版面窗口将立刻显示该版面的信息。微缩版面上的绿框表示当前版面在该版的位置。可直接用鼠标拖动或缩放该框,此时右边版面窗口的内容也会相应更改。

第七节　方正 Apabi 数字图书馆

一、方正 Apabi 数字图书馆简介

　　方正阿帕比(Apabi)数字图书馆(http://www.apabi.cn)作为领先的网络出版技术提供方,为出版社提供出版发行电子书的全面解决方案。目前,应用方正阿帕比(Apabi)提供的网络出版平台出版发行电子书的出版社已有 500 多家,包括高

等教育出版社、机械工业出版社、电子工业出版社、上海世纪出版集团、辽宁出版集团、北京大学出版社、清华大学出版社、化学工业出版社等。合作的出版社超过全国出版社总量的 90% 以上。截至 2008 年 3 月,出版社授权出版的电子书已超过 40 万册,覆盖了人文、科学、经济、医学、历史等各领域。所有图书均由出版社、作者同时授予信息网络传播权。

二、方正 Apabi 数字图书馆检索指南

(一)用户借阅流程

使用方正 Apabi 数字图书馆首先要下载并安装最新 Apabi Reader 阅读器,进行登录后,就可以选择电子资源下载阅读。一般要遵循如图 2-67 所示的流程。

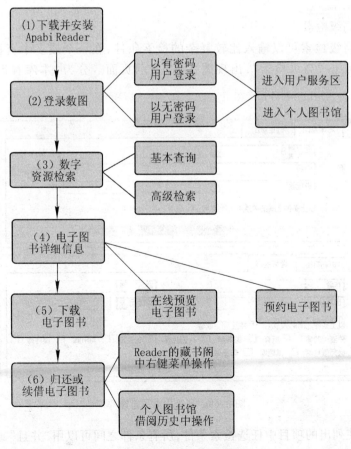

图 2-67 用户借阅流程图

（二）快速检索

可以以年份、全面检索、全文检索等为检索条件，输入检索词，点击"查询"按钮，迅速查到要找的书目。检索结果可选择图文显示或列表显示。在检索结果中，如图 2-68 所示，若选择"结果中查"，在当前结果中增加检索框中的条件后再进行检索；选择"新查询"，则使用检索框中的条件开始一个新的检索。

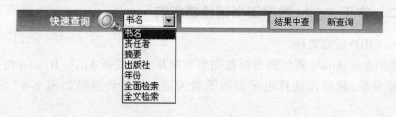

图 2-68　快速检索示意图

（三）高级检索

使用高级检索可以输入比较复杂的检索条件，在一个或多个资源库中进行查找。点击"高级检索"，出现图 2-69 所示页面。分为"本库查询"和"跨库查询"。

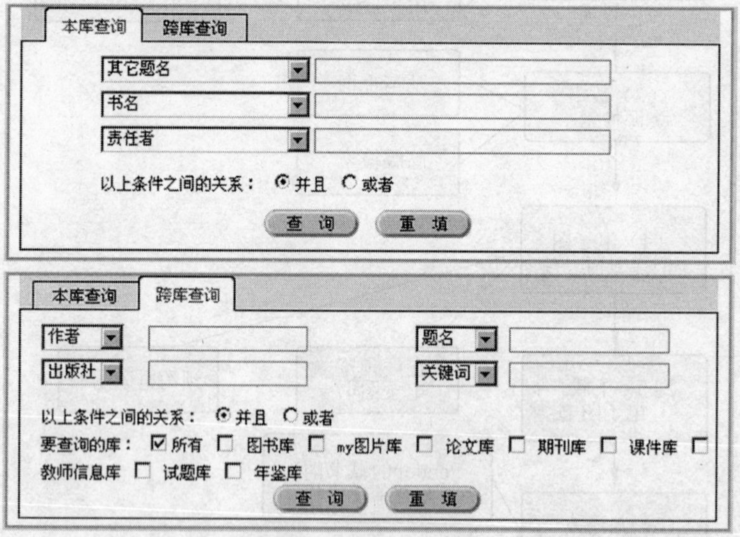

图 2-69　高级检索示意图

可以在列出的项目中任选检索条件，所有条件之间可以用"并且"或"或者"进行连接。跨库查询需要选择要查询的库。所有的选项设置完成后，点击"查询"

开始高级检索。检索结果可选择图文显示或列表显示。点击"关闭高级检索"可结束检索。

（四）分类检索

分类检索指用户可以根据显示的分类，方便地查找出所有该类别的资源。点击"显示分类"，可以查看常用分类（常用分类在后台管理的"资源管理→管理资源库"中设置）和中国图书馆图书分类法。点击类别名，页面会显示当前库该分类的所有资源的检索结果。可选择图文显示或列表显示。此时"显示分类"变为"隐藏分类"，点击可隐藏分类。

（五）在线浏览

在线浏览指用户登录系统后，可以在一定的时间内在线浏览任何一本书（包括已借完的）。点击"在线浏览"按钮，将启动 Apabi Reader 阅读器下载该资源。但该资源不进入文档管理器，且只有在规定的时间内可以阅读。在线浏览的用户数受授权数的限制。

（六）下载图书

下载图书指用户登录系统后，可以在用户所属用户组的有效借阅期内下载限定数量的图书。用 Apabi Reader 阅读，该资源进入文档管理器。点击"下载"按钮，将启动 Apabi Reader 下载该资源。资源被下载到本机，下载占用资源复本数。当资源的复本数被借光了，原"下载"按钮将变为"预约"按钮。

第八节　中国高等教育文献保障系统

一、中国高等教育文献保障系统简介

CALIS（China Academic Library & Information System）是中国高等教育文献保障系统的英文缩写，是经国务院批准的我国高等教育"211 工程"、"九五"、"十五"总体规划中三个公共服务体系之一，与中国教育科研网（CERNET）均为国家"211工程"的公共服务体系项目。CALIS 的宗旨是，在教育部的领导下，把国家的投资、现代图书馆理念、先进的技术手段、高校丰富的文献资源和人力资源整合起来，建设以中国高等教育数字图书馆为核心的教育文献联合保障体系，实现信息资源共建、共知、共享，以发挥最大的社会效益和经济效益，为中国的高等教育服务。其网址是 http//www.calis.cn/。

二、中国高等教育文献保障系统的发展

中国高等教育文献保障系统于 1998 年底开始建设以来,到目前为止已经完成的数据库有:CALIS"高校学位论文库"、CALIS"联合目录数据库"、CALIS"会议论文库"、CALIS"中国现刊目次库"。CALIS 管理中心引进和共建了一系列国内外文献数据库,包括大量的二次文献库和全文数据库,采用独立开发与引用消化相结合的道路,主持开发了联机合作编目系统、文献传递与馆际互借系统、统一检索平台、资源注册与调度系统,形成了较为完整的 CALIS 文献信息服务网络。迄今参加 CALIS 项目建设和获取 CALIS 服务的成员馆已超过 500 家。

CALIS 管理中心设在北京大学,管理中心负责 CALIS 专题项目的实施和管理。管理中心下设了文理、工程、农学、医学四个全国文献信息服务中心,东北、东南、华中、华南、西北、西南、东北七个地区文献信息服务中心和一个东北地区国防文献信息服务中心。

"十五"期间,国家继续支持"中国高等教育文献保障系统"公共服务体系二期建设,并将"中英文图书数字化国际合作计划"(简称 CADAL)作为该公共服务体系建设的重要组成部分,项目名称为"中国高等教育文献保障体系——中国高等教育数字化图书馆"(China Academic Digital Library & Information System,CADLIS),由 CALIS 和 CADAL 两个专题项目组成。项目的总体目标是在完善"九五"期间中国高等教育文献保障系统(CALIS)建设的基础上,至 2005 年底,初步建成具有国际先进水平的开放式中国高等教育数字图书馆。它将以系统化、数字化的学术信息资源为基础,以先进的数字图书馆技术为手段,建立包括文献获取环境、参考咨询环境、教学辅助环境、科研环境、培训环境和个性化服务环境在内的六大数字服务环境,为高等院校教学、科研和重点学科建设提供高效率、全方位的文献信息保障与服务,成为中国经济和社会发展的重要基础设施。

"十一五"期间,中国高等教育文献保障系统继续快速发展。建立了数字资源群的建设与存档体系;数字图书馆服务平台进一步完善,性能提升;建设实现了标准化和规范化;完善了高等教育文献保障服务体系;加强了国际合作人才培养和学科建设。在资源建设与存档体系方面,完成了 5 000 种电子期刊、30 万篇学位论文、30 万部电子图书的重要商业化学术数字资源存档;对各类教学与科研资源,如论文、网站、博客、课件、多媒体、科学数据、高校自建特色资源等实现了原生态存档;进行了互联网学术资源存档(Academic Web Archive)。

三、中国高等教育文献保障系统的主要服务功能

（一）CALIS"高校学位论文库"

该库的文献来源于"211工程"的61所重点学校的硕士、博士学位论文。目前该库只收录题录和文摘，没有全文。全文服务通过CALIS的馆际互借系统提供。CALIS"联合目录数据库"是全国"211工程"的350所高校图书馆馆藏联合目录数据库，是CALIS在"九五"期间重点建设的数据库之一。它的主要任务是建立多语种书刊联合目录数据库和联机合作编目、资源共享系统，为全国高校教学科研提供书刊文献资源网络公共查询，支持高校图书馆系统的联机合作编目，为成员馆之间实现馆藏资源共享、馆际互借和文献传递奠定基础。

（二）CALIS"会议论文数据库"

该库收录来自于"211工程"所属重点高校每年主持的国际会议的学术论文，根据目前的调查，重点大学每年主持召开的国际会议大多提供正式出版的会议论文集。

（三）CALIS"中文现刊目次库"

该库是全国"211工程"所属高校图书馆自建数据库的子项目之一。它的主要任务是揭示各学科专业的核心期刊的文献信息。收录高校图书馆收藏的国内重要中文学术期刊的篇目，这些期刊内容涉及社会科学和自然科学的所有学科。该库以各成员馆的馆藏为基础，为读者提供文献检索、最新文献报道服务和全文传递服务。

（四）CALIS"重点学科网络资源导航数据库"

该库是CALIS"十五"重点建设项目之一。该项目以教育部正式颁布的学科分类系统作为构建导航库的学科分类基础，建设一个集中服务的全球网络资源导航数据库，提供重要学术网站的导航和免费学术资源的导航。

（五）CALIS"引进数据库"

引进国外数据库和电子文献是CALIS资源建设中最重要的一项工作之一，也是最先开展的一项服务，见表2-1。国外数据库的成功引进缓解了我国高校外文文献长期短缺，无从获取或获取迟缓的问题，对高校科研和教学起到了极大的推动作用。通过这项建设工作，使更多的学校加入进来，引进成本越来越低，覆盖面也越来越广，为高校的科研和教学创造了优异的支持环境。表2-1是"十五"期间CALIS引进数据库资源。

表 2-1 CALIS 引进数据库资源

1	外文全文电子书数据库	CALIS 管理中心
2	外文博硕士学位论文全文数据库	CALIS 文理中心
3	OCLC FirstSearch	CALIS 文理中心
4	特种资源数据库(农学资源)	CALIS 农学中心
5	特种资源数据库(医学资源)	CALIS 医学中心
6	特种资源数据库(国防资源)	CALIS 东北地区国防文献中心
7	特种资源数据库(西部资源)	CALIS 西北和西南地区中心
8	其他引进数据库	CALIS 全国中心和地区中心

（六）CALIS"虚拟参考咨询"

分布式联合虚拟参考咨询系统旨在构建一个中国高等教育分布式联合虚拟参考咨询平台,建立有多馆参加的、具有实际服务能力的、可持续发展的分布式联合虚拟参考咨询服务体系,以本地化运作为主,结合分布式、合作式的运作,实现知识库、学习中心共享共建的目的。

中国高等教育分布式联合虚拟参考咨询平台以本地服务与分布式联合服务相结合,建立可持续发展的、多馆协作咨询的规则和模式,建立相关的知识库、学习中心。

中国高等教育分布式联合虚拟参考咨询平台是沟通咨询馆员与读者的桥梁,此平台的建立,能真正实时地解答读者在使用数字图书馆中第一时间所发生的问题。咨询员可不受时间、地点的限制,在网上解答读者的疑问,从而为实现 24×7 的理想服务模式解决技术上的问题。

本系统由中心咨询系统和本地咨询系统两级架构组成。中心咨询系统由总虚拟咨询台与中心调度系统、中心知识库、学习中心等模块组成;本地咨询系统由成员馆本地虚拟咨询台、各馆本地知识库组成。这种架构方式既能充分发挥各个成员馆独特的咨询服务作用,也能通过中心调度系统实现各成员馆的咨询任务分派与调度。CALIS 高校教学参考信息管理与服务系统是 CALIS "十五"期间重点建设的子项目之一。该项目由复旦大学图书馆承建,成立了由复旦大学、北京大学、清华大学、上海交通大学四所高校各方面专家组成的项目管理小组负责该项目的建设,52 所大学图书馆成员作为项目参建馆参加了该项目的建设。

高校教学参考信息管理与服务系统包括教学参考信息库和教学参考书电子全文书库两部分的建设。目前教学参考信息库中的教参信息 5 万余条;解决版权并完成电子书制作的图书 30 多万种;由出版社推荐,子项目管理小组组织精心挑选的具有电子版的教参书近 1 万种。经全面整理归并,总共完成授权加工入库并安装在全文电子教学参考书库中的电子图书 2 万多种以及出版社推荐的电子教学参考书 6 万多种。

第九节　OPAC 检索系统

一、OPAC 检索系统简介

OPAC(Online Public Access Catalogue)即联机公共目录检索系统,是供图书馆读者查询馆藏的联机目录检索系统。它取代了卡片目录手工检索系统,通过计算机网络对馆藏的信息资源进行检索。在 OPAC 上可以检索图书馆的书目数据库。OPAC 是网络上的公共资源,凡互联网用户都可检索,读者也可检索国内外其他图书馆的 OPAC。

二、OPAC 的发展

OPAC,20 世纪 70 年代初发端于美国大学和公共图书馆,是一种通过网络查询馆藏信息资源的联机检索系统,用户可以在任何地方查询各图书馆的 OPAC 资源。一般将 OPAC 的发展分为三个阶段。第一阶段 OPAC 起源于编目系统,是卡片目录的机读版本,虽然比手工方式查询快,但检索功能没有本质上的变化。第二阶段 OPAC 更多地吸收了情报系统的优点,不仅检索功能完善,而且收录范围扩大,更多地考虑了用户的需求。第三阶段在 20 世纪 90 年代开始形成,与第二阶段 OPAC 相比,在智能化检索、交互式查询、参考咨询服务等方面有突破性进展,成为用户使用图书馆数字化资源的主要入口。

目前,尽管图书馆资源载体多样化、数字资源丰富,但 OPAC 仍以书目数据为核心,向全文、目次、文摘、书评、音视频等多媒体信息资源扩展,构建整体的、立体化的、全方位的 OPAC 体系。OPAC 检索方式灵活,用户界面友好,简单方便,易于使用,服务方式多样。

三、OPAC 检索功能

(一) 书刊信息检索

OPAC 书刊信息检索指馆藏书刊目录信息查询。用户可以通过书名、刊名、作者、分类号、主题、ISBN、ISSN、出版社等多种途径,对馆藏印本资源进行检索。比如,通过OPAC书刊检索系统可以检索图书馆某本书的具体馆藏地、复本数量、馆藏状态、借阅情况等信息。

（二）个人信息检索

通过OPAC检索系统用户可以查询到个人的借阅权限、可借阅册数、当前借阅册数、借阅历史记录、预约借阅信息等。

（三）网上书刊建购

这是指网上书刊订购征询,读者为图书馆采购文献提出参考性建议。通过OPAC检索系统,用户可以根据图书馆的网上征订目录,向图书馆推荐采购图书和期刊。

（四）网上预约和续借

大多数图书馆都提供网上预约与续借的功能,用户可以通过OPAC系统在网上自行预约和续借图书。

（五）发布新书通报

进馆新书经过分类、编目、典藏之后,进入流通,即可在系统中自动生成新书通报。用户可以在OPAC系统中第一时间进行检索,掌握馆藏新书有关信息,方便借阅。

（六）信息发布

公布读者的预约到书、超期罚款和超期催还等信息。

四、公共图书馆 OPAC 书目检索系统

（一）中国国家图书馆 OPAC 检索系统（http://www.nlc.gov.cn/）

中国国家图书馆（National Library of China）的前身是建于清代的京师图书馆,是一所综合性研究图书馆,是国家总书库,也是国家书目中心、网络信息中心。中国国家图书馆除承担国家总书库和书目中心的重任,也面向公众提供信息服务。图2-70是中国国家图书馆OPAC检索界面。

[**例2-2**]　中国国家图书馆 OPAC 检索范例

检索工具:中国国家图书馆 OPAC 检索系统。

检索文献:红楼梦。

检索途径:题名。

检索方法:在主页检索框中输入"红楼梦",选择馆藏目录,点击搜索。

检索结果:找到 3818 条记录（首页显示见图 2-71）。

（二）中国科学院国家科学图书馆 OPAC 检索系统（http://www.las.ac.cn/）

中国科学院国家科学图书馆是支持我国科技自主创新、服务国家创新体系、促进科学文化传播的国家级科技文献机构,主要为自然科学、交叉科学和高技术

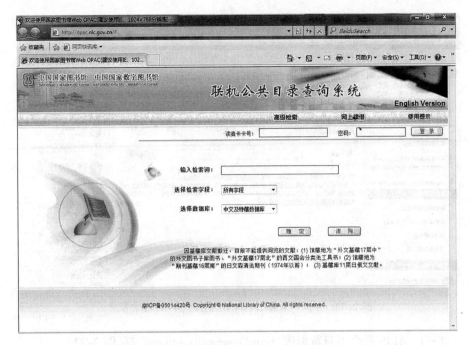

图 2-70　中国国家图书馆 OPAC 检索

图 2-71　国家图书馆"红楼梦"检索结果显示

领域的科技自主创新提供文献信息保障、战略信息研究服务、公共信息服务平台支撑和科学交流与传播服务。它主要提供科学类的图书信息资源,其期刊联合目录建设特色鲜明,种类齐全。图 2-72 是中国科学院国家科学图书馆 OPAC 检索界面。

图 2-72   中国科学院国家科学图书馆 OPAC 检索界面

（三）CALIS 联合书目数据库（http://opac.calis.edu.cn/）（见图 2-73）

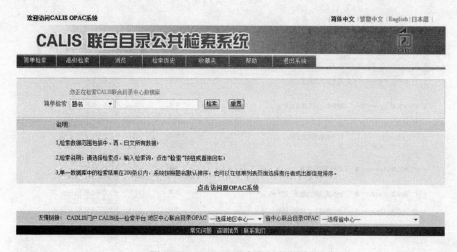

图 2-73   CALIS 联合书目数据库

（四）上海图书馆 OPAC 书目系统（http://www.library.sh.cn/）（见图 2-74）

五、高校图书馆 OPAC 检索系统

（一）清华大学图书馆 OPAC 检索系统

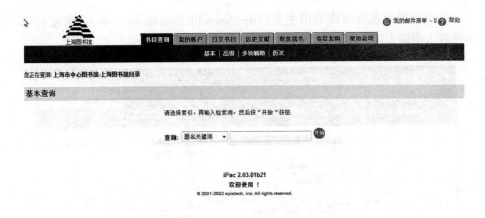

图 2-74　上海图书馆 OPAC 书目系统

　　登录清华大学图书馆主页（http://www.lib.tsinghua.edu.cn/），单击"馆藏目录"即可进入清华大学图书馆馆藏目录检索界面（见图 2-75），利用馆藏目录检索系统可以查询到中西文图书、中西文纸本期刊，以及部分多媒体资源、外文电子图书、外文电子期刊和本校学位论文。2000 年以前的日文图书和 1994 年以前的日文期刊尚不能在馆藏目录中查到。

　　（二）中国人民大学图书馆 OPAC 书目检索系统

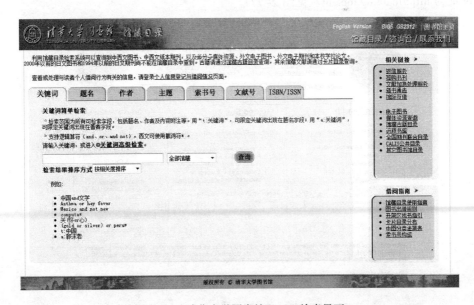

图 2-75　清华大学图书馆 OPAC 检索界面

登录中国人民大学图书馆主页（http://www.lib.ruc.edu.cn/），单击"馆藏目录"即可进入中国人民大学图书馆馆藏目录检索界面（见图2-76）。

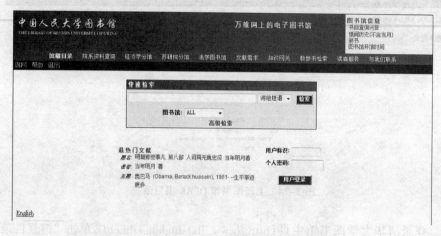

图 2-76　中国人民大学图书馆 OPAC 书目检索界面

六、国外图书馆 OPAC 书目检索系统

（一）美国国会图书馆 OPAC 书目系统

美 国 国 会 图 书 馆 OPAC 书 目 系 统（Library of Congress Online Catalog）网址为 http://catalog.loc.gov/（见图2-77）。

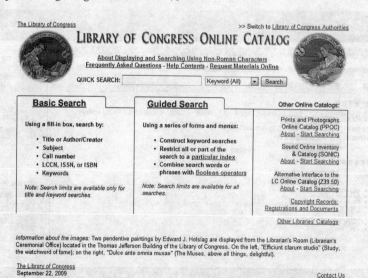

图 2-77　美国国会图书馆 OPAC 书目系统

（二）英国国会图书馆 OPAC 书目系统

英国国会图书馆 OPAC 书目系统（The British Library Public Catalogue）网址为 http://blpc.bl.uk/（见图 2-78）。

图 2-78　英国国会图书馆 OPAC 书目系统

本 章 小 结

　　本章全面介绍了常用中文数据库的基本知识,包括数据库的组成、检索方法和操作技巧等。在信息检索中,数据库的利用正在借助其他检索工具的配合使用,比如百度、Google 等搜索引擎。在检索更加专业领域的信息时,还需要利用专业的检索数据库。通过本章的学习,在掌握基本的中文信息检索使用方法和技巧的基础上,还要随时关注网络环境的快速发展,催生出更新颖、快速、全面的检索系统。

复习思考题

　　1. 请判断《外国文学研究》是否为 SCI 的来源刊? 如果是,请查找出该刊的主办单位、刊期及出版地。

　　2. 利用中国期刊全文数据库的期刊导航功能,检索出你所在专业的核心期刊,写出两种期刊的刊名。

　　3. 检索作者为"马费成"的文章有多少篇,匹配方式选择"精确",查询范围选择"图书情报与数字图书馆",并在此检索结果中检索主题为"信息经济"的文献有多少篇。

4. 检索主题为"高层建筑"的文献有多少篇,并在此检索结果中利用二次检索查找作者单位为本校的文献有多少篇。

5. 请检索 2009 年以来国家社会科学基金项目的有关经济类、管理类的所有论文,并在结果中以刊名《管理世界》进行检索,写出检索记录数。

6. 查找本专业的硕士 / 博士学位论文,各抄录一篇文献篇名及作者姓名、学位授予单位和导师姓名。

7. 利用"中国期刊全文数据库",检索 2006—2010 年本校教师发表在核心期刊上的论文数量,并抄录本专业教师发表的一篇专业论文题录。

8. 利用维普中文科技期刊数据库的高级检索,查找关于大学生信息检索能力培养的论文。

9. 利用人大复印报刊资料检索有关注册会计师责任的相关论文。

10. 利用数字图书馆查找一本你感兴趣的图书,打开电子图书阅读,将书翻到与本人学号末尾两位数字相同的页码,并分别以图像和文本的形式采集含有该页码的一段文字复制到 Word 文档中。

第三章　外文数据库

第一节　Dialog 国际联机检索系统

一、Dialog 系统简介

Dialog 成立于 1963 年,原隶属于美国洛克希德导弹与空间公司,目前是 Proquest 信息集团的成员之一。1968 年,Dialog 系统首次应用于美国国家航空航天局(NASA),1972 年开始进入商业市场。

自成立至今,Dialog 一直作为全球最大的国际联机系统,为各个国家和地区的商业、科技、政府等用户提供服务。Dialog 是一个高精确的、提供相关数据库的在线研究工具的组合,专为满足广大用户的个别需要而设计。Dialog 产品所能提供内容的深度和广度是其他产品无法比拟的,并且具有精确和快速的特点。

Dialog 系统的内容涉及自然科学、社会科学、工程技术、政府文件、知识产权、时事报道以及商业和金融等各个领域,以满足各类用户的需求。Dialog 系统的用户遍及全世界 100 多个国家,系统内现有全文、题录、事实及数据型数据库 600 多个,都是质量很高、很权威的数据库,其中包括著名的工程索引(EI)、科学引文索引(SCI)、英国科学文摘(INSPEC)、世界专利索引(WPI)等。

二、Dialog 主要检索平台

Dialog 提供 8 种不同的检索平台或界面,以下 4 种最为常用。

(一) 简易平台(DialogSelect)

简易平台(见图 3-1) 的网址为 http://www.dialogselect.com。简易平台的检索界面直观,检索指令比较简便,检索单库或组库时费用相对便宜,但检索方法单一,不支持指令检索,而且该平台只支持 Dialog 的 300 多个数据库,不利于课题的综合检索。

简易平台按照不同的学科领域对数据库做了划分,主页左边按顺序分为:商业、化学、能源、食品、政府、知识产权、医学、新闻、药学、索引、技术 11 个领域。

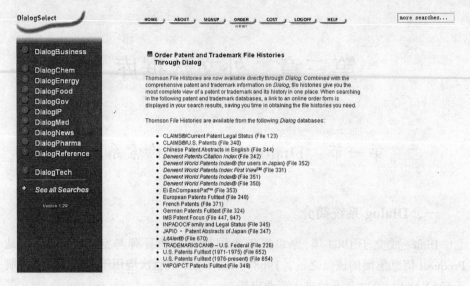

图 3-1 简易平台主页

(二) 综合平台(DialogWeb)

综合平台(见图 3-2)的网址为:http://www.dialogweb.com。综合平台选择方便,使用灵活,既有单库检索,又有跨库检索;既可以进行指令检索,又可以进行引导检索。适用于科技查新、商业检索、课题检索、专利检索等。

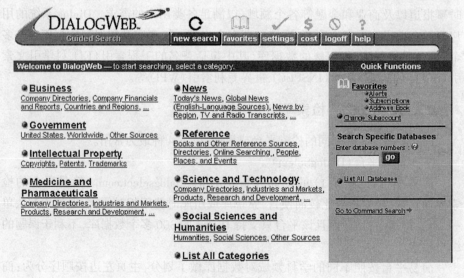

图 3-2 综合平台主页

（三）高级平台（DialogClassic）

DialogClassic（见图 3-3）的网址为：http://www.dialogclassic.com。它是 Dialog 高级检索界面之一，界面简单，检索速度快。系统自动保存检索记录，但是只支持指令检索，适用于专业检索人员。

图 3-3　高级平台 DialogClassic 主页

（四）远程平台（DialogLink/Dlink 5.0 软件）

Dlink5.0 是目前 Dialog 系统中应用最高级的软件，只支持指令检索。它设计了很多人性化的检索功能，特别是对于 Dialog 多库检索，通过一些对话框，提示了检索者操作步骤，极大地方便了使用者。

使用 Dlink5.0 检索时，需要在终端安装软件。用户可以登陆 http://www.dialog.com/products/dialoglink/，下载 Dlink5.0 软件（见图 3-4），根据系统提示安装即可。

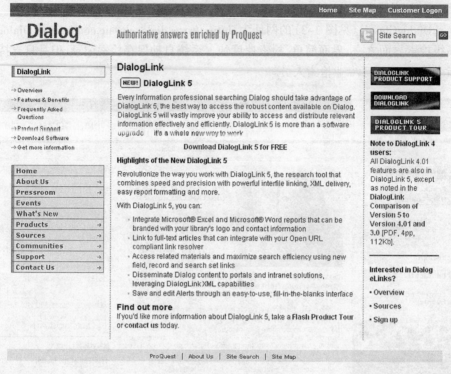

图 3-4　Dlink5.0 下载页面

三、Dialog 蓝页

Dialog 系统包含 600 多个数据库，但每个人常用的数据库有限，先通过蓝页找到自己需要使用的数据库，并且熟悉它们，是熟练检索的基础。因其印刷品是蓝色纸张印刷的，所以称为蓝页。

Dialog 蓝页（见图 3-5）的网址为 http://library.dialog.com/bluesheets/。它是不收费的，用户可以按数据库首字母、数据库编号、学科主题等方式浏览蓝页。它是 Dialog 系统为用户了解每一个数据库的特征、可检字段及字段性质、输出格式等内容提供的一个检索指南，内容详细，包括文档简介（File Description）、学科领域（Subject Coverage）、文献来源（Source）、数据库生产者（Origin）、记录格式（Sample Record）、可检索字段（Search Options）、基本索引（Basic Index）、辅助索引（Additional Index）和附加限定（Limiting）等。现在已经发展成为 Dialog415 文档，并免费为用户提供。

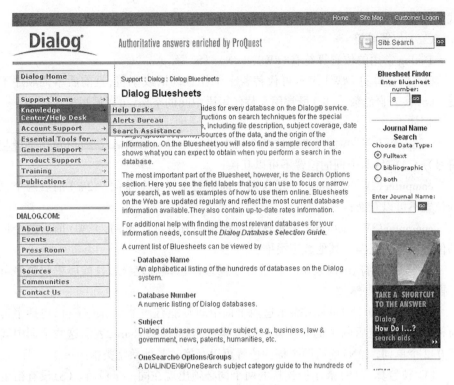

图 3-5　Dialog 蓝页

四、Dialog 检索技术

（一）布尔逻辑算符

Dialog 的逻辑算符有三个,分别是:"AND"、"OR"、"NOT"。其优先级依次为 NOT、AND、OR,改变优先级的方法是使用"( )"。

（二）通配符

Dialog 系统所有平台的通配符都是"?"。

1. 中截断

一个问号放在词中间代表一个字符数。例如:wom?n,代表 woman、women 等。

2. 后截断

（1）一个问号,放在词尾代表任意长度的字符数或没有字符。例如:control?,代表 control、controlled、controlling、controllable 等。

（2）问号—空格—问号,放在词尾代表 0~1 个字符数。例如:cat??,代表 cat、cats 等。

（3）n 个问号（n≥2 的自然数）,放在词尾代表 0~n 个字符数。例如:plant???,

代表 plant、plants、planted、planting 等。

(三) 位置算符

Dialog 常用的位置算符有(#W)、(#N)、(S) 等。

(1) 位置算符(#W) 表示可代替若干个任意词语或字符,且前后单词顺序不变。(#)代表自然数。(W)最常用来替代短语中间的空格,可以简写为( )。

例如:

computer( ) network,表示这两个词中间可能有一个空格或字符(包括字母与符号), ( )前后两个词的位置不可以互换;

computer(2W) network,表示这两个词中间有 0~2 个单词, (2W)前后两个词的位置不可以互换;

computer(3W) network,表示这两个词中间有 0~3 个单词, (3W)前后两个词的位置不可以互换。其他数字类推……

(2) 位置算符(#N) 表示可代替一个任意词语,包括空格,且前后单词顺序可互换。(#)代表自然数。

例如:market(N) share,表示这两个词中间可能有一个空格或字符(包括字母与符号), (N)前后两个词的位置可以互换;market(2N) share,表示这两个词中间有 0~2 个单词, (2N)前后两个词的位置可以互换。其他数字类推……

(3) 位置算符(S) 表示所连接的两个词必须出现在同一子段落。(S)没有衍生用法。

例如:

太阳能

solar(S) energy

注意:在计算机运算中,3 个位置算符没有优先顺序,但所有位置算符的优先顺序要大于逻辑算符。所以在编辑检索式的时候经常会同时运用到位置算符和逻辑算符来达到精确检索的目的。

(四) 基本索引

基本索引是对文献中的标题、摘要、主题词或者自由词等字段做索引,把被索引的字段以后缀的形式附加在检索范围后,从而限制所检索的内容范围。后缀代码主要有:/ti,限在题目字段中查找;/ab,限在文摘字段中查找;/de,限在主题字段中查找等。蓝页给出了每个数据库支持的基本索引字段列表。

格式:s 检索词(式)/ 字段名

例如:

s mechanics/ti　　　　　　　　在标题中检索力学

s liquid（ ）mechanics/ti　　　在标题中检索流体力学

s（liquid and mechanics）/ab　　在摘要中同时检索含有单词流体和力学的记录

（五）附加索引

附加索引是对文献中的编号、时间、数量、名称等信息做索引。附加索引字段以前缀的形式限制检索范围，命中记录与检索式精确匹配。前缀代码主要有：① au，限查特定作者；② jn，限查特定刊名；③ la，限查特定语种；④ pn，限查特定专利号；⑤ py，限查特定年代等。

格式：s 字段名 = 检索词

例如：

s pn=us 20060198406　　　查找专利号为 us 20060198406 的专利

s pd>20030101　　　　　　查找发布日期在 2003 年 1 月 1 日以后的记录

s py=2003；2009　　　　　　查找发布介于 2003 年至 2009 年的记录，年代之间用
　　　　　　　　　　　　　　冒号

s co=MOTOROLA　　　　　查找该公司（MOTOROLA 为公司名）

五、Dialog 常用基本指令及使用方法

（一）开库指令

代表开启数据库，用于查询时打开特定的数据库（在 Dialog 中也称为文档，即 File），可以用 B 或者 Begin。该指令可以打开一个数据库，也可以同时打开多个数据库或一组数据库，或者打开一组数据库同时排除不需要的数据库，或者打开一组数据库加上一个或几个该组中不包括的数据库。

例如：

B 411　　　　　　　　　表示打开 411 号数据库

B 8,288　　　　　　　　表示同时打开 8 号库和 288 号库，注意多库的时候库号
　　　　　　　　　　　之间用逗号

B patents　　　　　　　表示打开 Dialog 中所有专利数据库

B chemeng not 399　　表示打开所有化学工程的数据库但不包括 399 号库

B biochem,351　　　　打开所有的生物化学库及 351 号库，组库与库号之间用逗号

　　注意：在检索过程中，每打开一个新的数据库，则原先打开的数据库就会被关闭，转入新的数据库开始检索。

（二）检索指令

检索指令是执行查询的主要命令，可以用 S 或者 Select，代表执行检索，它是 Dialog 指令检索时使用频率最高的指令。指令格式为：S ××××，其中 ×××× 是指提

请查询的词、短语或用逻辑组配结合成的检索策略。

例如：

S alcohol	检索 alcohol
S architecture and design	检索 architecture 和 design（这里的 and 是逻辑算符）
S architecture（ ）design	检索短语 architecture design
S project（ ）management/ab	在文摘中检索 project management

> 注意：检索指令对字符数的限制为：每一命令后最多可跟 240 个字符，包括空格和截词符；每一词或词组最多可以用 49 个字符，包括前缀代码在内；对同一查询词最多可加 7 个前缀；对同一查询词最多可跟 40 字符长的后缀代码。而对逻辑组配的限定是：每一命令最多可用 49 个逻辑算符。实际上一般都不会超过限制。

（三）去重指令

可以用 RD 或 Remove Duplicates，用于多库检索时对检索结果进行处理并删除重复，使同一篇文献只出现一次（同一篇文献可能被同时收入多个数据库）。指令格式为：RD <S#>。RD 命令对避免重复输出、节省查询费用具有重要意义。RD 命令每次操作不超过 5 000 个记录。

（四）展开指令

可以用 DS 或 Display Sets，用来展开检索结果或者回顾检索历史。

指令格式：

DS <S#>	回顾单个检索历史并显示每个数据库的记录命中情况
DS <S#–S#>	回顾多个检索历史并显示各个检索结果中每个数据库的记录命中情况
DS <S#> FROM EACH	查看某个检索结果中每个数据库的记录命中情况
DS FROM <file list>	查看每个检索结果中单个或多个数据库的记录命中情况

（五）输出指令

可以用 T 或 Type，用于显示查询结果。指令格式：T s#/ 输出格式或字段 / 输出条数。其中 s# 是集号，系 s 命令所产生，打开一个特定数据库后，第一个 s 命令产生 s1，第二个 s 命令产生 s2，以此类推。另外，每个数据库的显示格式略有不同，在数据库蓝页中有 Format List，可以查阅。也可以直接用 ab、au、so、ti 等指令显示文摘、作者、来源、题目等信息。

例如：

T s1/ti,free/all　　　输出集合 s1 中所有记录的标题和免费格式

T s2/kwic/all	输出集合 s2 中所有记录的关键词格式
T s3/3,ab/10	输出集合 s3 中第 10 条的题录信息和摘要
T s4/full/5,8-10	输出集合 s4 中第 5、第 8 至第 10 条的全记录

注意：T 命令与 DS 命令功能类似，使用格式相同，唯一的区别是 T 命令是连续显示查出结果，而 DS 命令则是逐屏显示查出结果。T 命令与 DS 命令对字符数的限制为：每一命令后最多可跟 240 个字符，每一命令可显示 39 个字段。

（六）退出指令

可以用 Logoff 或 Off。因为 Dialog 指令检索同时要计收流量费用，所以对于检索完的数据库要使用这个指令关闭该数据库，以节省费用。不使用指令，强制关闭浏览器也可以退出。

第二节　Web of Science 数据库

一、Web of Science 数据库简介

（一）ISI Web of Knowledge 信息检索平台

ISI Web of Knowledge 是 Thomson Scientific 公司开发的基于 Web 构建的全球一流的整合学术研究平台，通过这个平台用户可以检索关于自然科学、社会科学、艺术与人文科学的文献信息，包括国际期刊、免费开放资源、图书、专利、会议录、网络资源等，其强大的检索技术和基于内容的连接能力，将高质量的信息资源、独特的信息分析工具和专业的信息管理软件无缝地整合在一起，兼具知识的检索、提取、分析、评价、管理与发表等多项功能，是加速科学发现与创新的进程中不可或缺的科研利器。ISI Web of Knowledge 为世界 100 多个国家和主要基金组织提供科研绩效评估和决策支持，是世界许多国家制定科技决策和定量评估科研产出和影响力的重要数据源。

（二）Web of Science 数据库简介

以 ISI Web of Knowledge 作为检索平台的 Web of Science 是美国科学情报研究所（Institute for Scientific Information，ISI）基于 Web 开发的大型网络数据库，包括三大引文数据库（SCI、SSCI 和 A&HCI）和两个会议录文献引文数据库（CPCI-S、CPCI-SSH）以及两个化学数据库（CCR、IC）。

1. SCI（Science Citation Index）

SCI 即为"科学引文索引",是自然科学领域基础理论学科方面的重要的期刊文摘索引数据库。它创建于 1961 年,收录全球自然科学、工程技术等领域内 6 650 多种核心期刊的内容。其独特的引文索引有效地揭示了科学研究之间的内在联系,协助研究人员深入了解科学研究课题的过去、现在与将来,同时也揭示了各种不同学科、不同研究领域的交叉与互动,从而为科学研究的立项、规划、发展与深入提供了最有价值的信息资源。

利用 SCI 通过对论文的被引用频次等的统计,对学术期刊和科研成果进行多方面的评价研究,可以从一定层面上较客观地评判一个国家(地区)、某单位或个人的科研产出绩效,反映其在国际上的学术水平。由于所收录的文献质量高且检索功能强大、健全,与 ISTP(CPCI-S)、EI 一起被我国许多高校、科研机构作为学术水平评价系统之一,受到极大的重视。

2. ISTP(Index to Scientific & Technical Proceedings)

ISTP 即《科学技术会议录索引》,创刊于 1978 年,由美国科学情报研究所编制,主要收录国际上著名的科技会议文献。它所收录的数据包括农业、环境科学、生物化学、分子生物学、生物技术、医学、工程、计算机科学、化学、物理学等学科。CPCI-S(Conference Proceedings Citation Index-Science)是 ISTP 的网络版。

3. ISSHP(Index to Social Sciences & Humanities Proceedings)

ISSHP 即《社会科学和人文会议录索引》,创刊于 1979 年,数据涵盖了社会科学、艺术与人文科学领域的会议文献。这些学科包括哲学、心理学、社会学、经济学、管理学、艺术、文学、历史学、公共卫生等领域。CPCI-SSH(Conference Proceedings Citation Index-Social Sciences & Humanities)是 ISSHP 的网络版。

4. SSCI(Social Sciences Citation Index)

SSCI 即《社会科学引文索引》,创刊于 1969 年,收录数据从 1956 年至今,是社会科学领域重要的期刊文摘索引数据库。它为跨 50 个社会科学学科的 1 950 余种期刊编制了全面索引,同时还为从 3 300 余种世界一流科技期刊中单独挑选的相关项目编制了索引。数据覆盖了历史学、政治学、法学、语言学、哲学、心理学、图书情报学、公共卫生等社会科学领域。

5. A&HCI(Arts & Humanities Citation Index)

A&HCI 即《艺术与人文科学引文索引》,创刊于 1976 年,收录数据从 1975 年至今,是艺术与人文科学领域重要的期刊文摘索引数据库。它完整收录了 1 160 种世界一流的艺术和人文期刊,同时还为从 6 800 多种主要自然科学和社会科学期刊中单独挑选的相关项目编制了索引。数据覆盖了考古学、建筑学、艺术、文学、哲学、宗教、历史等社会科学领域。

6. IC(Index Chemicus)

IC 包含国际一流期刊所报告的最新有机化合物的结构和关键支持数据。许多记录显示了从原始材料到最终产物的反应流程。Index Chemicus 是有关生物活性化合物和天然产物最新信息的重要来源。

7. CCR（Current Chemical Reactions）

CCR 包含从 39 个发行机构的一流期刊和专利摘录的全新单步和多步合成方法。每种方法都提供有总体反应流程，以及每个反应步骤详细、准确的示意图。

二、功能设置

Web of Science 所特有的引文检索机制提供了强大检索能力，该数据库具有以下特点：

（1）通过引文检索功能可查找相关研究课题各个时期的文献题录和摘要。

（2）可以看到论文引用参考文献的记录、论文被引用情况及相关文献记录。

（3）可选择检索文献出版的时间范围，对文献的语种、文献类型作限定检索。

（4）检索结果可按照相关性、作者、日期、期刊名称等项目排序。

（5）可保存、打印 E-mail 检索式和检索结果。

（6）全新的 www 超文本链接功能，可将用户链接到 ISI 的其他数据库。

（7）部分记录可以直接链接到电子版原文。

（8）具有链接到用户单位图书馆 OPAC 目录的功能，方便用户获取本馆馆藏。

三、检索方法

用户通过认证后，就可以通过 ISI Web of Knowledge 平台（见图 3-6）点击"Web

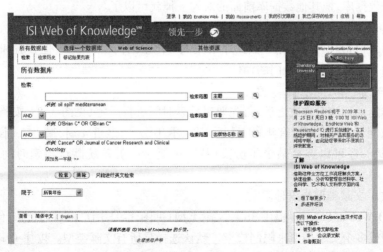

图 3-6　ISI Web of Knowledge 主页

of Science"按钮,进入 Web of Science 平台;也可点击"选择一个数据库"按钮,选择 Web of Science 数据库(见图 3-7)。

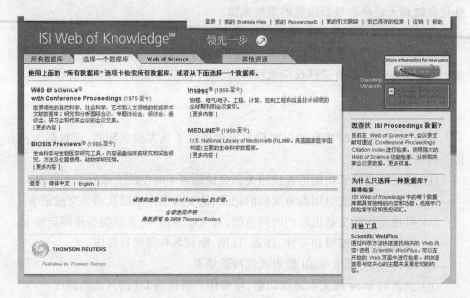

图 3-7　选择一个数据库页面

进入 Web of Science 页面,首先要选择数据库,用户单位订购的数据库都列在页面的下半部分,用户可根据需要在数据库前的复选框中打勾,既可以单库检索,也可以跨库检索。如果想单独检索 SCI、SSCI 或者 CPCI-S(ISTP),只要分别选择这几个数据库,把其他数据库前面的对勾去掉就可以了。

Web of Science 数据库为用户提供了三种主要的检索路径:一般检索、引文检索和高级检索。另外在化学数据库中提供了化学结构检索方式,但查看和绘制化学结构,需要安装一个专门的插件。

(一) 检索时间限制

选定一种检索方式之后,首先要对检索时间进行限定(见图 3-8),按照文献的入库时间,可以选择所有年份、最近 5 年、本年迄今、最近 4 周、最近 2 周、最近 1 周(本周);还可以选择某个年份段(从……至……),系统默认检索时间为所有年份。

(二) 文献类型与语种限定

(1) Web of Science 提供 36 种文献类型(见图 3-9),用户可以通过选择单个文献类型或多个文献类型来限制检索。默认选择是所有文献类型。按住 Ctrl 键,单击每一项选中的文献类型,可同时选择多个文献类型。

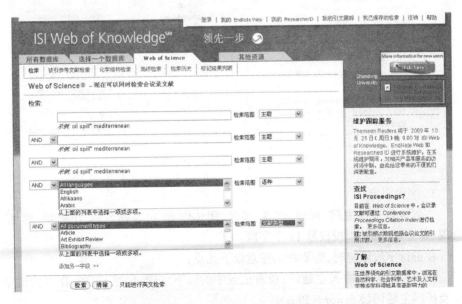

图 3-8　检索时间限制

图 3-9　文献类型与语种限定

（2）Web of Science 中的记录包括一个语种指示符,用于根据撰写文献所使用的语种对文献进行分类,使用一种以上语言撰写的文献归类为多语种文献。用户可以通过选择特定的单语种或多语种来限制检索。默认选择是所有语种。

在 Windows 操作系统中,按住 Ctrl 键,单击每一项需要的语种,选择多语种检索。

（三）一般检索

在一个或多个检索框内输入检索词或检索表达式,单击字段右侧的向下箭头以显示菜单(见图 3-10),根据在检索框内输入的内容选择合适的字段。字段之间可用布尔逻辑字符 AND、OR、NOT 连接,系统默认连接为 AND。单击"添加另一字段"链接可在"检索"页面中添加更多的检索字段。

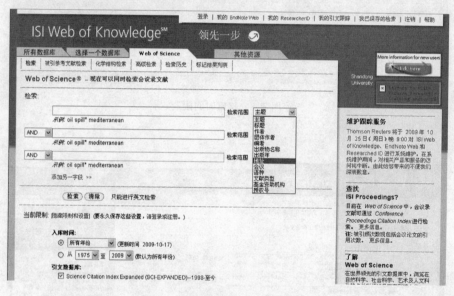

图 3-10　字段限定

1. 字段限定

一般检索提供主题、标题、作者、编者、团体作者、出版物名称、出版年、地址、会议、基金资助机构、授权号 11 个字段。

在进行字段限定时,需要特别注意以下几点:

（1）主题检索,输入主题词,检索记录中的以下字段:标题、摘要、作者关键字以及扩展主题词(Keywords Plus)。

（2）作者检索,进行作者检索时,应当注意作者姓名的输入格式,首先输入姓氏,再输入空格和名字首字母(最多输入五个字母)。还可以只输入姓氏,不输入名字首字母。例如:输入 Driscoll C* 查找 Driscoll C、Driscoll CF、Driscoll CM、Driscoll CMH 等。

还可使用作者甄别工具(见图 3-11)。使用作者甄别可查找同一作者姓名的不同拼写形式,或根据研究领域和/或地址来区分作者。用户可以通过单击"作者"字段下方显示的"作者甄别"链接来访问作者甄别。

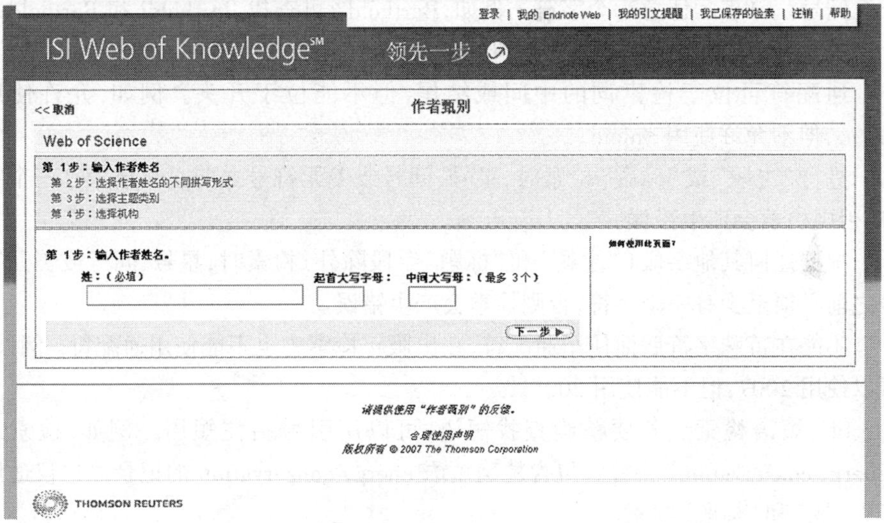

图 3-11　作者甄别

(3) 地址检索,在 Web of Science 中,常见地址检索词和许多机构名称都经过缩写。输入地址时可参见以下列表:地址缩写列表、美国各州及国家/地区缩写列表、公司和机构缩写列表。

Univ、Med 和 Phys 等常见地址缩写必须作为地址短语的一部分输入。例如,Penn State Univ 可以接受,但单独的 Univ 不可接受。

(4) 会议检索,使用"会议"字段可以检索会议录文献论文记录中的以下字段:会议标题、会议地点、会议日期、会议发起人。例如:American Diabetes Association AND New Orleans;Fiber Optics AND Photonics AND India AND 2000。

2. 检索规则

(1) 大写字母。不区分大小写。可以使用大写、小写或混合大小写。例如:AIDS、Aids 和 aids。

(2) 布尔逻辑运算符。布尔运算符(AND、OR、NOT 和 SAME)的使用在每个字段中不尽相同。例如,在"主题"字段中,可以使用 AND,但在"出版物名称"字段中却不能使用。使用 SAME 可查找被该运算符分开的检索词出现在同一个句子中的记录。句子是指文献题名、摘要中的句子或者单位地址。使用 SAME 运算符(而非 AND 运算符)是缩小检索范围的好方法。

(3) 通配符。星号(*)表示任何字符组,包括空字符。截取出版物标题时,星号非常好用。例如,cellular* 可查找 cellular and molecular neurobiology 和 cellular signalling。

问号(?)表示任意一个字符。例如,Barthold? 可查找 Bartholdi 和 Bartholdy。

美元符号($)表示零或一个字符。例如,flavo$r 可查找 flavor 和 flavour。

通配符可位于检索词的中间或结尾,但不能位于开头。例如,允许使用 sul*ur,但不允许使用 *ploid。

进行"主题"或"标题"检索时,星号、问号或美元符号之前必须至少有三个字符,否则检索会产生错误。

根据任何其他字段("主题"和"标题"字段除外)检索时,星号、问号或美元符号之前必须至少有一个字符,否则检索会产生错误。

不能在特殊字符后面使用通配符,在出版年检索中也不能使用通配符。例如,可以使用 2007,但不能使用 200*。

(4) 短语检索。若要精确查找短语,可以用引号括住短语。例如,检索式 "energy conservation" 将检索包含精确短语 energy conservation 的记录。这仅适用于"主题"和"标题"检索。

如果输入以连字号、句号或逗号分隔的两个单词,则词语将视为精确短语。例如,检索词 waste-water 将查找包含精确短语 waste-water 或短语 waste water 的记录,而不会查找包含 water waste、waste in drinking water 或 water extracted from waste 的记录。

(5) 括号( )。如果在检索式中使用不同的运算符,则会根据下面的优先顺序处理检索式:SAME>NOT>AND>OR。使用括号可以改写运算符优先级。括号内的表达式优先执行。例如:(antibiotic OR antiviral) AND (alga* OR seaweed)。

(6) 禁用词。禁用词是指在 Web of Science 中出现频率高的某些词。不能在检索字段中单独输入禁用词进行查找,否则将返回零结果。例如:名词(LAB、MED、PHYS、RES、SCH、SCI、ST、UNIV 等)、冠词(a、an、the 等)、介词(of、in、for、through 等)、代词(it、their、his 等)和某些动词(do、put 等)。

(四) 高级检索

高级检索只有一个检索框,用户可根据检索内容的需求,采用系统所规定的检索字段代码加等号加检索词并进行合理的逻辑组配检索,以实现既快又准的检索效果。如:ts=(epidem* AND west nile virus) AND au=marra。

字段代码表在高级检索界面（见图 3-12）的右侧，系统提供主题、标题、作者、团体作者、编者、出版物名称等 19 种字段，在进行作者、团体作者、出版物名称检索时，可利用作者索引、团体作者索引、出版物名称索引，导入所要检索的内容，使用方法同一般检索。

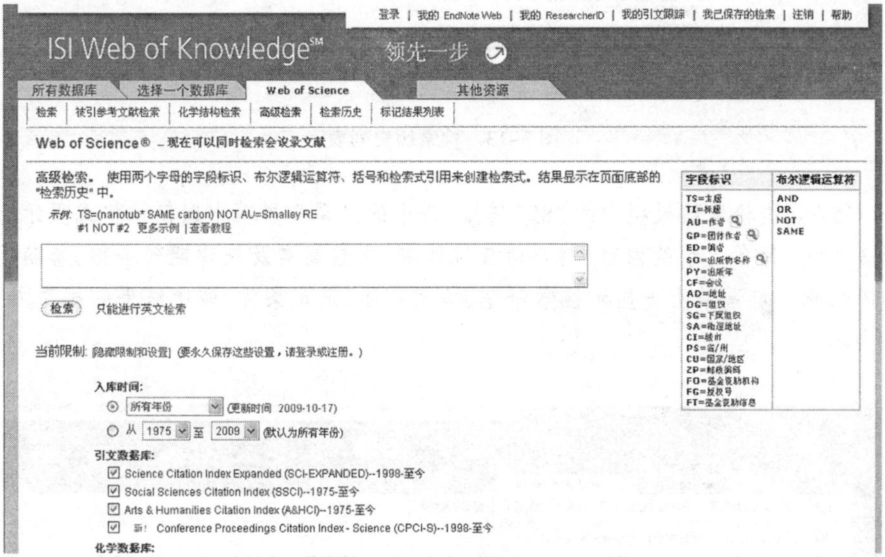

图 3-12　高级检索页面

输入检索词后，进行检索时间限定以及文献语种和文献类型限定后，点击检索即可。

检索历史位于检索页面下部，系统将自动保存每一次检索结果于检索历史中并顺序标号（如 #1, #2, #3,…）。检索式按时间顺序倒序显示，即最近的检索式显示在表格顶部。可以对检索历史中的检索结果进行进一步的组配检索，以取得更准确的检索结果。组配检索可通过逻辑运算符进行。如：#1 AND #2 NOT #3。

［例 3-1］　检索山东建筑大学 2008 年发表的论文。

检索步骤如下：

（1）在文本框中输入 AD=（Shandong jianzhu Univ*）OR AD =（Shandong Arch* Univ*）。

（2）将入库时间选择为从 2008 至 2008。

（3）文献语种选择"All languages"，文献类型选择"All document types"。

（4）点击检索，检索结果条数显示于页面下部的检索历史栏中，命中记录85条（见图3-13）。

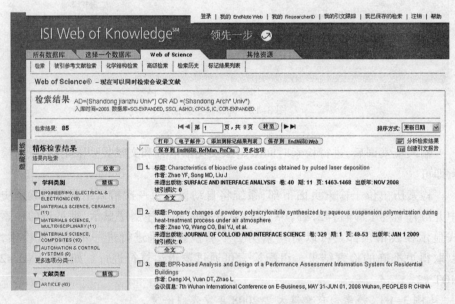

图3-13　检索历史列表

（5）点击检索结果栏中的"85"链接，命中的结果在屏幕上以简洁格式显示（见图3-14）。每条记录的内容包括：前3位作者、文献篇名及来源期刊名称、卷期、页码等信息。屏幕最上方显示检索命令、检索范围、限定条件、命中结果的排序方式等内容。

图3-14　检索结果的题录信息

（6）点击简洁格式中的文献篇名，可以浏览该篇文献在ISI数据库中的详细记录（见图3-15）。

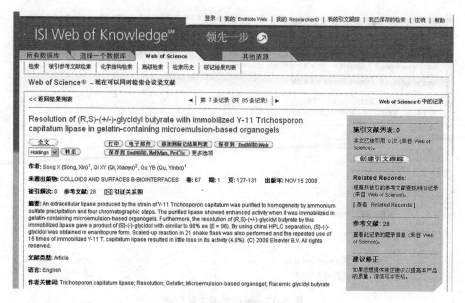

图 3-15　检索结果的详细信息

（7）若要打印、存盘、输出、电邮或订购，需先选择要输出的记录，然后按照页面下方"检索结果输出方式窗口"中的提示，选择相应的输出方式，如图 3-16 所示。

图 3-16　检索结果输出方式窗口

（8）在全记录屏幕上，可点击参考文献、被引频次，查看引文文献、被引用文献以及相关文献。

（五）被引参考文献检索

引文检索（见图 3-17）是 Web of Science 特有的检索功能，可以以一篇文献（期刊论文、会议文献、学术著作、专利、技术报告）作为检索对象，直接检索该文献被引用的情况，不受时间、主题词、学科、文献类型的限制，特别适用于检索一篇文献或一个课题的发展。

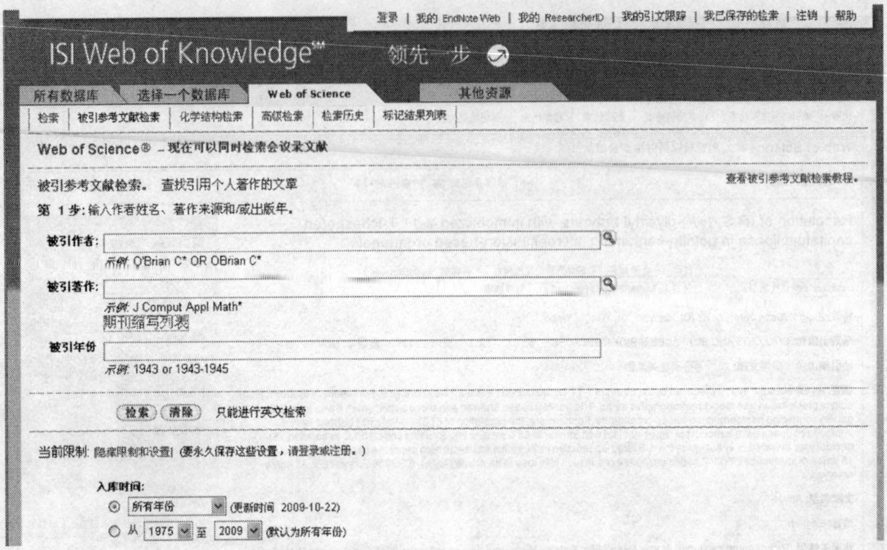

图 3-17 被引参考文献检索

1. 检索步骤

引文检索提供了被引作者、被引著作、被引年份三个检索字段。其中被引作者和被引著作可以使用被引作者索引和期刊缩写列表,从中选择合适的检索词,导入到检索框中。在这三个字段中,都可以使用逻辑运算符"OR"。

可在一个或多个字段中输入信息,点击检索,出现引文选择界面(见图 3-18),屏幕上列出命中的引文文献,先按照引文作者排序,再按照引文著作排序。

每篇引文文献右侧的施引文献列显示该文献被引用的次数,被引作者前如有省略符号,表示该作者不是来源文献的第一作者。

在引文条目左侧的方框内作标记(或者点击"全选"将屏幕上显示的引文全作标记),点击 next 翻页,重复选择需要的条目直到最后一页。完成选择后,点击"完成检索",查找所选引文文献的来源文献(引用文献)。

如果要限制文献语种、类型,可以通过引文选择界面下部的选项进行,具体限制和选择的步骤与前面一般检索方式基本相同。

2. 检索结果的排序方式

如果要选择检索结果的排序方式,可在检索结果页面(见图 3-19)右侧的"排序方式"中进行。一般检索和高级检索检索结果的排序方式与此相同。系统提供 7 种排序方式,分别是:

(1) 更新日期(默认选项),根据 ISI 收录文献的日期排序,最新的排在前面。

(2) 被引频次,根据文章被引用的次数排序。

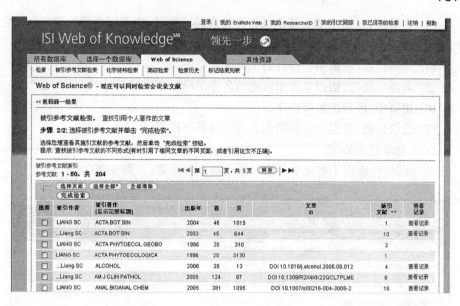

图 3-18 引文选择页面

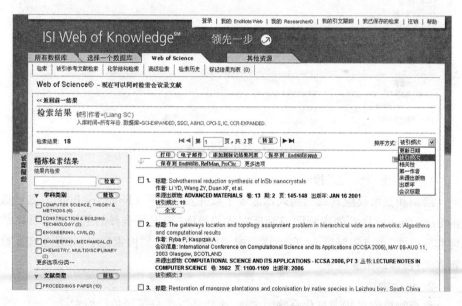

图 3-19 检索结果页面

（3）相关性，系统根据每篇记录包含检索词的数目、检索词出现的频率以及它们之间的靠近程度排序，相关性高的排在前面。

（4）第一作者，根据第一作者的字母顺序排序。

（5）来源出版物，根据来源出版物的名称字母顺序排序。

（6）出版年，根据出版年排序。

（7）会议标题，根据会议标题的名称字母顺序排序。

（六）化学结构检索

化学结构检索用于对化学反应和化合物进行检索（见图 3-20）。

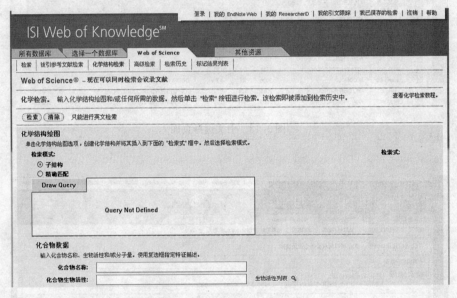

图 3-20　化学结构检索页面

1. 结构图或反应式检索

绘制和显示反应式或结构式都需要下载并安装插件 Chemistry Plugin，之后点击 Draw Query，自动弹出画图或画反应式的界面，根据可选择的工具画好具体结构和反应式，再点击绿箭头，自动将结构和反应式添加到检索框中，并且要选择检索方式：包含或精确检索。

2. 化合物检索

化合物检索是指通过化合物的名称、生物活性或分子量进行检索。

3. 化学反应检索

化学反应检索是指通过对反应条件要求和选择如气体环境、压力、温度、反应时间、产量、反应关键词（组）、反应注释等完成的检索。

第三节　EBSCO 期刊数据库

一、EBSCO 数据库简介

EBSCO 信息服务公司（EBSCO Information Services）是一个一站式文献服务机构，是世界上最大的期刊和全文数据库的生产商、代理商，为全球文献资料收藏者提供完整的文献服务解决方案，包括期刊订购服务、参考文献数据库、电子期刊服务、图书订购服务以及与之相关的文献订购、服务和管理平台。

EBSCO 的数据库包括 8 000 多种著名期刊的摘要和 6 000 余种期刊的全文，其中 1 000 余种期刊可提供图片。同时 EBSCO 还代理发行许多世界知名出版商出版的广为使用的二次文献数据库。目前可提供 100 多种数据库为图书馆服务，其中以下列几种全文数据库最为常用。

（一）学术期刊集成全文数据库（Academic Search Premier，ASP）

该数据库是世界上最大的多学科学术期刊全文数据库，专为研究机构所设计，提供丰富的学术类全文期刊资源。它提供了 8 211 种期刊的文摘和索引；4 648 种学术期刊的全文，其中包括 3 600 多种同行评审期刊；100 多种全文期刊可回溯到 1975 年或更早；大多数期刊有 PDF 格式的全文，很多 PDF 全文是可检索的 PDF（Native PDF）和彩色 PDF；1 000 多种期刊提供了引文链接。这个数据库几乎覆盖了所有的学术研究领域，包括人文社会科学、生物学、工程学、物理、化学等。

（二）商业资源全文数据库（Business Source Premier，BSP）

该数据库是世界上最大的商务期刊全文数据库，提供 2 300 多种期刊的全文，包括 1 100 多种同行评审刊名的全文，涉及的主题范围有国际商务、经济学、经济管理、金融、会计、劳动人事、银行等。全文回溯至 1965 年或期刊创刊年，可检索的参考文献回溯至 1998 年。这个数据库还提供了许多非刊全文文献，如市场研究报告、产业报告、国家报告、企业概况、SWOT 分析等。

（三）地区商业出版物（Regional Business News，RBN）

此数据库提供了地区商业出版物的详尽全文收录。Regional Business News 将美国所有城市和乡村地区的 75 种商业期刊、报纸和新闻专线合并在一起。此数据库每日都进行更新。

（四）教育资源信息中心（Educational Resource Information Center，ERIC）

此数据库包含 2 200 多篇文摘和附加信息参考文献以及 1 000 多种教育或与

教育相关的期刊引文和摘要。它是由美国教育部、国家教育图书馆和教育研究与发展办公室资助的国家信息系统。EBSCO 的 Premier 版数据库用户可通过 ERIC 链接到 792 种期刊的全文。

（五）医学文献数据库（Medline）

此数据库提供了有关医学、护理、牙科、兽医、医疗保健制度、临床科学及其他方面的权威医学信息。MEDLINE 由 National Library of Medicine 创建，采用了包含树、树层次结构、副标题及激增功能的 MeSH（医学主题词表）索引方法，可从 4 800 多种当前生物医学期刊中检索引文。

（六）报刊资源库（Newspaper Source，NS）

此数据库提供了 25 种国家（美国）和国际报纸的选定全文。它还包含全文电视与广播新闻抄本，以及 260 多种地区（美国）报纸的选定全文。此数据库通过 EBSCOhost 每日更新。

二、功能设置

EBSCOhost 是 EBSCO 自主开发的检索系统。它可为全球的用户提供在线服务。这个多数据库、单引擎检索系统的优势在于：空前的检索和传输速度、灵活的检索选项和友好的图形用户界面。

通过 "View Folder"，显示读者在系统文件夹中保存的检索式、检索结果等信息；通过 "Preferences" 可设定使用偏好，使读者可以根据自己的需求设置检索结果清单中每页显示的文章数及文章信息的详尽程度；通过 "Help"（在线帮助），为读者提供可在线浏览和检索的使用手册；结果显示格式多样化，如 XML、HTML、PDF，并可直接打印、电子邮件传递或存盘保存，同时还可以直接查询该期刊在美国国内的馆藏情况。

三、检索方法

进入 EBSCO 检索界面可以有两种方式，用户既可通过各图书馆主页中的相关链接进入系统，也可直接在 IE 浏览器的地址栏中输入网址 http://search. ebscohost.com 进入。

使用 EBSCO 的第一步是选择打开哪些数据库。如果只对某一个数据库进行检索，可在数据库列表中直接单击该数据库名称；若要同时打开多个数据库，则应先在相关数据库名称前的方框内打 "√"，然后点击数据库列表最上方或最下方的 "继续"（Continue）按钮（见图 3-21）。

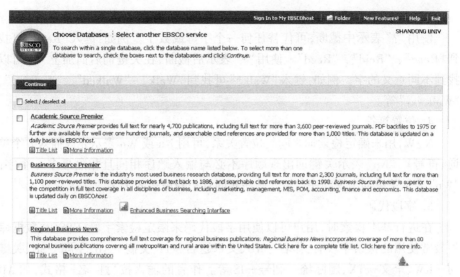

图 3-21 选择数据库页面

注意:同时对多个数据库进行检索可能会影响某些检索功能或数据库的使用。比如如果所选的数据库使用了不同的主题词表,则无法使用主题检索功能;又如单独检索 Business Source Premier 数据库时可以使用 Company Profiles 数据库,而同时对 Business Source Premier 和其他数据库进行检索时则无法使用此数据库。

EBSCO 数据库提供的检索方法主要有基本检索、高级检索、视觉检索、跨库检索,同时还设有关键词检索、主题词检索、出版物检索、参考文献检索、索引检索和图像检索等辅助检索方式。

(一) 基本检索

基本检索界面只提供一个检索输入框,用户可直接输入编辑好的检索表达式。基本检索需要用到以下运算符和组配符。

1. 布尔逻辑算符

可用算符 AND、OR、NOT,来规定检索词之间的逻辑关系。例如,"travel and europe"表示检出文章必须同时含有 travel 和 europe 两个关键词;"university or college"表示检出文章必须含有 university 或 college 中任何一个关键词;"television not cable"表示检出文章必须含有关键词 television,但不能有关键词 cable。

2. 优先级算符

当同一组检索提问式中既含有 AND 算符,又含有 OR 算符时,必须用优先级算符( )来指定运算顺序。

3. 通配符"?"和截词符"*"

使用"?"表示中截断,可代替任何一个字母或数字。例如:键入"Re?d"可找到"Read"、"Reid"、"Reed"。使用"*"表示后截断,在关键词后面加上"*"可以找到不同意义的字。例如:键入"Walk*"可找到"Walk"、"Walked"、"Walking"、"Walkway"等。

4. 位置算符

N、W,用来确定检索词之间的位置关系,可用 Nn 或 Wn 表示允许插入 n 个单词(符号)。"Nn"表示关键词出现顺序不必与输入顺序相同且相隔最多 n 个字;"Wn"表示关键词出现顺序与输入顺序相同且相隔最多 n 个字。

5. 字段代码

在进行基本检索时,用户可以使用字段代码来限定检索字段,EBSCO 数据库中最常使用的检索字段有:作者—AU、文章题名—TI、文摘—AB、主题—SU、关键词—KW、全文—TX、国际统一刊号—IS 等。作者的输入按"姓,名"格式,如 AU Wiley,Ralph。

[**例 3-2**] 　输入检索表达式 ti anti-terrorism and so Beijing Review,如图 3-22 所示。

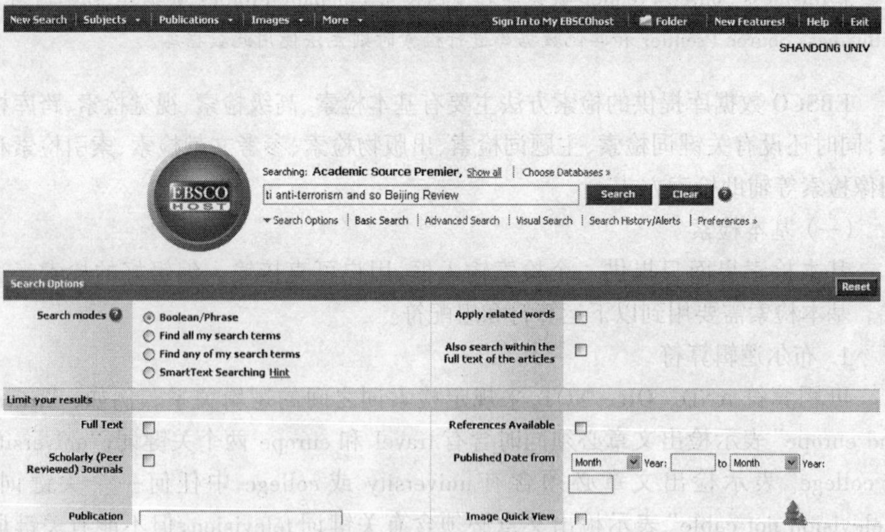

图 3-22　基本检索界面

输入检索表达式之后,需要设置限定条件(Limit your results),如图 3-23 所示。可选择将检索范围限定于:①有全文的文献(Full Text);②有参考文献的文章(References Available);③学术(同行评审)期刊(Scholarly(Peer Reviewed) Journals);④出版日期(Published Date from);⑤出版物(Publication);⑥出版物类型(Publication Type);⑦页数(Number of Pages);⑧附带图像的文章(Images Quick View);⑨图像类型(Images Quick View Types)等。

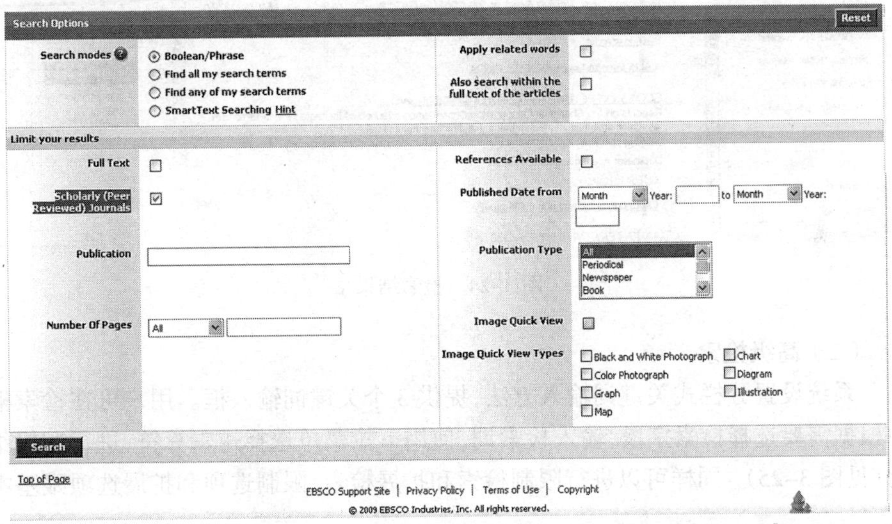

图 3-23　扩展条件与限制条件选项页面

还可以设置扩展条件选项(见图 3-23):①若希望 EBSCOhost 将同义字或单复数一同检索,请勾选"□ Apply related words"。如:键入"car" EBSCOhost 会检索到 car 和 automobile;或键入"policy" EBSCOhost 会检索到 policy 和 policies。②若检索词较冷僻,您可勾选"□ Also search within the full text of the articles",EBSCOhost 会检索每篇全文文章,只要该篇文章的全文中有您所键入的检索词,就会被纳入检索结果清单。③若勾选"□ Find all my search terms",检索系统会在每个检索词之间自动加入"AND"逻辑运算符。④若勾选"□ Find any of my search terms",检索系统会在每个检索词之间自动加入"OR"逻辑运算符。

检索结果如图 3-24 所示。

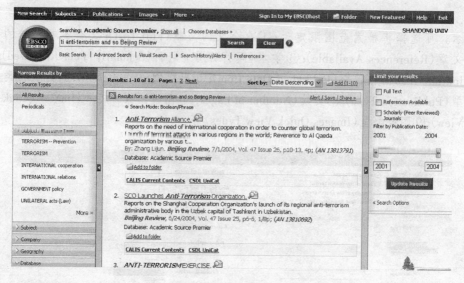

图 3-24 检索结果

(二) 高级检索

系统设置分栏式关键词输入方法,提供 3 个关键词输入框。用户可在检索框中根据需要选择检索字段,输入检索词,使用下拉菜单选择逻辑算符,进行逻辑组配(见图 3-25)。同样可以进行限制检索和扩展检索,限制选项和扩展选项跟基本

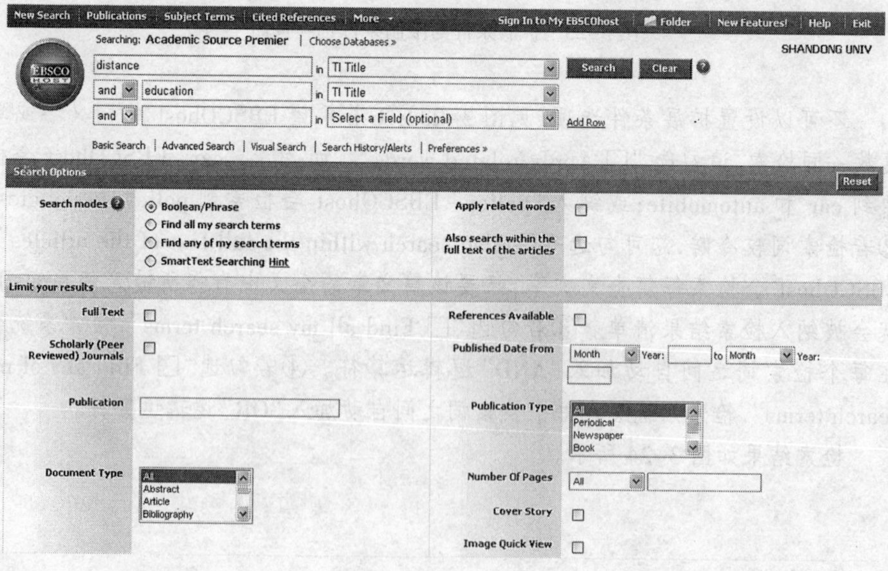

图 3-25 高级检索

检索是一样的。

　　在高级检索中,用户需要选择的检索字段均采用下拉菜单显示,方便使用。高级检索方式还可以保存历史记录,每次在高级检索中点击"Search"按钮进行新的检索,都会在历史记录表中产生一条新的检索历史记录。每一条历史记录有一个编号,可以用这个编号代替检索命令用于构建检索表达式。用历史记录构建表达式也会在历史记录表中产生一条新的历史纪录。可以打印和保存历史记录表,以便再次检索时使用。但调用历史记录检索时,只能选择默认字段(Select a Field)。

　　[例 3-3] 查找中国远程教育方面的资料。

　　(1) 在题名字段,分别输入 distance 和 education,如图 3-25 所示,产生历史记录 S1。

　　(2) 在题名字段,重新输入 China,产生历史记录 S2。

　　(3) 打开"Search History/Alerts"(搜索历史记录)选项卡,分别选中 S1 和 S2 前面的复选框,并单击"Search with AND"按钮,产生历史记录 S3,命中 65 项,如图 3-26 所示。

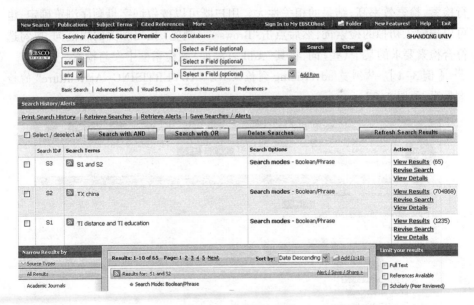

图 3-26　检索历史记录

　　(4) 此题也可直接在第一框中输入 tx China and ti distance and ti education,命中结果是一样的。

（三）视觉检索

"视觉检索"帮助用户对范围广泛的主题进行检索，可以显示按照主题编排的检索结果的视觉图像。

在检索词框中输入检索词，然后单击"检索"，系统将显示一个视觉导航图，其中包含：

（1）圆形，表示检索结果的类别。在表示类别的大圆中可以包含表示子类别的小圆。单击某个圆（类别或子类），便可查看其内容。

（2）矩形，表示相关文章的链接。单击某个矩形，即可在页面的右半部分显示该文章的摘要信息。

需要在导航图中向后（或向上）移动时，可单击圆形或矩形的外部。单击顶部，则可查看整个导航图。

使用"视觉搜索"需安装 Java 软件，建议使用 Java SE Runtime Environment 6.0 或更高版本。

（四）主题词检索

这种检索基于 EBSCO 内嵌的"Thesaurus"（叙词表），利用规范化的主题词进行检索，检索效率高，结果的相关性大。用户既可以按叙词字母顺序浏览确定，也可以先输入初拟的检索词，然后点击"Browse"（浏览）找出相关的规范词，再勾选符合检索要求的某个（些）词，将其"Add"（添加）到检索框中参与检索。

[**例 3-4**] 从浏览 advertising 到检索 DE "ADVERTISING--Agriculture" 的检索界面，如图 3-27 所示。

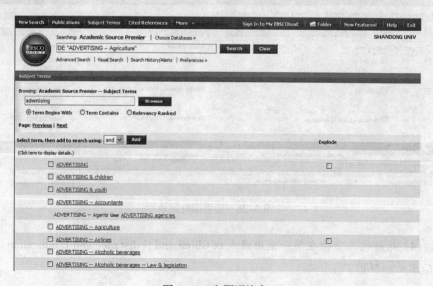

图 3-27 主题词检索

（五）出版物检索

通过对具体出版物名称的检索，可以了解某一出版物的概况。输入1个检索词，然后选择"Alphabetical"（按字母顺序）、"By Subject & Description"（按主题和说明）或"Match Any Words"（匹配任意关键字）浏览，也可以根据出版物名称进行"A to Z"的检索。检索结果是：出版物名称、书（刊）号、出版者、出版周期、所属学科、报道范围及其被 EBSCO 收录的情况等。

［例 3-5］ 检索有关社会学方面的出版物。

（1）选中"按主题和说明"检索方式。

（2）在浏览框中输入"society"，并单击"Browse"（浏览）按钮，如图 3-28 所示。

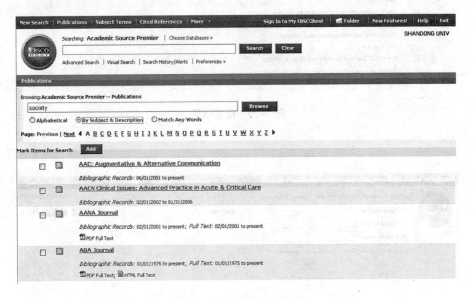

图 3-28 出版物检索界面

（3）图 3-29 为检索结果，命中 272 种。

（4）点击出版物名称链接，可看到该出版物的详细资料。

（六）参考文献检索（Cited References）

在该栏目中可选择被引作者（Cited Author）、被引题名（Cited Title）、被引来源（Cited Source）、被引年限（Cited Year）及所有引用字段（A11 Citation Fields）进行引文检索（见图 3-30）。可以了解某一作者引用参考文献的情况。检索结果包括引文的摘要信息及其在数据库中的被引次数。

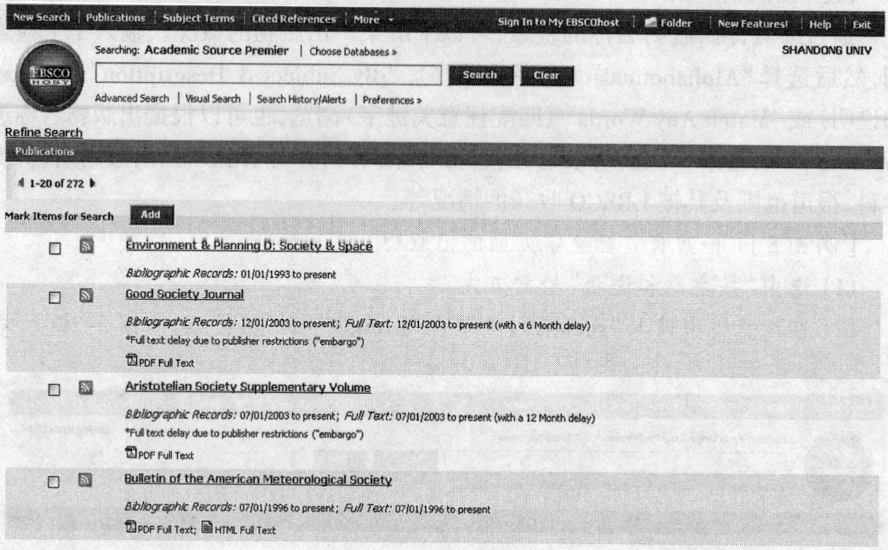

图 3-29 检索结果

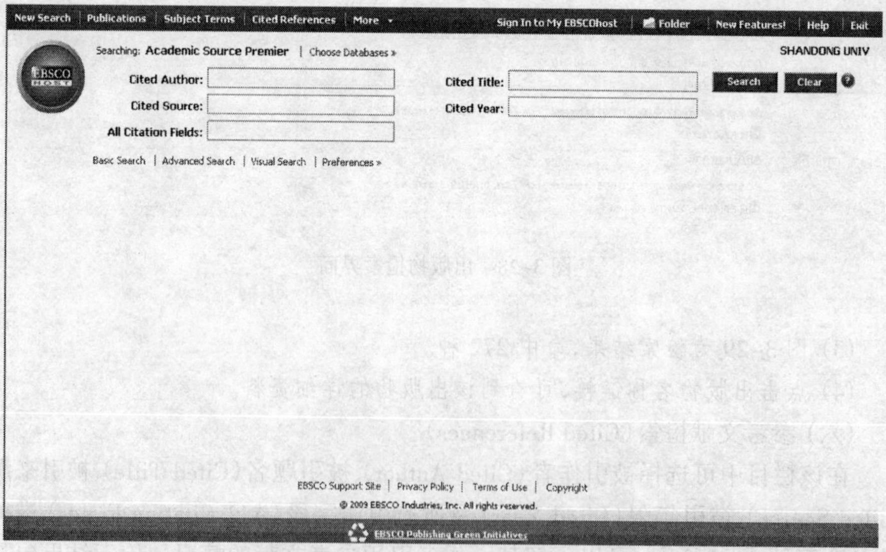

图 3-30 参考文献检索

（七）索引检索（Indexes）

在数据库主页最上面一栏的辅助检索方式中"More"（更多检索方式）的下拉菜单里选择索引检索（Indexes），点击进入索引检索界面（见图 3-31）。

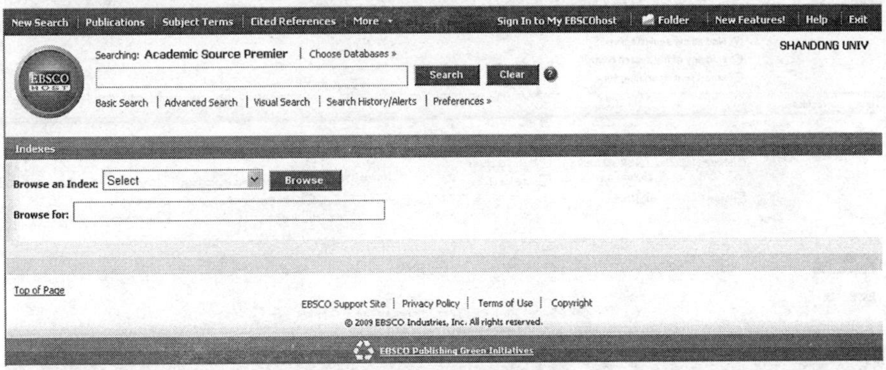

图 3-31　索引检索界面

在"Select"（选择索引项）下拉菜单中选择 1 个字段，点击"Browse"（浏览）即可看到数据库中对应字段所包含的全部项目（按字母顺序排列）及记录数，如某一作者或某出版物被数据库收录的文献数。

索引检索可供选择的索引项有作者（Authorization）、作者提供的关键词（Author-Supplied Keywords）、公司名（Company Entity）、文献类型（Document Type）、DUNS 码（DUNS Number）、日期（Entry Date）、地名（Geographic Terms）、主题标目（Headings）、ISBN 号、ISSN 号、期刊名（Journal Name）、语种（Language）、NAICS 码或叙词（NAICS Code or Description）、人名（People）、评论或产品（Reviews & Products）、主题词（Subject Terms）、出版年（Year of Publication）等。

（八）图像检索（Images）

图像检索的进入方式与索引检索是一样的，在数据库主页最上面一栏的辅助检索方式中"More"（更多检索方式）的下拉菜单里选择图像检索（Images），点击进入图像检索界面（见图 3-32）。

在图像检索中可进行特定种类的图像的检索。

方法：输入检索词，检索词之间可用逻辑算符组配。例如：football AND China，检索结果如图 3-33 所示。可利用页面下面的选项确定要检索的图片，系统提供的选项有：人物图片（Photos of People）、自然科学图片（Natural Science Photos）、某一地点的图片（Photos of Places）、历史图片（Historical Photos）、地图（Maps）或国旗（Flags），如果不作选择，则在全部图片库中检索。

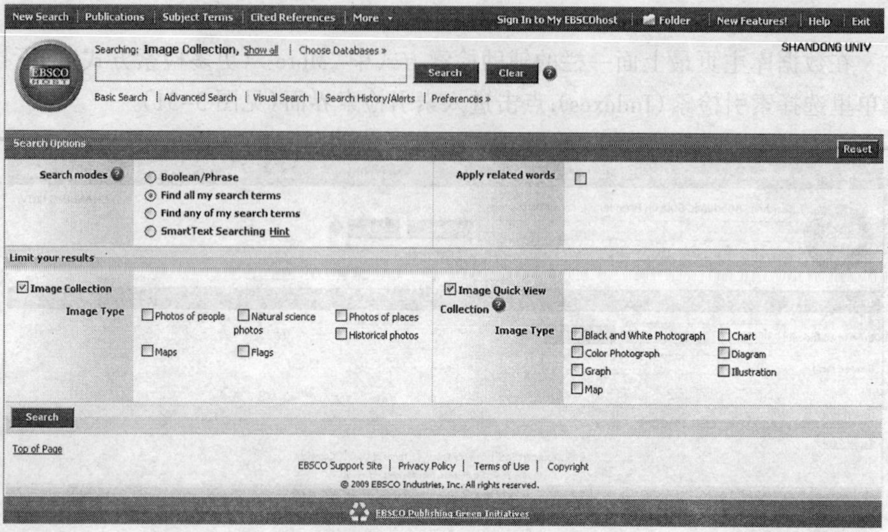

图 3-32　图像检索界面

图 3-33　图像检索结果

　　还可以选择图片类型,比如:黑白图片(Black and White Photograph)、彩色图片(Colour Photograph)、图表(Graph)、插图(Illustration)等,如果不作选择,则在全部图片库中检索。

四、检索结果处理

(一) 格式设置

点击"Preferences"(首选项)按钮可设置检索结果的显示格式,包括每页的记录数、记录的显示格式以及打印、保存导出的格式(见图 3-34)。

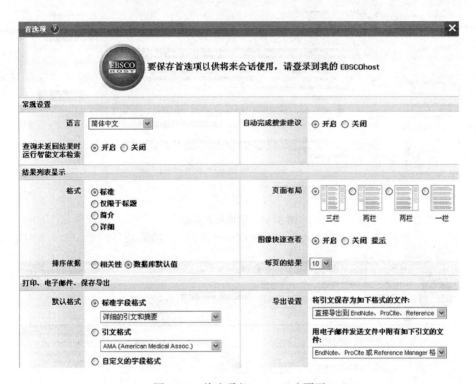

图 3-34　首选项(Preferences)页面

注意:在"Preferences"(首选项)设置中,可以选择页面显示的语种,有中文简体、中文繁体、英语、德语、日语等。

(二) 显示方式

命中文献后系统首先以题录方式显示(见图 3-35),EBSCO 数据库的检索结果列表(Results)可显示每一条记录的文章篇名、刊名、作者、出版者、出版地、出版日期、卷期、页数、附注以及是否有全文等。另外,在页面左侧还列出与检索词相关的主题词,供检索者参考选用,以扩大或调整检索范围。

直接点击某篇文献后可以看到其文摘(见图 3-36)。带有"Full Text"标志的,

图 3-35　结果列表页面

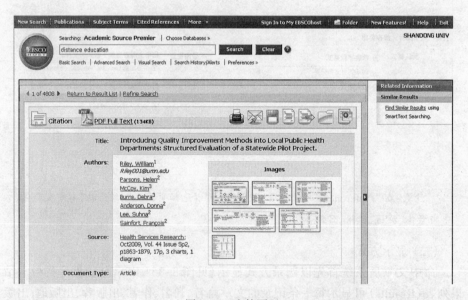

图 3-36　文摘页面

表示可以下载全文,点击即可下载。全文有两种格式:PDF 格式和 HTML 格式。使用 PDF 格式时,要事先下载 Adobe Reader 浏览器。

（三）标记记录

需要标记记录（Mark）时,在显示文献后面的"Add to folder"处点击添加。对于收藏夹中的文献,可以在检索完成后,集中处理。

（四）结果输出

对收藏夹中的检索结果和单篇文献均可进行 E-mail 发送、保存、打印等处理。

在文摘页面右上方找到"打印"、"电子邮件"、"另存为文件"等图标（见图 3-36）,根据需要点击相应选项,即可将检索结果打印、通过电子邮件发送或直接存盘。

第四节　Engineering Village 数据库

一、数据库简介

Ei Village 是由美国工程信息公司在因特网上提供的网络数据库,它的核心产品 Engineering Index（工程索引）闻名于世。20 世纪 90 年代以来,随着网络通信技术的发展,Ei 公司开始提供网络版工程索引数据库 Ei Compendex Web,同时开始研究基于 Internet 环境下的集成信息服务模式。1997 年左右推出的 Ei Village 以 Ei Compendex Web 为核心数据库,将世界范围内的工程信息资源组织、筛选、集成在一起,向用户提供"一步到位"的便捷式服务。

Ei Village 在网页上开辟不少读者感兴趣的栏目,如 Ei Spotlights（Ei 要目公告）、Ei Tech Alert（Ei 动态通告）、Research & Industrial Park（科技开发区）、Ei Connexion（数据库链接）等,把工程数据库、商业数据库、15 000 多个网络站点和其他许多与工程有关的信息结合起来,形成信息集成系统,因此,Ei Village 是工程文献数据库中的首选数据库网站。

Engineering Village 2 作为 Ei Village 的第二代产品,提供多种工程数据库。除了能检索 Compendex（Ei 网络版）外,还能检索 INSPEC、NTIS、USPTO、Esp@cenet 和 Scirus 等数据库。

Ei CompendexWeb 数据库是 Ei Village 的核心产品,是目前全球最全面的工程领域二次文献数据库,侧重提供应用科学和工程领域的文摘索引信息,涉及核技术、生物工程、交通运输、化学和工艺工程、照明和光学技术、农业工程和食品技术、计算机和数据处理、应用物理、电子和通信、控制工程、土木工程、机械工程、材料工程、石油、宇航、汽车工程以及这些领域的子学科。其数据来源于 5 600 余种工程类期刊、会议论文集和技术报告,每年新增约 65 万条记录,可检索 1970 年至今的文献。数据库每周更新。

二、功能设置

(1) 界面友好,操作方便。Ei Village 的 11 个栏目不但是按类目分,还在各个栏目下设立了许多专题,查找方便。比如在"图书馆"大类中就设置了 Ei Compendex Web 数据库服务、书库、电子期刊阅览室、期刊等许多小类目,每个小类目下又设置了许多专题。如在书库类目中提供了与各种图书馆的链接,其中有一般图书馆、工程图书馆、虚拟图书馆等,还介绍了各类图书及其订购的途径和方法,在期刊类目中介绍和推荐了许多期刊,在电子期刊阅览室类目中提供了各种电子期刊的介绍等,这些都方便了读者的使用。

(2) 信息量大,数据更新快。由于实行了网络化,信息量大大增加,网络版每周更新。

(3) 检索点多。Ei 的网络版除了有关键词、作者等检索点外,还有 Ei 主题词、作者单位、文献类型等多种检索点。

(4) Ei Village 对给出的每个 Web 站点或研究机构都有较详细的说明,便于读者了解,并且还提供了许多著名的搜索引擎供读者使用,如 Infosek、Yahoo、Altavista 等。

(5) Ei Village 还提供了全文订购服务。读者可以通过电子邮件、传真等手段把订购格式单发送到 Ei Village,就能得到所需的文献全文。

三、检索

Ei Village 2 提供 3 种检索方式——简单检索(Easy Search)、快速检索(Quick Search)和高级检索(Expert Search),还提供浏览索引(Browse Indexes)等其他辅助检索功能。

(一) 检索规则

Ei Village 2 可使用逻辑算符、位置算符、截词符等。

(1) 逻辑算符:AND、OR、NOT。

(2) 位置算符:NEAR 与 ONEAR。

① NEAR/n:两词之间可以插入 0~x 个词,前后位置任意。例如:Solar NEAR energy。

② ONEAR/n:两词之间可以插入 0~x 个词,次序不可调换。例如:Avalanche

ONEAR/0 diodes。

　　提示：在使用截词符、通配符、括号、引号时，不能使用 NEAR 与 ONEAR；进行词干检索时，可以使用 NEAR 与 ONEAR。

　　(3) 词组检索：" "或 { }。检索结果仅包含引号或大括号内的词组，尤其当词组中含有禁用词(AND、OR、NOT、NEAR)时，可使用词组检索。例如：{Journal of Microwave Power and Electromagnetic Energy}；"near field scanning"。

　　(4) 通配符：* 与? 。

　　① 截词符"*"，代表零个或若干个字符。提示：用截词符可能检索到许多不相关的词，使用时要注意。例如：输入 comput*，可检出 computer、computers、computerize、computerization 等词；输入 sul*ate，可检出 sulphate 或者 sulfate 等词。

　　② 单字符通配符"?"，代表一个字符。例如：输入 wom?n，可检出 woman 或者 women。

　　(5) 词干检索：$。可以检索到一个词经过词形变化后的各种形式。在高级检索中，使用"$"进行词干检索。例如：$management，可检索到 management、managing、managed、manager、manage、managers 等。

　　提示：在简易检索和快速检索中，除了作者字段，将自动进行词干检索。在使用""或者 {} 进行词组检索时，不能使用词干检索；如果使用了截词符或者通配符，也不执行词干检索。

　　(二) 简单检索(Easy Search)

　　"简单检索"(见图 3-37) 可在单个检索框中输入检索表达式(包含检索词及 AND/OR/NOT 等逻辑算符)，检索范围为数据库中所有内容。

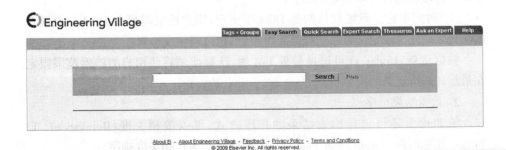

图 3-37　简单检索页面

　　(三) 快速检索(Quick Search)

　　快速检索是系统默认的检索方式。

　　在 Ei Village 2 主页面左下角"More Search Sources"中，可以选择要检索的数据库,这些数据库为用户所在单位购买或被批准可以访问的数据库。

1. 检索限定(Limit By)

在检索限定下有四种下拉菜单,分别用于文件类型限定、处理类型限定、语种限定、时间限定。使用此方法,用户的检索结果更为精确。在默认状态下不对文献的类型和年限加以限定,而且这时的检索速度最快。

(1) 文件类型(Document Type)。指的是所检索的文献源自出版物的类型。如果用户知道其所在机构的图书馆没有收集会议论文集,但是有很多期刊,那么就可选择仅限期刊论文(Journal Article)来限定检索范围。用户也可选择专题论文(Monograph Chapter)或专题综述(Monograph Review)查找单行本中详细的工程信息。选择检索字段"CORE",则可以把检索范围限制在 Ei Compendex 光盘版的内容。注意,用户如果把检索范围限定在某特定的文件类型,将检索不到1985年前的文献。

(2) 处理类型(Treatment Type)。指的是文献的研究方法及所探讨主题的类型。如果用户希望对某个主题做一般性的概览,处理类型可选择 General Review。如果用户对某一研究领域的历史概览感兴趣,则选择 Historical Treatment。注意,用户如果把检索范围限定在某特定的处理类型,将检索不到1985年前的文献。

(3) 语种限定。Compendex 数据库中所有的摘要和索引均用英文编写,无论原文使用的是何种语言。如果某篇文章不是英文文献,则在其引文的最后,标示出所用的语言,当所使用的语种是两种或两种以上,用逗号将它们分开。如果用户不愿查找外文文献,或者只对外国研究者发表的文献感兴趣,将检索范围限定于某种特定的语言是非常有用的。

(4) 时间限定。系统默认的是1884年至今,用户检索时可在1884年至现在的年代之间任意限定。可以选择某年度检索,也可跨年度检索。

数据更新(Updates)可选择最近1~4周,选择此项将使用户的检索范围限定在最近四周所更新的内容中。

2. 检索结果排序

快速检索还可选择检索结果的排序方式,可以按相关度(Relevance)、Ei Village 出版时间(Publication Year)排序,默认状态为按相关度排序。

(1) 按相关度排序。检索出匹配的文献后,文献按检索词之间的接近程度和检索词出现的频率排序。

(2) 按 Ei Village 出版时间排序。检索出匹配的文献后,文献按 Ei Village 出版(收录)时间排序,最新的文献排在最前面。

注意:无论按什么方式排序,命中的文献都一样,只不过是排列顺序不同。

3. 字段限定

"快速检索"可以检索所有的字段,也可选择某个检索字段。系统提供的检索字段有 16 种。选择检索字段时应注意以下几点:

(1) 通过作者(Author)检索文献时,Ei 文献的作者著录格式一般是"姓,名",作者姓名根据来源文献著录,因不同的来源文献,作者姓名的写法不同,对同一作者,Ei Village 在著录时没有给出统一格式,所以用户检索时,要尽可能考虑到作者姓名的各种不同格式,推荐使用浏览索引(Browse Indexes)中的作者(Author)索引。作者检索时可以使用截词符"*"扩大检索范围,以便提高查全率,但许多作者的姓相同,而且名字的第一个字母也相同,这样可能导致误检,使查准率下降。

(2) 通过作者机构(Author Affiliation)检索文献时,作者机构一般只著录第一作者或通信作者所在的机构,机构名称的格式和简称也有变化,推荐使用浏览索引(Browse Indexes)中的作者机构(Author Affiliation)索引。在索引表中,要选全某一单位的不同写法,提高检全率(注意:在快速检索中最多只能选 3 项)。作者单位检索时可以使用全称、全称的一部分(使用截词符 *)或全称中的一个词来检索,一些常用的词(如 University、Laboratory 等)通常使用简写,建议检索时用截词符取代这些常用词后面的一些字母(如 Univ*、Lab* 等)。

(3) 因受控词(Controlled Term)有专门的词表,推荐使用浏览索引(Browse Indexes)中的控制词(Controlled Term)索引。

(4) 使用 Ei 主题词(Ei Subject Terms)、作者(Authors)、第一作者单位(Author Affiliations)和刊物名称(Serial Titles)字段检索时,可使用 AND、OR 和 NOT 将输入到同一检索窗口的词或词组连接起来。

(5) 使用所有字段(All Fields)、题目(Title Words)、文摘(Abstracts)和出版商(Publisher)字段检索时,不能使用 AND、OR 和 NOT 连接检索词。AND、OR 和 NOT 将被自动去掉。检索时系统默认词根运算,如输入检索词 manager,将会检索到含有 management 或 managerial 的文献。

4. 检索

在检索框(Search For)中输入检索词,快速检索有三个检索框,可以用 AND、OR 和 NOT 对两个不同检索框中的检索式进行逻辑运算。

点击"Search"就可以进行相应的检索,用户若要清除前面的检索结果,可以点击"Reset"按钮。

[**例 3-6**] 查找有关微型热管的文章。

我们希望看到有关微型热管的最新文章,因此选择按时间排序,最近的文章排在最前面,检索词和各项限制如图 3-38 所示。

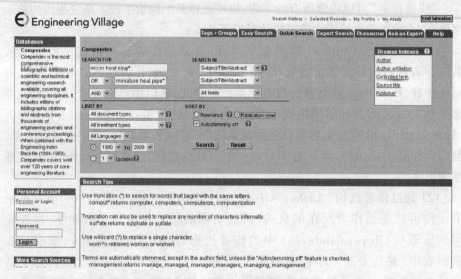

图 3-38 快速检索页面

检索结果如图 3-39 所示。单击每条信息下面的"Detailed"可查看该文的详细信息,如图 3-40 所示。如果感觉有保留价值,可以单击右上角的"E-mail"、

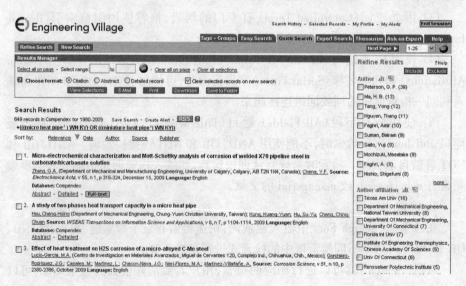

图 3-39 检索结果

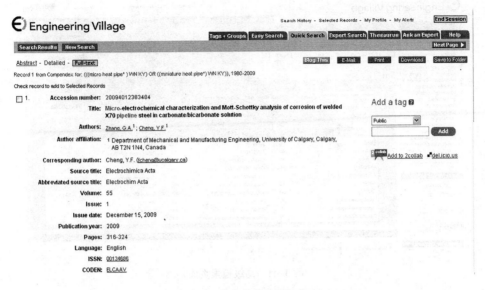

图 3-40　检索结果的详细信息

"Printer"、"Download" 或 "Save to Floder" 进行发送、打印、下载或保存。

（四）高级检索（Expert Search）

专业的检索用户通过高级检索方式可快速而准确地查询所需的信息。高级检索要求用户在一个检索框内输入检索表达式，检索表达式需要合理使用检索字段和检索运算符，用户采用 "within" 命令（缩写：wn）和字段码，可以在特定的字段内进行检索。如：(seatbelt* OR (seat belt*)) wn ti, ti 是 Title 的字段代码。各字段的代码可参见检索框下面的 "Search Codes" 栏。不使用字段代码，则系统默认在全字段检索。

高级检索提供更强大而灵活的功能，用户既可用单一字段进行检索，也可以通过逻辑运算符对多个字段进行组合检索。用户可以直接在检索框中对文件类型、处理类型、语种进行限定。

在高级检索模式下，系统不会自动进行词干检索，检索出的文献结果将严格与输入的检索词匹配。若要进行词干检索，则需在检索词前加 "$" 符号。

［例 3-7］　检索安全带方面的文献。

构建检索式：(seatbelt* OR (seat belt*)) wn ti，检索结果如图 3-41 所示。

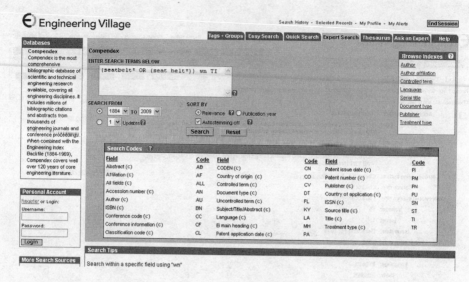

图 3-41　高级检索页面

（五）精简检索（Refine Search）

在检索结果页面,用户可以选择进一步精简检索结果。在检索结果页的左上角有精简检索（Refine Search）按钮,点击此按钮用户可返回到上一次的检索页面,添加检索词或限制条件。

第五节　SpringerLink 期刊数据库

一、数据库简介

Springer 是德国施普林格（Springer-Verlag）的简称,Springer 出版社（www.springer.com）于 1842 年在德国柏林创立,是目前自然科学、工程技术和医学（STM）领域全球最大的图书出版社和第二大学术期刊出版社。整个集团每年出版 2 000 余种期刊和 6 500 种新书。它通过 SpringerLink 系统提供全文学术期刊及电子图书的在线服务。2004 年年底,Springer 与 Kluwer Academic Publisher 合并。现在,SpringerLink 数据库提供包括原 Springer 和原 Kluwer 出版的全文期刊、图书、科技丛书和参考书的在线服务。

目前 SpringerLink 的数字资源有:全文电子期刊 1 500 余种;图书和科技丛书

（包括 Lecture Notes in Computer Science, LNCS）13 000 种以上；超过 200 万条期刊文章的回溯记录；最新期刊论文出版印刷前的在线浏览。根据期刊涉及的学科范围，SpringerLink 将电子全文期刊划分成 11 个在线图书馆，分别是：化学、计算机科学、经济学、工程学、环境科学、地理学、法学、生命科学、数学、医学，以及物理和天文学。此外，系统还设有两个特色图书馆，即中国在线科学图书馆和俄罗斯在线科学图书馆。

2006 年 11 月，新 SpringerLink 中国网站（http://springerlink.1ib.tsinghua.edu.cn）正式上线。新 SpringerLink 中国网站与 SpringerLink 镜像站相比，服务速度大大加快。新 SpringerLink（中国网站）的检索引擎服务器在美国，数据存储在清华大学的服务器上，并租用了 Cernet 专线，所以当读者发出检索指令时，检索将通过美国的检索引擎服务器进行，随后命令被返回到清华大学的服务器上，并从清华大学的服务器获取全文数据。同时推出的第三代简体中文界面，使中国读者能够方便地使用 Springer 电子图书、电子期刊、电子丛书和电子工具书，以及最新推出的实验室指南（Springer Protocols）和图像百科数据库（Springer Image）等在线产品。

二、功能设置

（1）Google 化的搜索方式，全新的功能强大的搜索引擎，搜索结果全面综合，分类清晰。

（2）提供中文（简体 / 繁体）、英文、德文、韩文多语种界面。

（3）期刊、丛书、图书、参考工具书整合为同一平台。

（4）导航功能提供搜索、导航、缩检和精确搜索等多种检索方式，实现对 Springer 内容的交叉检索，并把不同学科和不同出版形式的内容真正整合起来。

（5）个性化功能。例如：速报 / 个人爱好 / 使用全文记录 / 书签 /RSS。

三、检索方法

SpringerLink 主页如图 3–42 所示，进入系统后，用户可通过"检索"（位于页面上方）或"浏览"（位于页面中部）两种途径获取文献。

（一）浏览

用户可按内容类型和学科分类两种方式，查看所需内容。

1. 按内容类型浏览

可分为按出版物浏览、按期刊浏览、按丛书浏览、按图书浏览、按参考工具书浏览几类。点击内容类型下的某类出版物，可看到该类出版物下的清单。单击某个出版物名称，便进入该出版物的细览页面，其上部是出版信息，包括封面图案、出版者、ISSN 号或 ISBN 号等，其下部是 SpringLink 收录该出版物的所有内容，包

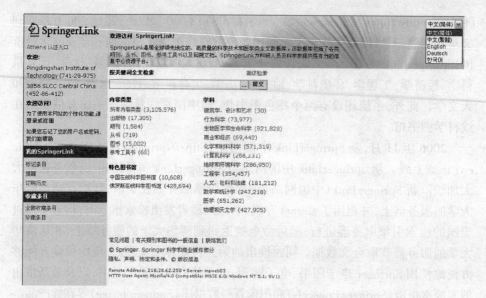

图 3-42　SpringerLink 中文简体页面

括期刊的卷、期和图书的章、节,继续点击即可看到文章目录。

2. 按学科分类浏览

点击"学科"下的某个具体类目,即可显示该学科下的文章列表。单击某篇文章,则显示其详细信息,包括篇名、作者、出处及文摘等。在检索或浏览所得结果页面的右侧,会分别显示不同出版时间、语种、学科以及出版物中符合检索要求或浏览目的的文章数目,根据需要点击后可以显示相应的文献列表。值得注意的是,在"内容发行状态"项下有 1 个"开始在线发行"的栏目,可以使 SpringerLink 的用户在印刷版期刊出版之前就能访问到该期刊的电子版,使得文献信息的传播周期大为缩短,同时这种方式也可以更好地保护作者的版权。

不论内容类型浏览还是学科分类浏览,都可通过页面右侧部分的功能项,缩小检索范围,快速检索出所需文献。

(二) 检索

1. 简单检索(关键词检索)

如果想要查找某一主题的文章,但又不知道出版物的有关信息,可以使用简单检索功能。在检索栏中输入想要查找的关键词、词或词组均可,单击"提交"按钮即可。

2. 构建检索式检索

如果需要扩大或缩小检索范围,可以利用 AND、OR、NOT 等逻辑运算符构建检索式进行搜索。点击检索栏右边的"…"按钮,打开系统提供的"构建检索表达式对话框"(见图 3-43),可以获得帮助。

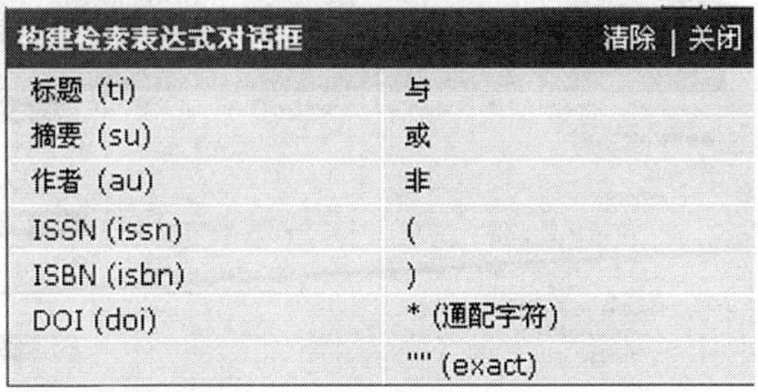

构建检索表达式对话框	清除 | 关闭
标题 (ti)	与
摘要 (su)	或
作者 (au)	非
ISSN (issn)	(
ISBN (isbn)	)
DOI (doi)	* (通配字符)
	"" (exact)

图 3-43　构建检索表达式对话框

检索过程中,合理地使用检索字段和检索运算符,可以使检索结果更为精确。检索字段主要包括标题、摘要、作者、ISSN、ISBN、DOI(数字化文献识别码)等,如果不选择任何字段,则系统默认在全文中检索。

SpringerLink 的检索算符包括布尔逻辑运算符和系统专用的检索算符(如词组检索算符、截词符等)。

构建检索表达式应遵循以下规则:

(1) 布尔逻辑运算符(AND、OR、NOT)定义了检索词之间的关系,它们的逻辑含义同其他数据库。

(2) 词组检索运算符(" ")可精确检索范围,在检索时将英文双引号内的几个词当做一个词组来看待。例如:检索"system manager",只能检索到 system manager 这个词组,检索不到 system self-control manager 这个短语。

(3) 截词符(*)可扩展检索范围。"*"代表零个或若干个字符,可以检索到一个词根的所有形式。例如:输入 key*,可检索到包含 key、keying、keyhole、keyboard 等词的文献。

(4) SpringerLink 的停用词包括 the、is 等,在检索过程中忽略不计。

[例 3-8]　检索篇名中包含"financial management",并且作者中包含"David"的文章。

可构建如下检索式:ti:(financial management) AND au:(David),检索结果见图 3-44。

点击检索栏上面的"高级检索"按钮,进入高级检索界面(见图 3-45)。高级检索的使用方法与简单检索大致相同,只是增加了"全文"和"编辑"两个字段。当用户一次输入多个检索词,或同时在多个字段中输入时,系统默认对所有检索词及各个字段作"与"运算。与简单检索一样,高级检索也可以在选定字段中直接

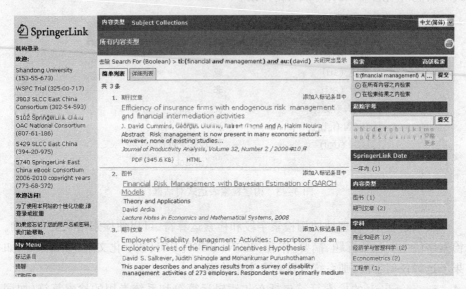

图 3-44　检索表达式的检索结果

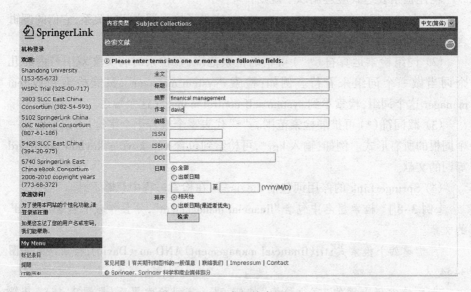

图 3-45　高级检索界面

输入检索式,简单检索的规则也同样适用于高级检索,但由于高级检索界面取消了"构建检索表达式对话框",其检索难度相应有所增大。

在"高级检索"方式下,用户可以设定检索的时间范围,输入格式为:月／日／年,如"10/01/2000"至"10/07/2009",若选择"全部"则取消出版时间限定。对于检索结果的排序,可根据需要分别按"相关性"或"出版日期"进行。若选择出版日期,系统自动按出版日期降序排序。

[例 3-9] 　检索作者为 David 的金融管理方面的文章,步骤如下(见图 3-45)。

(1) 在摘要栏中输入检索表达式"financial management"。

(2) 在作者栏中输入"David"。

(3) 点击检索,命中 36 条记录。

(4) 点击文章名,即可看到文章的详细信息。

第六节　　Kluwer Online 全文数据库

一、数据库简介

荷兰 Kluwer Academic Publisher 是具有国际声誉的学术出版商,它出版的图书、期刊一向品质较高,备受专家和学者的赞誉。Kluwer Online 是 Kluwer 出版的 800 余种期刊的网络版,专门基于互联网提供 Kluwer 电子期刊的查询、阅览服务。其中被著名检索工具"科学引文索引"(SCI)收录的核心期刊有 237 种。Kluwer 期刊全文数据库涵盖 24 个学科专题,学科分类如下:材料科学、地球科学、电气电子工程、法学、工程、工商管理、化学、环境科学、计算机和信息科学、教育、经济学、考古学、人文科学、社会科学、生物学、数学、天文学／天体物理学／空间科学、物理学、心理学、医学、艺术、语言学、运筹学／管理学、哲学。

二、功能设置

目前,由 CALIS 管理中心研制开发系统,面向正式参加集团购买的院校提供服务的 Kluwer Online(见图 3-46)本地服务已在北京大学图书馆建立并开通使用,通过该镜像站,用户可以浏览 Kluwer Academic Pulisher 的 800 余种电子期刊,并可以检索、阅览和下载全文。

Kluwer Online 具有期刊浏览、检索和篇目检索功能,篇目检索包括简单查询和复杂查询两种方式。

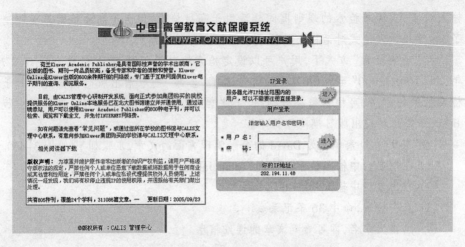

图 3-46　Kluwer Online 主界面

三、检索方式

(一) 期刊浏览与检索

首先登录到 Kluwer 的电子期刊检索系统的首页,可按刊名检索、按字母浏览、按学科浏览(见图 3-47)。

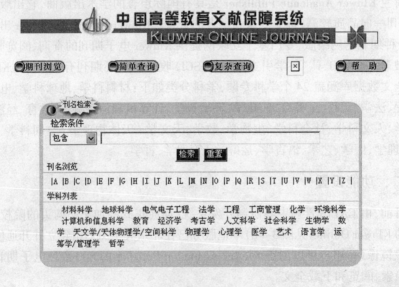

图 3-47　期刊浏览与检索

1. 按刊名检索

在下拉框中选择"包含"或"前方一致",在检索栏中输入刊名关键词,即可按刊名进行简单检索(见图3-47),然后再选择想看的期刊按卷期浏览。点击"重置"清空检索栏,可以重新输入。

2. 按字母浏览

将所有期刊按字母顺序排列起来,用户可以按刊名逐卷逐期地直接阅读自己想看的期刊。例如,点击字母"A",系统显示A字头刊名列表,共有期刊83种(见图3-48),点击刊名链接,显示这种期刊在数据库中的收录年限与卷期,可点击任一期查看内容。

图 3-48　刊名列表

3. 按学科浏览

将期刊按下列24个学科类目分类,每一学科分类的刊名再按字母顺序排列,分别是:材料科学、地球科学、电气电子工程、法学、工程、工商管理、化学、环境科学、计算机和信息科学、教育、经济学、考古学、人文科学、社会科学、生物学、数学、天文学/天体物理学/空间科学、物理学、心理学、医学、艺术、语言学、运筹学/管理学及哲学。

[例3-10]　利用学科列表,查找感兴趣的经济类期刊。

(1) 单击学科列表中的"经济学",显示经济学学科刊名列表(见图3-49)。

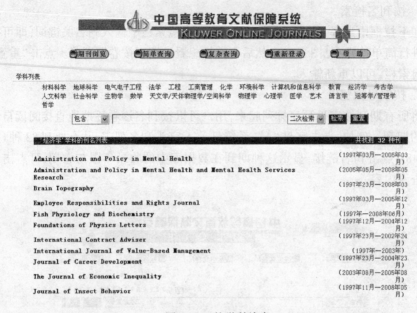

图 3-49　按学科检索

（2）可在检索框中输入检索词进行二次检索，缩小检索范围。

（二）篇目检索

1. 简单查询

在该系统的任何一个检索页面上，点击"简单查询"按钮，便可进入篇目检索模式的简单查询界面（见图 3-50）。

简单查询的方法及规则如下：

（1）简单查询有一个检索条件输入框和选择检索字段的下拉框，在检索输入框中输入一个或多个检索词，不必考虑词序和区分大小写。词与词之间默认的逻辑关系是 AND，它的含义是检索结果中必须含有所有检索词。

（2）可以检索所有字段（将字段区域设定为"全面"），也可以将检索词限定在某一个字段中出现。字段包括：篇名、作者、文摘、刊名。按"作者"字段检索时，如果能够确定作者的姓名，可以直接在检索输入框中输入作者姓名。作者姓名的输入格式：姓氏在前，名字在后，中间加逗号间隔，即"姓，名"。例如："George，David"表示检索姓 George，名为 David 的作者。如果不能够确定作者的姓名，可以用模糊检索，只输入一个字，例如输入 David，只要文献的作者姓名中出现 David，无论是姓还是名，都能被检索出来。

（3）如果要检索一个词组或短语（phrase），就必须使用引号。系统查找与引号内指定顺序相同的检索词组的文章。例如，输入"enterprise management"，检索结

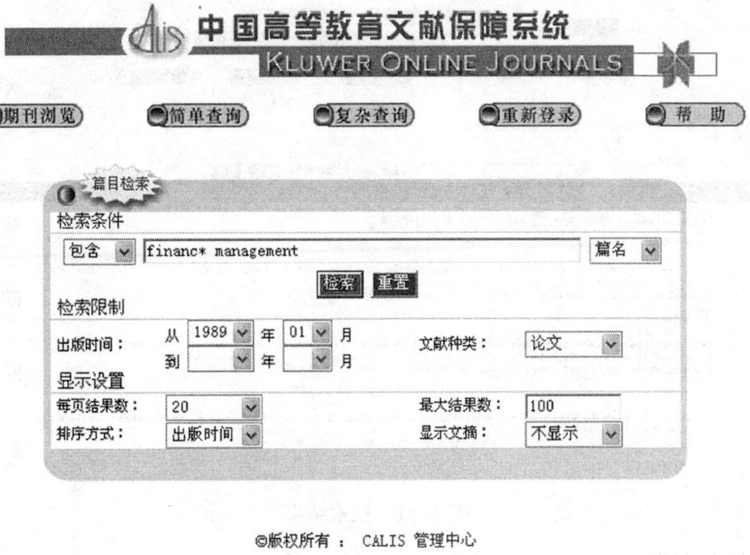

图 3-50　简单查询界面

果只包含这个词组；如果输入的是 enterprise management（不加引号），命中的结果则分别包括"enterpriser... management"、"management... enterpriser"或"enterprise management"。

（4）截词符 *，为无限右截词符，如 financ* 可检出 finance、financial 等词。

（5）Kluwer 数据库有 97 个禁用词（stop words），当在检索词输入框中输入这些词语时，系统将它们忽略，这些词不被检索。

（6）通过限制出版日期、限制文献种类，可以把检索结果限制在一定范围内，从而达到快速查准的目的。点击相应的下拉箭头进行选择，文献种类包括论文、目次、书评、索引及其他，如果不改变这两项设置，系统默认的检索范围是全部文献。

（7）二次检索。执行检索之后，在显示结果页面有一个检索条件输入框，允许在检索结果中直接进行二次检索，或者选择重新检索。

［例 3-11］　检索有关金融管理（finance management）方面的文献。

在检索框内输入 financ* management，其后选择"篇名"，出版时间为"1989-01"以后，文献种类为"论文"（见图 3-50），单击"检索"，检索结果如图 3-51 所示。单击篇名或文摘可查看篇目详细内容，也可直接单击右侧的全文图标查看全文。

图 3-51　检索结果

2. 复杂查询

在该系统的任何一个检索页面上,点击"复杂查询"按钮,便可进入复杂检索界面(见图 3-52)。复杂检索的使用和简单检索基本相同。

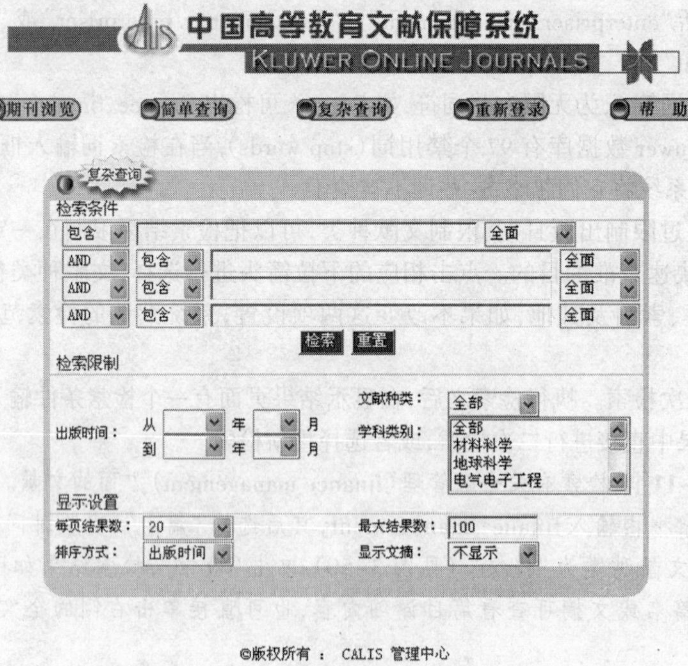

图 3-52　复杂查询界面

复杂检索有四个检索条件输入框,既可以输入一个检索词进行简单查询,也可以在不同的检索框中输入多个检索词进行多个检索字段的组合检索。

可检索字段和简单查询相比,增加了国际统一刊号(ISSN)、作者关键词(指作者给出的关键词,即文中的关键词(keywords)部分,与某些数据库或电子期刊的全文关键词检索不同)、作者单位三个检索入口。

在同一检索字段中,可以用两个逻辑算符 AND、OR 来确定检索词之间的关系。如果没有算符,系统默认各检索词之间的逻辑关系为 AND。不同检索字段之间的默认关系为 AND,点击相应下拉框,可以根据需要改变为 OR、NOT。

四、检索结果处理

(一) 检索结果显示

在结果显示界面首先显示的是本次检索的检索式、检索条件、检索时间范围,接下来是检索结果数和命中文献记录,每一条记录包括篇名、作者、刊名、ISSN 号、出版年月、卷期、起止页码、文摘链接以及全文链接。

点击篇名后,将显示该篇目的详细内容,包括作者单位和文摘。点击作者,系统自动检索数据库中同一作者的所有相关文章;点击刊名,显示该刊卷期信息;点击卷期,显示同一卷期的篇目信息。

(二) 检索结果标记

在每篇文章篇名的前面有个复选框,在复选框内打"√"做标记,以便只选择想要的篇目进行打印和下载。标记结束后,点击页尾的"浏览",即只出现标记过的记录。若检索结果不止一个页面,可以逐页标记,最后在任一页点击页尾的"浏览"。进入标记记录浏览后,可用浏览器的"后退"功能返回检索结果页面,增选记录,再点击页尾的"浏览",已标记过的不需重选。浏览格式可以选择简单格式(只包括篇目的基本信息)和详细格式(显示文摘)。

(三) 检索结果保存

利用 IE 浏览器的保存和打印功能进行下载或打印。注意:标记多篇文章一次性显示、保存、打印的功能只适用于文章篇目。文章的全文部分只能通过 Adobe Acrobat Reader 逐篇显示、保存、打印。

(四) 全文浏览

点击结果显示页面上的全文图标,将直接打开全文。Kluwer 电子期刊的文件全部采用 PDF 文件格式,可以存盘、打印,但使用前必须下载 Adobe Acrobat Reader 软件。

本 章 小 结

　　本章主要介绍了科技查新、信息检索中常用的几个外文数据库的概况、功能设置及检索技巧。

　　Dialog 是进行国外科技查新时的首选,同时也是必备的检索系统。系统内现有全文、题录、事实及数据型数据库 600 多个,都是质量很高、很权威的数据库。对这些数据库不熟悉的用户,可以通过蓝页找到自己需要使用的数据库,了解详情。Dialog 提供 8 种不同的检索平台或界面。Dlink5.0 是目前 Dialog 系统中应用最高级的软件,具有强大的检索功能。

　　以 ISI Web of Knowledge 作为检索平台的 Web of Science 是美国科学情报研究所基于 Web 开发的大型网络数据库,包括三大引文数据库(SCI、SSCI 和 A&HCI)和两个会议录文献引文数据库(CPCI-S、CPCI-SSH)以及两个化学数据库(CCR、IC)。

　　其中 SCI 数据库通过对论文的被引用频次等的统计,对学术期刊和科研成果进行多方面的评价研究,可以从一定层面上较客观地评判一个国家(地区)、某单位或个人的科研产出绩效,反映其在国际上的学术水平。由于所收录的文献质量高且检索功能强大而健全,与 ISTP(CPCI-S)、Ei 一起被我国许多高校、科研机构作为学术水平评价系统之一,受到极大的重视。

　　EBSCO、SpringerLink 与 KLwer Online 数据库都是全文数据库,是由具有国际性声誉的学术出版商开发的全球在线数据库。EBSCO 数据库包括 8 000 多种著名期刊的摘要和 6 000 余种期刊的全文,目前可提供一百多种数据库为图书馆服务,尤其以学术期刊集成全文数据库(ASP)与商业资源全文数据库(BSP)两种全文数据库最为有名。

　　SpringerLink 的数字资源有:全文电子期刊 1 500 余种;图书和科技丛书(包括 Lecture Notes in Computer Science,LNCS) 13 000 种以上;超过 200 万条期刊文章的回溯记录;最新期刊论文出版印刷前的在线浏览。

　　Kluwer Online 是 Kluwer 出版的 800 余种期刊的网络版,专门基于互联网提供 Kluwer 电子期刊的查询、阅览服务。

复习思考题

1. 简述 Dialog 常用基本指令及使用方法。

2. 在 Web of Science 数据库中,如何检索会议文献?

3. 检索商业文献全文的首选数据库是什么?

4. 在 Ei 数据库中检索本单位(学校)2010 年被收录的论文。

5. SpringerLink 数据库有哪些浏览方式?

6. 在 Kluwer Online 数据库中可以利用哪些方法检索经济学文献?

第四章 网络信息检索

第一节 网络信息资源检索概论

一、网络信息资源

随着互联网发展进程的加快,信息资源网络化成为一大潮流。与传统的信息资源相比,网络信息资源在数量、结构、分布和传播的范围、载体形态、传递手段等方面都显示出新的特点。这些新的特点赋予了网络信息资源新的内涵。作为知识经济时代的产物,网络信息资源也称虚拟信息资源,它是以数字化形式记录的,以多媒体形式表达的,存储在网络计算机磁介质、光介质以及各类通信介质上的,并通过计算机网络通信方式进行传递信息内容的集合。简言之,网络信息资源就是通过计算机网络可以利用的各种信息资源的总和。目前网络信息资源以互联网(Internet)信息资源为主,同时包括其他没有连入互联网的信息资源。

二、网络信息资源的特点

(一) 存储数字化

信息资源由纸张上的文字变为磁介质上的电磁信号或者光介质上的光信息,使信息的存储和传递、查询更加方便,而且所存储的信息密度高、容量大,可以无损耗地被重复使用。以数字化形式存在的信息,既可以在计算机内高速处理,又可以通过信息网络进行远距离传送。

(二) 表现形式多样化

传统信息资源主要是以文字或数字形式表现出来的信息。而网络信息资源则可以文本、图像、音频、视频、软件、数据库等多种形式存在,涉及领域从经济、科研、教育、艺术到具体的行业和个体,包含的文献类型从电子报刊、电子工具书、商业信息、新闻报道、书目数据库、文献信息索引到统计数据、图表、电子地图等。

(三) 以网络为传播媒介

传统的信息存储载体为纸张、磁带、磁盘,而在网络时代,信息的存在是以网络为载体,以虚拟化的状态展示的,人们得到的是网络上的信息,而不必过问信息是存储在磁盘上还是磁带上的,体现了网络资源的社会性和共享性。

（四）数量巨大,增长迅速

2010 年 1 月 15 日,以权威性著称的 CNNIC 发布《第 25 次中国互联网络发展状况统计报告》,全面反映和分析了中国互联网络发展状况。从本次报告中可以看出,截至 2009 年 12 月,我国网民规模达 3.84 亿人,手机网民也达 2.33 亿人;域名总数量达到 1 681.84 万个;网站数量达到了 287.8 万个;国际出口带宽总量为 866 367.20 M。

（五）传播方式的动态性

在网络环境下,信息的传递和反馈快速灵敏,具有动态性和实时性等特点。信息在网络中的流动非常迅速,电子流取代了纸张和邮政的物流,加上无线电和卫星通信技术的充分运用,上传到网上的任何信息资源都只需要短短的数秒钟就能传递到世界各地的每一个角落。

（六）信息源复杂

网络信息的共享性与开放性使得人人都可以在互联网上索取和存放信息。由于没有质量控制和管理机制,这些信息没有经过严格编辑和整理,良莠不齐,各种不良和无用的信息大量充斥在网络上,形成了一个纷繁复杂的信息世界,给用户选择、利用网络信息带来了障碍。

三、网络信息获取方法

Internet 是全球规模最大的信息基地,其信息像原子裂变一样迅速膨胀。要在信息海洋中迅速而准确地获取自己需要的信息,可主要采用如下方法进行检索。

（一）利用搜索引擎检索信息

搜索引擎是采用信息自动跟踪、标引等技术,建立在互联网上专门提供网络信息资源导航服务的检索工具。搜索引擎按数据检索机制可划分为以下四种。

1. 检索型搜索引擎

这是指使用自动软件来发现、收集并标引网页,建立数据库,并以 Web 形式让用户查找所需信息资源。如 AltaVista、Google、天网、百度、必应等。

2. 目录型搜索引擎

将信息系统地分门归类,经过人工整理后形成庞大而有序的分类目录体系,用户可以在目录体系的导引卜逐级浏览,检索到有关的信息。如雅虎的分类目录型导航服务。

3. 混合型搜索引擎

混合型搜索引擎兼有检索型和目录型两种方式。如新浪、搜狐、网易、腾讯搜搜等门户网站。

4. 元搜索引擎

元搜索引擎也称为集合型搜索引擎,是将多个搜索引擎集成在一起,通过统一的检索界面进行网络信息多元搜索的检索工具。如 InfoSpace、Dogpile 等搜索引擎。

(二) 利用网络学科资源导航及学科信息门户网站检索信息

互联网上虽提供了用于信息检索的工具——搜索引擎,但其面向的服务对象多为大众用户,而非专业的学术研究者。网络学科资源导航和学科信息门户是以学科为单元对互联网上的相关学术资源和专业网站进行搜集、组织和有序化整理,并对其进行简要的内容揭示,建立分类目录式资源组织体系、动态链接,发布于网上,为用户提供网络学科信息资源导引和检索线索的导航系统。它将某一学科的网络学术资源由分散变为集中,由无序变为有序,方便了用户检索本学科网络信息资源。其依据学科体系分类建立其专业化检索工具,包含了该学科最前沿的理论动态、论坛成果、会议综述、科研报告等,能及时动态地反映该学科领域最新的科研成果。

例如,CALIS 重点学科网络资源导航库项目,属于国家“211 工程”中国高等教育文献保障系统(CALIS)“十五”重点建设项目之一。其学科导航系统由CALIS 成员共同建设,已建成 200 余个学科的导航系统,其学科几乎覆盖了社会科学、自然科学的各个学科领域。又如北京师范大学历史学院的“历史学网络学术资源导航”系统分为历史学机构网站、博物馆、纪念馆、专业论坛、参考工具、报纸网站等栏目,提供相关网站链接。又如国家科学数字图书馆(CSDL)资助建设并投入使用的生命科学、资源环境科学、图书情报等近 10 个学科的信息门户。大学图书馆是网络学术信息资源研究的前沿,是十分可靠的参考信息发生地和集散地。国内外都有一些大学图书馆的资源导航做得非常出色,具有很高的参考价值。如北京大学图书馆的资源导航,就是国内做得很出色的一个网络学术信息资源的参考站点。对于专业人员来说,熟悉几所对口的专业大学图书馆的网页结构,了解其资源导航的位置和用法,一定会大有帮助。

(三) 访问专业学会、协会、研究中心网站

与国内外学术机构交流,充分了解其研究领域、科研项目及其相关成果,也是把握专业领域最新进展和发展趋势方面信息的重要途径。许多从事科学研究的学会、协会、学术组织和研究中心,都在互联网上建立了自己的网站,访问这些网站,可以得到大量的学科专业的信息资源线索。

四、网络信息检索工具

网络信息检索工具是互联网上提供信息服务的计算机系统,其检索对象是存

在于互联网信息空间中的各种类型的网络信息资源,利用人工或计算机软件来进行信息的搜集、记录、标引、整序,形成索引数据库,供用户检索、获取所需要的信息或指引用户找到相关信息资源。一般来说,网络信息检索工具都是用户界面友好、简单易用的,并且产品不断优化,技术支持有力,从而增强了用户信息检索服务能力。

互联网上信息检索工具主要有:网络资源指南、搜索引擎等。其内容在后文具体阐述。

第二节　搜索引擎基础知识

搜索引擎是指根据一定的策略、运用特定的计算机程序搜集互联网上的信息,在对信息进行组织和处理后,为用户提供检索服务的系统。它主要是用于检索网站、网址、文献信息等内容。随着网络技术的发展,各种搜索引擎层出不穷,目前流行的搜索引擎主要是帮助用户搜索表层信息,如 Google、百度、Yahoo 等。

一、搜索引擎的构成

搜索引擎由搜索器、索引器、检索器和用户接口四个部分组成。

(一) 搜索器

搜索器即通常所说的蜘蛛(Spider),也叫网页爬行器、爬行者(Webcrawler)、机器人(Robot)等,搜索器的功能是在互联网中发现和搜集信息。它通常是一段计算机程序,日夜不停地运行。它要尽可能多、尽可能快地搜集各种类型的新信息。同时因为互联网上的信息更新很快,所以还要定期更新已经搜集过的旧信息,避免死链接和无效链接。

(二) 索引器

索引器又称目录或数据库,索引器的功能是理解搜索器所搜索的信息,从中抽取出索引项,用于表示文档以及生成文档的索引表。

索引器的标引方法因不同的系统而异,但大多数均采取自动标引技术。有的建立的是对万维网(www)的网页内容进行全文索引,有的则从文章中按某些分类或特征对信息进行抽取。索引项分为客观索引项和内容索引项两种。客观索引项与文档的语意内容无关,如作者、URL、更新时间、编码、长度、链接流行度(Link Popularity)等;内容索引项是用来反映文档内容的,如关键词及其权重、短语、单字等。一般来说,标引的索引项越多,检索的全面性越高,而查准率就相对较低。

（三）检索器

检索器是根据用户的查询要求在索引库中快速匹配文档，对将要输出的结果进行排序，并实现某种用户相关性的反馈机制。

（四）用户接口

用户接口供用户输入查询，显示匹配结果。主要目的是方便用户使用搜索引擎，高效率、多方式地从搜索引擎中得到目标信息。

二、搜索引擎的工作原理

搜索引擎的"网络机器人"或"网络蜘蛛"是一段程序，它在 Web 空间中采集网页资料，为保证采集的资料最新，还会回访已抓取过的网页。搜索引擎还要有其他程序对抓取的网页进行分析，根据所采用的相关度算法建立网页索引，添加到索引数据库中。

用户平时使用的全文搜索引擎，实际上只是一个搜索引擎系统的检索界面，当输入关键词进行查询时，搜索引擎会从数据库中找到符合该关键词的所有相关网页的索引，并按一定的排序规则呈现给用户。

分类目录搜索引擎也同样分为收集信息、分析信息和查询信息三部分，只不过分类目录的收集信息、分析信息两部分主要依靠人工完成。用户不使用关键词也可进行查询，只要找到相关目录，就完全可以找到相关的网站。

用户使用搜索引擎进行检索时并不真正搜索互联网，它搜索的实际上是预先整理好的网页索引数据库。

搜索引擎的原理，可以看做三步：从互联网上抓取网页→建立索引数据库→在索引数据库中搜索信息。

互联网虽然只有一个，但各类搜索引擎的功能和偏好不同，所以抓取的网页各不相同，排序算法也各不相同。用户在使用搜索引擎的时候，往往不会只使用一种搜索引擎，因为它们能分别搜索到不同的内容。而互联网上有更大量的内容，是搜索引擎无法抓取并进行索引的，也是我们无法用搜索引擎搜索到的。

三、搜索引擎的种类

目前，主流的搜索引擎有如下几类。

（一）全文索引

根据搜索结果来源的不同，全文搜索引擎可分为两类，一类拥有自己的检索程序（Indexer），俗称"蜘蛛"（Spider）程序或"机器人"（Robot）程序，能自建网页数据库,搜索结果直接从自身的数据库中调用,上面提到的 Google 和百度就属于此类;另一类则是租用其他搜索引擎的数据库,并按自定的格式排列搜索结果,如 Lycos 搜索引擎。

（二）目录索引

目录索引虽然有搜索功能,但不能称为真正的搜索引擎,只是按目录分类的网站链接列表而已。用户完全可以按照分类目录找到所需要的信息,不需依靠关键词进行查询。目录索引中最具代表性的是 Yahoo、新浪分类目录搜索。

（三）元搜索引擎

元搜索引擎接受用户查询请求后,同时在多个搜索引擎上搜索,并将结果返回给用户。著名的元搜索引擎有 InfoSpace、Dogpile 等。中文元搜索引擎中具代表性的是搜星搜索引擎。在搜索结果排列方面,有的直接按来源排列搜索结果,如 Dogpile;有的则按自定的规则将结果重新排列组合,如 Vivisimo。

四、搜索引擎的功能

搜索引擎作为一种网络信息搜索工具,其开发的目的就是为了便于用户快速有效地找到所需的信息,通常由信息收集、数据库和信息检索三部分组成。这三部分相互作用共同完成搜索任务。按工作模式划分,可分为 www 机器人模式和人工模式,前者如 Altavista,后者如 Yahoo。在信息收集方面,www 机器人模式搜索引擎可建立整个互联网上所有网页的索引,但是它所提供的分类查询不如人工分类的准确,而人工分类的搜索引擎则能提供非常精细的分类查询,但是收集的信息量往往受到人力的限制。机器人搜索引擎实际上是一个专用的 www 服务器,一般由搜索软件、索引软件和查询软件组成。搜索软件用来在网上收集信息,目前大致有 Robot、Spider、Worm 等自动代理软件,定期或不定期地在网上爬行,通过访问网络中公开区域的每一个站点,对网络信息资源进行收集,然后利用索引软件对收集的信息进行自动标引,创建一个详尽的可供用户按关键词等进行查询的 Web 页面索引数据库,查询软件通过索引数据库为用户提供查询服务。通过上面的分析可以明白,搜索引擎主要有 3 个方面的功能:

(1) 信息采集功能。搜索引擎具有广泛收集互联网上的 Web 页面,构建一个信息空间的作用。

(2) 信息组织和标引功能。通过某种形式来组织、标引所收集的 Web 页面,力图抓住页面的内容。

(3) 信息检索功能。通过建立数据库,接受用户查询,利用信息检索算法,尽可能将最相关的页面返还给用户,达到有效检索的目的。

第三节 百度搜索引擎

一、百度简介

百度,全球最大的中文搜索引擎、最大的中文网站(见图 4-1),2000 年 1 月创立于北京中关村。

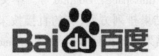

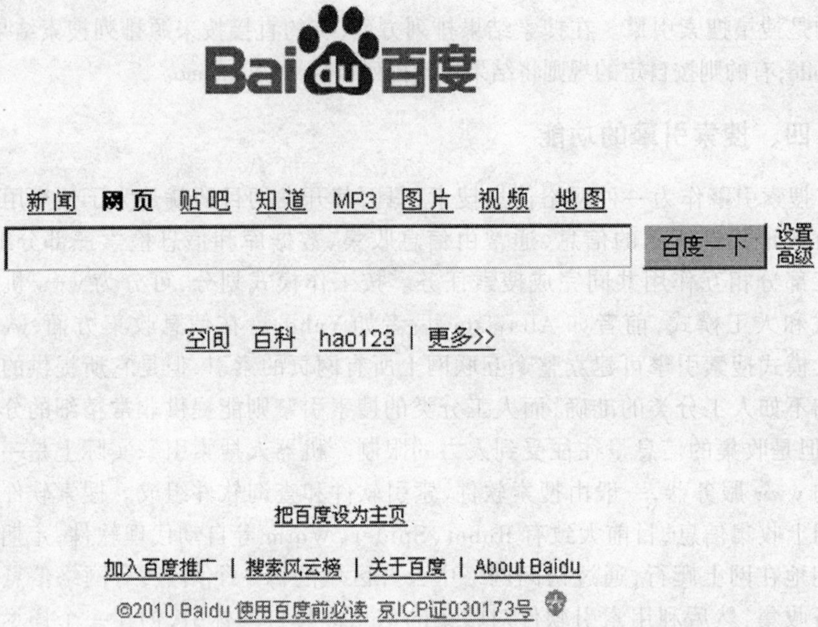
Baidu 百度
新闻 网页 贴吧 知道 MP3 图片 视频 地图
百度一下
设置
高级
空间 百科 hao123 | 更多>>
把百度设为主页
加入百度推广 | 搜索风云榜 | 关于百度 | About Baidu
©2010 Baidu 使用百度前必读 京ICP证030173号

图 4-1 百度

2000 年 1 月 1 日,公司创始人李彦宏从美国硅谷回国,创建了百度。公司从最初的不足 10 人,发展至今,员工人数超过 7 000 人,成为中国最受欢迎、影响力最大的中文网站。

从创立之初,百度便将“让人们最便捷地获取信息,找到所求”作为自己的使命。10 年来,公司秉承“以用户为导向”的理念,始终坚持如一地响应广大网民的需求,不断地为网民提供基于搜索引擎的各种产品,其中包括:以网络搜索为主的功能性搜索,以贴吧为主的社区搜索,针对各区域、行业所需的垂直搜索,Mp3 搜索,以及门户频道、IM(即时通信)等,全面覆盖了中文网络世界所有的搜索需求。根据第三方权威数据,百度在中国的搜索份额超过70%。

2008年1月23日,百度日本公司正式运营,国际化战略全面启动。

二、百度的产品群

目前百度提供了57种产品及服务,其中主要产品有:网页搜索、图片搜索、视频搜索、音乐搜索、贴吧、知道、大学搜索、老年搜索、少儿搜索、国学、图书搜索、博客搜索、政府网站搜索、教育网站搜索等。

三、百度搜索引擎的使用方法

(一)普通搜索

在百度主页的搜索框中输入需查询的关键词,单击"搜索"按钮,百度就会找到相关的网站和资料。输入多个词语搜索(不同字词之间用一个空格隔开),可以获得更精确的搜索结果(见图4-2)。

图4-2　百度关键词搜索

（二）高级搜索

在搜索框中除了根据提示输入相关关键词以外,还可以根据提示设置一些查询条件(见图4-3)。

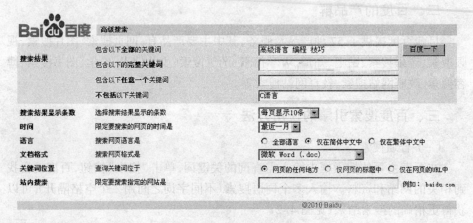

图4-3　百度高级搜索

（三）百度的高级搜索语法

1. 搜索范围限定在网页标题中——intitle

网页标题通常是对网页内容提纲挈领式的归纳,把查询内容范围限定在网页标题中,有时能获得良好的效果。使用方法是把查询内容中特别关键的部分用"intitle:"领起来。例如,找林青霞的写真,就可以这样查询:写真 intitle:林青霞。注意,"intitle:"和后面的关键词之间不能有空格。

2. 把搜索范围限定在特定站点中——site

有时候,如果知道某个站点中有自己需要的信息,就可以把搜索范围限定在这个站点中,提高查询效率。使用方法是在查询内容的后面加上"site:站点域名"。例如,天空网下载软件不错,就可以这样查询:msn site:skycn.com。注意,"site:"后面跟的是站点域名,不要带 http://;另外,"site:"和站点域名之间不留空格。

3. 把搜索范围限定在网页的 URL(链接)中——inurl

网页 URL 中的信息常常有很高的检索价值。如果对搜索结果的 URL 作某种限定,就可以获得良好的效果。实现方式是用"inurl:"后跟需要在 URL 中出现的关键词。例如,找关于 Photoshop 的使用技巧,可以这样查询:photoshop inurl:jiqiao。这个查询串中的"Photoshop"可以出现在网页的任何位置,而"jiqiao"则必须出现在网页 URL 中。

4. 精确匹配——双引号和书名号

如果输入的查询词很长，百度在经过分析后，给出的搜索结果中的查询词可能是拆分的。如果对这种情况不满意，可以尝试让百度不拆分查询词。给查询词加上双引号，就可以达到这种效果。

书名号是百度独有的一个特殊查询语法。在其他搜索引擎中书名号会被忽略，而在百度，中文书名号是可被查询的。加上书名号的查询词有两层特殊功能：一是书名号会出现在搜索结果中；二是被书名号括起来的内容不会被拆分。书名号在某些情况下特别有效，如查询名字很通俗和常用的那些电影或小说。例如，查电影"手机"，如果不加书名号，很多情况下出来的是通信工具——手机，而加上书名号后，《手机》结果就都是关于同名电影方面的了。

5. 要求查询结果中不含特定查询词

如果发现搜索结果中，有某一类网页是您不希望看见的，而且这些网页都包含特定的关键词，那么用"—"号语法就可以去除所有这些含有特定关键词的网页。例如，搜"神雕侠侣"，希望是关于武侠小说方面的内容，却发现很多关于电视剧方面的网页，那么输入下面的关键词进行检索"神雕侠侣 —电视剧"。注意，前一个关键词和"—"号之间必须有空格，否则"—"号会被当成连字符处理而失去减号的语法功能，"—"号和后一个关键词之前有无空格均可。

6. 专业文档搜索

很多有价值的资料在互联网上并非以普通的网页形式，而是以 Word、Excel、PowerPoint、PDF 文档、RTF 文档等格式存在。百度支持对 Office 文档（包括 Word、Excel、PowerPoint）、Adobe PDF 文档、RTF 文档进行全文搜索。要搜索这类文档很简单，在普通的查询词后面加一个"filetype："文档类型限定。"filetype："后可以跟以下文件格式：doc、xls、ppt、rtf、pdf、all。其中 all 表示搜索所有这些文件类型。例如查找张五常关于交易费用方面的经济学论文，输入"交易费用 张五常 filetype：doc"，单击结果标题直接下载该文档，也可以单击标题后的"HTML 版"快速查看该文档的网页格式内容。通过百度文档搜索界面 http://file.baidu.com，可以直接使用专业文档搜索功能。

四、百度搜索引擎的特色

（一）百度快照

如果无法打开某个搜索结果，或者打开速度特别慢，该怎么办？　"百度快照"能帮助解决这个问题。每个被收录的网页，在百度上都存有一个纯文本的备份，称为"百度快照"。百度速度较慢时，可以通过"快照"快速浏览页面内容。

（二）相关搜索

搜索结果不佳，有时候是因为选择的查询词不是很妥当，可以通过参考别人是怎么搜的,来获得一些启示发。

（三）拼音提示

如果只知道某个词的发音却不知道怎么写,或者嫌某个词拼写输入太麻烦,百度拼音提示能帮助解决问题。只要输入查询词的汉语拼音,百度就能把最符合要求的对应汉字提示出来。

（四）错别字提示

由于汉字输入法的局限,在搜索时经常会输入一些错别字,导致搜索结果不佳。百度会给出错别字纠正提示。错别字提示显示在搜索结果上方。

第四节　Google 搜索引擎

一、Google 简介

Google 是一家以提供搜索服务为重点的盈利公司。Google 在许多国际域中运营网站,而 www.google.com 的点击率是最高的(见图 4-4)。Google 以其搜索迅速、准确、容易使用等特点,被公认为"世界最佳搜索引擎"。Google 突破性的先进技术和一贯的创新理念,为公司实现"集世界之信息为世人所用"这一使命。

1996 年,Google 创始人拉里·佩奇和赛吉·布林在斯坦福大学的学生宿舍内共同开发了全新的在线搜索引擎,然后迅速传播给全球的信息搜索者。Google 目前

图 4-4　Google

被公认为全球规模最大的搜索引擎。

二、Google 的产品群

Google 的搜索服务产品主要包括：网页搜索、学术搜索、生活搜索、视频、地图、图片、音乐、资讯等搜索服务。

三、Google 搜索引擎的使用方法

（一）普通搜索

在 Google 上进行搜索非常方便，只需在搜索框中键入一个或多个搜索字词（最贴近用户信息需求的字词或词组），然后按下"Enter"键或点击"Google 搜索"按钮即可（见图 4-5）。

图 4-5　Google 普通搜索

然后，Google 就会生成结果页，即与搜索字词相关的网页列表。其中，相关性最高的网页显示在首位，稍低的放在第二位，以此类推。

点击 Google 搜索后，浏览器马上会把搜索结果页面显示给用户（见图 4-6）。

在使用英文关键词进行检索时，Google 是不区分大小写的。

（二）Google 的高级搜索

在 Google 的首页上单击"高级搜索"，即可进入到高级搜索的页面（见图 4-7）。在高级搜索中，用户可以通过文本框和下拉列表来确定查询要求。

Google 的高级搜索提供了大量选项，可以使搜索更加精确，并能获得更多贴近用户需求的结果。利用高级搜索，可以搜索符合以下要求的网页：

（1）包含键入的"所有"搜索字词的网页；

（2）包含键入的完整词组（即精确检索）的网页；

（3）至少包含所键入的其中一个关键字、词的网页；

（4）不包含所键入的任何字词的网页。

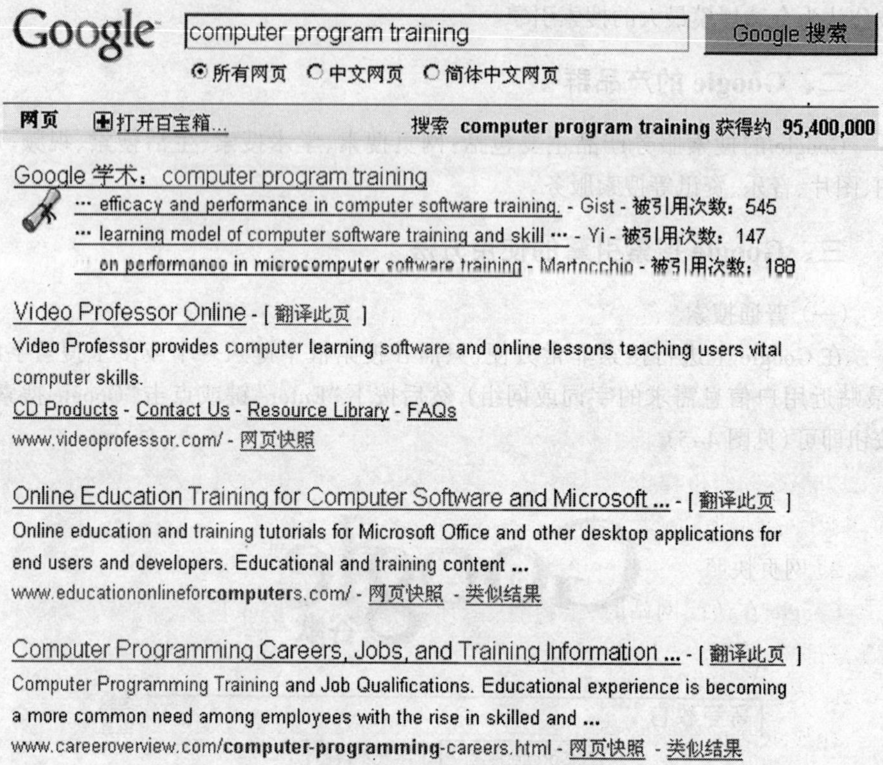

Google | computer program training | Google 搜索

◉ 所有网页　○ 中文网页　○ 简体中文网页

网页　⊞打开百宝箱...　　　　　　　搜索 **computer program training** 获得约 **95,400,000**

Google 学术：computer program training

··· efficacy and performance in computer software training. - Gist - 被引用次数：545

··· learning model of computer software training and skill ··· - Yi - 被引用次数：147

　on performance in microcomputer software training - Martocchio - 被引用次数：188

Video Professor Online - [翻译此页]

Video Professor provides computer learning software and online lessons teaching users vital computer skills.

CD Products - Contact Us - Resource Library - FAQs

www.videoprofessor.com/ - 网页快照

Online Education Training for Computer Software and Microsoft ... - [翻译此页]

Online education and training tutorials for Microsoft Office and other desktop applications for end users and developers. Educational and training content ...

www.educationonlineforcomputers.com/ - 网页快照 - 类似结果

Computer Programming Careers, Jobs, and Training Information ... - [翻译此页]

Computer Programming Training and Job Qualifications. Educational experience is becoming a more common need among employees with the rise in skilled and ...

www.careeroverview.com/computer-programming-careers.html - 网页快照 - 类似结果

图 4-6　Google 搜索结果页面

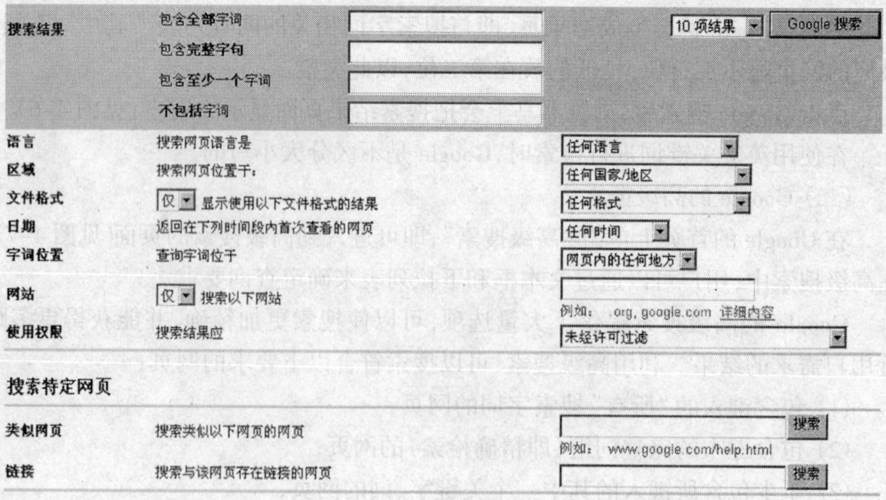

搜索结果	包含全部字词		10 项结果 ▾	Google 搜索
	包含完整字句			
	包含至少一个字词			
	不包括字词			
语言	搜索网页语言是		任何语言 ▾	
区域	搜索网页位置于		任何国家/地区 ▾	
文件格式	仅 ▾ 显示使用以下文件格式的结果		任何格式 ▾	
日期	返回在下列时间段内首次查看的网页		任何时间 ▾	
字词位置	查询字词位于		网页内的任何地方 ▾	
网站	仅 ▾ 搜索以下网站		例如： .org, google.com 详细内容	
使用权限	搜索结果应		未经许可过滤 ▾	

搜索特定网页

类似网页	搜索类似以下网页的网页		搜索
链接	搜索与该网页存在链接的网页	例如： www.google.com/help.html	搜索

图 4-7　Google 高级搜索

其他的高级设置包括:检索以特定语言编写的网页;检索以特定文件格式创建的文件;检索在特定时间段内更新过的网页,即将检索结果限定在某一时间范围之内;检索位于特定域名或网站内的信息等。

Google 的特殊功能如下。

1. 查找特定类型的文档

查找 Flash 文件,只需要搜索"关键词 filetype:swf"。

Google 已经可以支持 13 种非 HTML 文件的搜索。除了 PDF 文档,Google 现在还可以搜索 Microsoft Office(doc、ppt、xls、rtf)、PostScript(ps)和其他类型文档。新的文档类型只要与用户的搜索相关,就会自动显示在搜索结果中。

例如,如果只想查找 PDF 或 Flash 文件而不要一般网页,只需要搜索"关键词 filetype:pdf"或"关键词 filetype:swf"就可以了。

Google 同时也提供用户不同类型文件的 HTML 版,方便用户在没有安装相应应用程序的情况下阅读各种类型文件的内容。

2. 网页快照

Google 在访问网站时,会将看过的网页复制一份网页快照,以备在找不到原来的网页时使用。单击"网页快照"时,将看到 Google 将该网页编入索引时的页面。Google 依据这些快照来分析网页是否符合用户需求。

在显示网页快照时,其顶部有一个标题,用来提醒这不是实际的网页。符合搜索条件的词语在网页快照上突出显示,便于快速查找所需要的相关资料。

尚未编入索引的网站没有"网页快照"。另外,如果网站的所有者要求 Google 删除其快照,这些网站也没有"网页快照"。

3. 相关搜索

Google 能够提供与原搜索相关的搜索词。这些相关的搜索词是根据过去 Google 所有用户的搜索习惯和 Google 提供的计算两个搜索词之间相关度的独家技术而产生出来的。这些相关的搜索词一般比原搜索词更常用,并且更可能产生相关的结果。只需单击提供的相关搜索词,用户就会自动被带到这个词的结果页。Google 相关搜索将帮助用户更快地找到更有价值的结果。

4. 类似网页

单击"类似结果"时,Google 侦察兵便开始寻找与这一网页相关的网页。Google 侦察兵可以"一兵多用"。如果用户对某一网站的内容很感兴趣,但又嫌资料不够,Google 侦察兵会帮其找到其他有类似资料的网站;如果用户在寻找产品信息,Google 侦察兵会为其提供相关信息,供其比较,使其尽可能货比三家;如果用户在某一领域做学问,Google 侦察兵会成为其助手,帮其快速找到大量资料。

Google 侦察兵已为成千上万的网页找到类似的网页,但网页越有个性,能找到的类似网页就越少。例如,独树一帜的个人主页就很难有类似的网页。此外,如果公司有多个网址,如 google.com、www.google.com,Google 侦察兵为各个网址找到类似的网页可能会有所不同,但这种情况实属罕见,Google 侦察兵是出色的助手。

5. 按链接搜索

有一些词后面加上冒号对 Google 具有特殊的含义。其中的一个词是"link:"。查询"link:",显示所有指向该网上的网页。例如 link:www.google.com将找出所有指向 Google 主页的网页。不能将"link:"搜索与普通关键词搜索结合使用。

6. 指定网域

指定网域是指将检索结果限定在某一站点或某一域名当中。如检索式:"胡锦涛 insite:sina.com",其意义就是在新浪网检索有关"胡锦涛"的信息。

四、使用 Google 搜索引擎需要注意的问题

(一)选择正确的搜索字词

选择正确的搜索字词是找到所需信息的关键。

先从明显的字词开始,例如,如果您查找有关夏威夷的一般信息,不妨试试"夏威夷"。

通常应该使用多个搜索字词。如果打算安排一次夏威夷度假,则搜索"度假 夏威夷"比单独搜索"度假"或"夏威夷"效果会更好。而"度假 夏威夷 高尔夫"甚至可能会生成更好的结果(当然也可能是更糟的结果,这要看用户需求到底是什么了)。

要想获取更准确的信息还需要看一下自己的搜索字词是否足够具体。搜索"豪华 旅馆 毛伊岛"比搜索"热带 岛屿 旅馆"效果要好。但是,要仔细选择搜索字词。Google 会查找用户选择的搜索字词,因此,与"毛伊岛绝好的过夜处所"相比,"豪华 旅馆 毛伊岛"可能会带来更好的结果。

(二)不区分大小写

当键入的检索词为英文字符串时,所有字母都会视为是小写的。

(三)自动"AND"查询

这是指自动进行词与词之间逻辑"与"的运算。查询时不需要使用 AND,只需在两个关键词之间用空格隔开,Google 会在关键词之间自动添加 AND。如要安排去夏威夷度假,只需要键入"度假 夏威夷"即可。

(四)自动排除常用字词

Google 会忽略常用字词和字符,如 where、how 以及其他会降低搜索速度却不能改善检索结果的单个数字和单个字母。如果必须使用某一常见字词才能获得需要的结果,可以在该字词前面放一个"+"号(请确保在"+"号前留一个空格),从而将其包含在查询字词中。另一个方法是执行词组搜索,就是说用引号将两个或更多字词括住。词组搜索中的常用字词(例如,"where are you")会包含在搜索中。

例如,要搜索"星球大战前传 1",请使用以下方法:

星球大战前传 +1

星球大战前传 1

（五）词组搜索

有时,仅需要包含某个完整词组的结果。在这种情况下,只需用引号将搜索字词括住即可。如果搜索专有名词如(姚明)、歌词(长路漫漫)或其他名言、诗句(野渡无人舟自横),词组搜索非常有效。

（六）否定字词

如果搜索的字词具有多种含义(如 bass 可能指一种鱼或一种乐器),可以进行集中搜索。方法是在与希望排除的含义相关字词前添加一个"-"号。

例如,如果要查找有大量鲈鱼的湖泊而不是偏重低音的音乐,可以输入:bass—music

> 注意:在搜索中包含否定字词时,请务必在"—"号前添加一个空格。

（七）手气不错

在输入搜索字词后,可以尝试使用"手气不错"按钮,它可以将用户直接带到 Google 针对用户的查询所找到的相关性最高的网站。用户完全看不到搜索结果页,不过如果看到了,"手气不错"网站会列在最顶端。

例如,如果查找斯坦福大学(Stanford University)主页,只需要输入"Stanford"并单击"手气不错",而不必单击"Google 搜索"按钮,Google 会将用户直接带到www.stanford.edu。

第五节　P2P 资源搜索及下载工具

在信息产业领域,P2P 的含义是 Peer-to-Peer(点对点),意为对等网络。现在 P2P 已经被更广泛地理解为 Pointer-to-Pointer,PC-to-PC 等。简单地说,

P2P 就是指数据的传输不再仅仅通过服务器,更多的是网络用户之间直接传递数据。

举一个简单的例子,在 QQ 出现之前,人们上网聊天大多通过聊天室,信息的传递方式是:用户 A—聊天室服务器—用户 B。这些不属于 P2P 的方式被称为 C/S 模式。在 QQ 时代,用户与服务器的交互仅用来完成登录、维持在线状态等,用户之间的信息传递不需要服务器参与,信息传递方式为:用户 A—用户 B。这就是典型的 P2P 应用。而当信息的接收方不在线时,信息会通过服务器中转,这就又变成了用户 A—服务器—用户 B 的 C/S 模式。

一、P2P 资源搜索工具

从 P2P 的工作方式可以看出,它不是传统意义上的 www 网站,而是直接在两台计算机之间进行的远程通信和文件传输。所以像百度和 Google 这类搜索引擎对这种具有特定性的信息资源的搜索往往不能奏效。这就需要用新的搜索方法和技巧来搜寻所需要的特定资源。其中有代表性的是迅雷、emule 以及天网搜索。

二、主要 P2P 资源搜索工具的使用方法

(一) 迅雷狗狗搜索引擎

迅雷是一款新型的基于网格技术的下载软件,它不但支持 P2P 技术,同时还通过多媒体检索数据库这个桥梁把原本孤立的服务器资源和 P2P 资源整合到了一起,这样下载速度更快,同时下载资源更丰富,下载稳定性更强。

通过比较发现,BT 下载虽然能够实现高速度下载,但当人数减少时,其速度也并不理想,其稳定性受到限制,同时其可控性也没有采用服务器方式更安全;而 Web 方式下载在人数多时,其速度也会变得非常慢,甚至出现连接不上的问题,其效果也不是很理想。迅雷实现多服务器多线程快速下载,比一般下载软件要快 5~7 倍,从而满足用户的需要。

利用迅雷下载,一般通过迅雷提供的“狗狗搜索”来获取所需的资源链接(见图 4-8)。

在搜索时,只要在“狗狗搜索”中填入关键词,点击“狗狗搜索”按钮即可。如要查找电影《建国大业》的下载链接,就可以点选“影视”标签,然后在文本框内输入“建国大业”(见图 4-9),点击“狗狗搜索”按钮,就可以找到有关电影《建国大业》的资源列表(见图 4-10);点击任何一个标题,可以进入下载链接页面;然后点击下载链接,就可以激活已安装在个人计算机上的迅雷下载软件,这样就开始下载所需资源了。

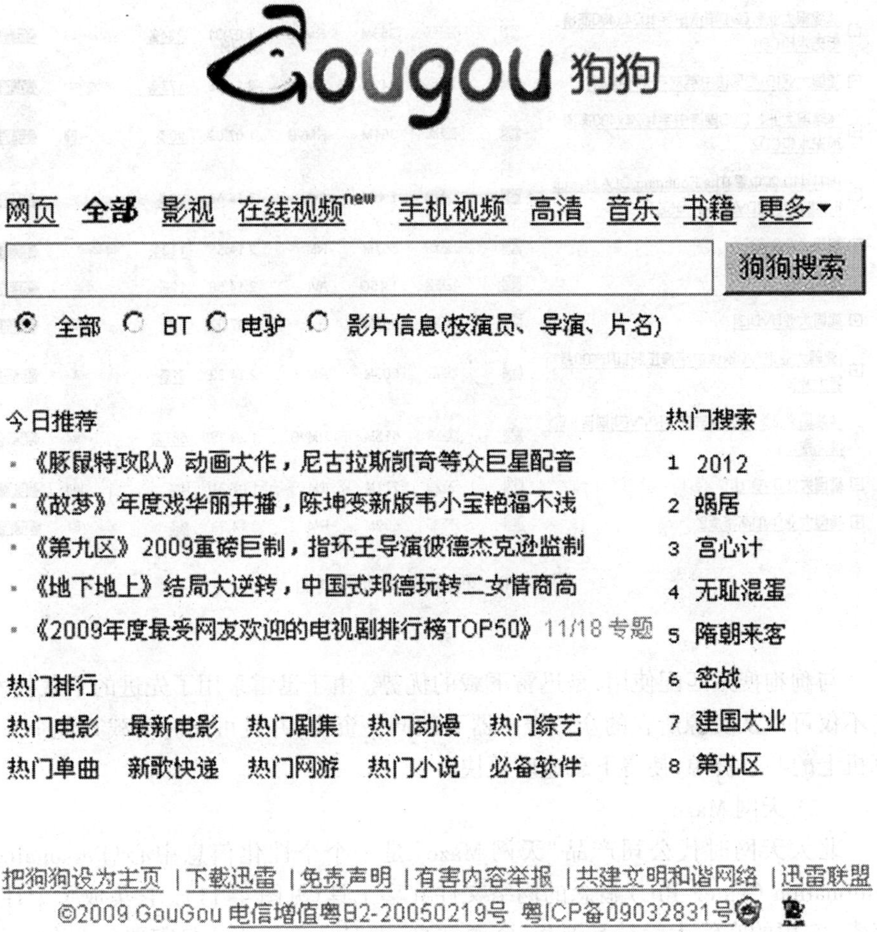

Gougou 狗狗

网页 **全部** 影视 在线视频^{new} 手机视频 高清 音乐 书籍 更多▼

|　　　　　　　　　　　　　　　| 狗狗搜索 |

⦿ 全部 ○ BT ○ 电驴 ○ 影片信息(按演员、导演、片名)

今日推荐
- 《豚鼠特攻队》动画大作，尼古拉斯凯奇等众巨星配音
- 《故梦》年度戏华丽开播，陈坤变新版韦小宝艳福不浅
- 《第九区》2009重磅巨制，指环王导演彼德杰克逊监制
- 《地下地上》结局大逆转，中国式邦德玩转二女情商高
- 《2009年度最受网友欢迎的电视剧排行榜TOP50》11/18 专题

热门排行

热门电影　最新电影　热门剧集　热门动漫　热门综艺

热门单曲　新歌快递　热门网游　热门小说　必备软件

热门搜索

1　2012
2　蜗居
3　宫心计
4　无耻混蛋
5　隋朝来客
6　密战
7　建国大业
8　第九区

把狗狗设为主页 | 下载迅雷 | 免责声明 | 有害内容举报 | 共建文明和谐网络 | 迅雷联盟

©2009 GouGou 电信增值粤B2-20050219号　粤ICP备09032831号

图 4-8　狗狗搜索

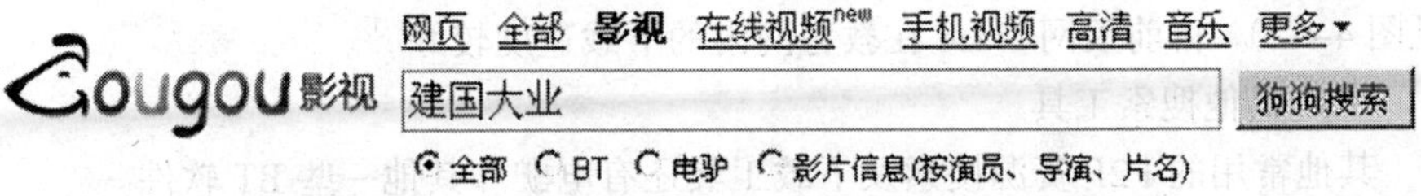

网页 全部 **影视** 在线视频^{new} 手机视频 高清 音乐 更多▼

Gougou 影视

| 建国大业 | 狗狗搜索 |

⦿ 全部 ○ BT ○ 电驴 ○ 影片信息(按演员、导演、片名)

图 4-9　狗狗搜索应用示例

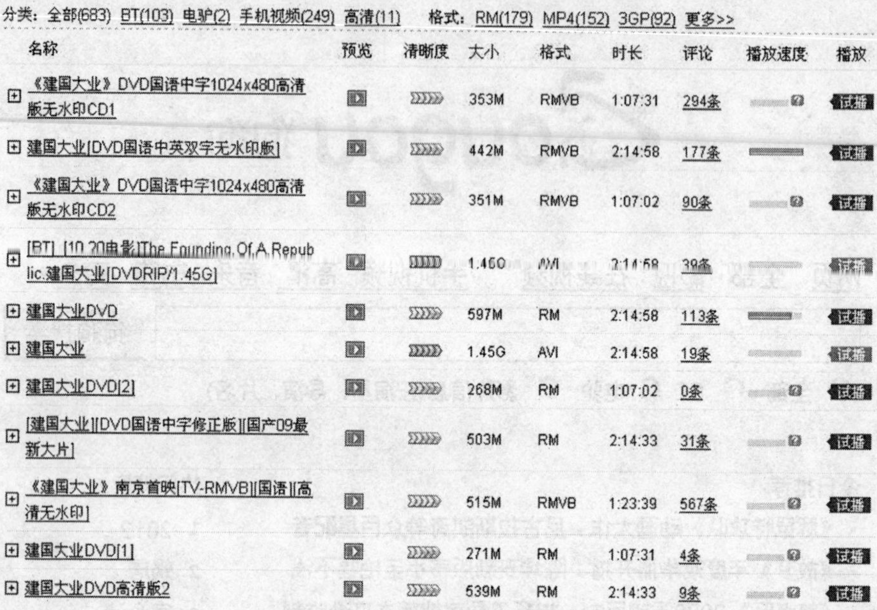

分类：全部(683)　BT(103)　电驴(2)　手机视频(249)　高清(11)　格式：RM(179)　MP4(152)　3GP(92)　更多>>

名称	预览	清晰度	大小	格式	时长	评论	播放速度	播放
《建国大业》DVD国语中字1024x480高清版无水印CD1	▶	》》》》	353M	RMVB	1:07:31	294条		试播
建国大业[DVD国语中英双字无水印版]	▶	》》》》	442M	RMVB	2:14:58	177条		试播
《建国大业》DVD国语中字1024x480高清版无水印CD2	▶	》》》》	351M	RMVB	1:07:02	90条		试播
[BT]_[10_20电影]The Founding Of A Republic.建国大业[DVDRIP/1.45G]	▶	》》》》	1.46G	AVI	2:14:58	39条		试播
建国大业DVD	▶	》》》》	597M	RM	2:14:58	113条		试播
建国大业	▶	》》》》	1.45G	AVI	2:14:58	19条		试播
建国大业DVD[2]	▶	》》》》	268M	RM	1:07:02	0条		试播
[建国大业][DVD国语中字修正版][国产09最新大片]	▶	》》》》	503M	RM	2:14:33	31条		试播
《建国大业》南京首映[TV-RMVB][国语][高清无水印]	▶	》》》》	515M	RMVB	1:23:39	567条		试播
建国大业DVD[1]	▶	》》》》	271M	RM	1:07:31	4条		试播
建国大业DVD高清版2	▶	》》》》	539M	RM	2:14:33	9条		试播

图 4-10　狗狗搜索结果页面

与狗狗搜索匹配使用，是迅雷下载的优势。由于迅雷采用了先进的下载技术，它不仅可以从资源所在的众多服务器下载同一资源，并且可同时下载其他个人计算机上的共享资源，使得下载速度更快。

（二）天网 Maze

北大天网时代公司产品"天网 Maze"是一个个性化信息中心（Personalized Information Center，PIC）概念的网络文件共享工具（见图 4-11）。它集成了个性化搜索、实用的在线大学精品课程、资源共享、即时通信等用户最需要的服务。"服务校园，服务教育"是天网 Maze 的核心理念。

如果要使用天网 Maze，要先下载 Maze 客户端，并安装到个人计算机上。运行 Maze 后，首先要注册一个账号，登录之后，方可使用天网 Maze 查找和下载资源（见图 4-12）。目前天网 Maze 在教育网内的下载速度较好 ①。

（三）其他搜索工具

其他常用的 P2P 资源搜索及下载工具还有电驴和其他一些 BT 软件。

---

① 详细的使用指南请参见：http://maze.tianwang.com/maze_guide_6.htm。

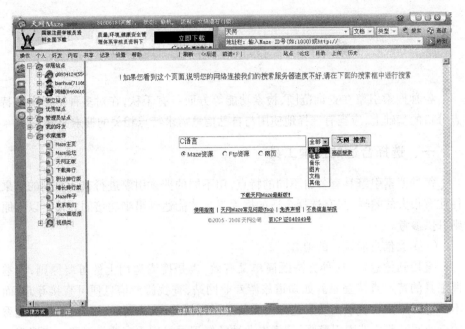

图 4-11　天网 Maze

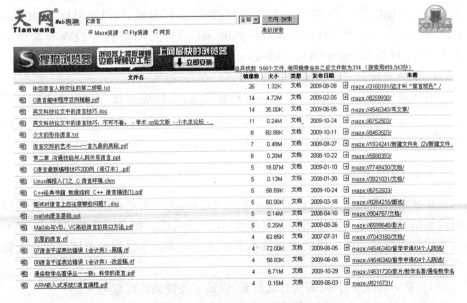

图 4-12　天网 Maze 下载示例

第六节　搜索引擎使用技巧

各种搜索引擎在查询范围、检索功能等方面各有千秋,在对多种搜索引擎特点分析的基础上,应当有选择地使用与自己信息需求特点相关的搜索引擎。

一、选择合适的搜索工具

每种搜索引擎具有各自不同的特点,用不同的搜索引擎进行查询得到的结果往往有很大的差异,只有选择合适的搜索工具才能达到事半功倍的效果。以下原则可供参考。

（一）去信息应该在的地方

直接到信息源,这种方法既简单又有效,也是搜索运用上的首要原则,即掌握工具的特点直接登录。如知道旅游专业网站,查找旅游信息便可直接登录,而不一定要用搜索引擎去搜索这方面的信息。也就是说,查行业性强的信息去优秀的行业网站要比搜索引擎强,搜索专业性的知识尽量用垂直搜索引擎。如搜索科学类信息,除利用各种数据库外,用 Sircus 搜索引擎也非常恰当有效;对于某些确定的信息,选择专用搜索,如利用 Google、Usenet、Liszt（http://www.liszt.com）搜索邮递列表、IRC 信息等;如果要查找某指定公司的 Web 页,可以使用 Open Market Commercial Sites 索引（http://www.directory.net）;同样,如果想查找政府集中的Web 地址,可在 Infomine（http://lib-www.ucr.edu/main.html）上进行。

（二）优先选择目录式搜索引擎

对于搜索信息的主题和学科属性比较明显的,优先选择分类目录式搜索引擎。同时目录索引工具在提供的某种产品或服务上也略占优势,因而搜索中文此类信息时,经常还用到搜狐、新浪或网易的目录搜索。

二、确定关键词

在搜索引擎利用上,搜索信息多输入关键词,关键词选择的准确与否直接影响检索结果。如果关键词选择非常准确,往往就可迅速找出所要找的信息,而不需要用其他更复杂或高级的搜索技术来构造表达式。选择搜索关键词的原则有以下几点。

（1）要明确检索目标,即为什么检索,以确定关键词的范围是大是小。

（2）多利用反映具有个性和特性特征的概念作为关键词,使用更特定的词汇。如在图书网输入"图书"查找图书不能有区别,而输入"对外贸易"对图书查询则更能达到目的。又如,不用"服装"而用"牛仔裤",用"rose"(玫瑰花)而不用"flower"(花),并尽可能删去一些同义词或近义词。

(3) 要注意搜索引擎对关键词识别上的特殊规定。例如:是否区分大小写,如果搜索人名或地名等关键词,应该正确使用他们的大小写字母形式;是否有不支持的停用词(stop word)或过滤词(filter words),因为这类词不能用作关键词,如常用的名词,英文中的 and、how、what、web 和中文中的"的、地、和"等。

(4) 根据需要适当增加关键词数量以进行精确检索。如果在给出一个单词进行搜索后,发现获得的数以千计甚至百万计的匹配网页不相关时,就需要再加上一个或更多关键词,则搜索结果会更加准确。如查找"苹果计算机"的资料时,若只输入 apple(苹果),则结果的多和杂会令人无法查询,而若加上 computer(计算机)一词,则检索结果的范围相对会缩小,也更准确。

三、选用高级搜索

"您得到什么答案,取决于您怎么提问。"提问表达式的构造质量将直接影响检索质量,而检索工具是通过利用其高级检索功能来实现对提问表达式的精确与深度构造的,所以从某种程度上讲,高级搜索功能是反映其总体搜索水平高低的重要指标。对用户来讲,能灵活选用高级搜索功能有助于控制检索结果的质量。一般情况下,搜索引擎多从检索技术应用、检索条件限定和检索结果处理三方面来体现其高级检索的特点。

检索技术的应用包括常用的布尔逻辑运算技术、截词技术、位置算符运用、字段检索、限制检索等。其中以布尔逻辑运算技术应用最为广泛。因此,在了解使用布尔逻辑检索之前,也要了解其在不同搜索引擎中的使用方法,在此基础上,再利用布尔逻辑技术进行复合表达式的构造。

搜索条件的限定包括对检索结果的时间、数量、排列顺序、域名、文件类型、显示程度等信息的设置,给出的搜索条件越具体,搜索引擎返回的结果也会越精确。对结果限制条件的选择配合检索技术的应用可大大提高查准率与查全率。

在对搜索结果处理上,每种工具都各有特色。有的提供进阶检索功能,有的提供相关主题提示与链接检索,在获得一次检索结果的基础上再细化查询,利用好这部分功能可以扩大检索结果或精确检索结果。

四、特殊搜索命令

搜索引擎还支持一些特殊的搜索命令,方便用户快速定位检索。如利用双引号进行精确查找;利用"title:"或"t:"表示标题搜索;用"url:"表示利用某个特定的 URL 搜索;通过"link:"命令链接其后的网址;用"filetype:"表示限制搜索的文档类型;用"daterange:"表示限定搜索的时间范围;用"phonebook:"表示查询电话等。对于上述各种特殊搜索命令,不同的搜索引擎支持的程度各不相同。对于用户而言,要先学习再使用,并且这种搜索命令不能为深入检索所用,但若能将特殊命令熟练掌握,再配合其他搜索技巧一起使用,将会非常有效。

本 章 小 结

在信息化社会中,人们通过网络存储、传递和获取信息,信息的处理技术影响了社会生活的各个方面,但信息在网络上的分布方式及特点,导致了人们获取所需信息并非易事。为了帮助人们利用网络信息,许多 IT 企业将搜索引擎技术引入网络应用之中,对网络信息进行收集整理,并提供用户查询使用。

本章在阐述了网络信息的特点及搜索引擎的工作机制、种类和功能之后,重点介绍了搜索引擎的使用方法。百度和 Google 作为极具代表性的搜索引擎被加以重点介绍。主要详述了它们的产品种类、使用方法,包括搜索引擎的一般使用方法,高级搜索、二次检索等内容,另外还利用实例图解了搜索引擎的具体使用方法,力求让读者了解如何针对自己的信息需求选择正确的挖掘网络信息的方式。只有明确的信息需求,使用正确的检索方法,才会有高效的检索结果。

在网络信息的利用上,除了直接链入到信息所在网站和利用搜索引擎搜索之外,还有许多挖掘网络信息的方法,如利用站内搜索、利用与下载软件相配合的搜索工具,如下载软件迅雷和狗狗搜索、电驴及其搜索工具、天网 Maze 和天网搜索等。

本章最后介绍了搜索引擎的使用技巧。要想利用好网络信息,只掌握搜索引擎的使用技巧是不够的,还要深入到相关网站去了解目标信息,并在网络利用中多与搜索专家进行交流学习以掌握更全面的信息检索方法。

复习思考题

1. 网络信息资源有什么特点?
2. 搜索引擎是怎样产生的? 有哪些种类?
3. 搜索引擎如何收集、加工、整理和提供信息检索?
4. 利用 Google 的高级搜索时,可以从哪些方面控制搜索结果输出范围?
5. 搜索引擎的使用技巧有哪些?

第五章　经济信息检索

在市场经济竞争日益激烈的时代,捕捉商机获取信息并使之转化为经济优势,是国家、组织和个人存在和发展的根本之道,由此经济信息的重要性也逐渐被人们所认识。当前网络经济信息资源急剧膨胀,信息数量巨大,载体形式繁杂,传播途径多样化,给人们查找、选择、利用所需信息带来了困难。因此要迅速、准确、及时、完整地获取各类经济信息,必须了解相应经济信息资源的分布并掌握各种检索途径和方法。本章主要讲解有关经济信息检索的基本知识。

第一节　经济文献、经济情报、经济信息

一、经济文献

它是记录和反映各种经济理论、经济学说、经济技术、经济现象、经济知识以及经济生活的文献。它的主要内容包括研究物质资料的生产、流通、分配和消费等经济关系和经济活动规律的理论知识,用于指导经济理论研究和各项经济活动的有关信息。

二、经济情报

经济情报是经济领域内产生并经过加工的反映各种经济变化和发展特征的信息。它可能来源于经济文献,也可能来源于社会调查、市场调查,甚至各种其他手段(如间谍),它是对经济运动及其属性的反映和描述。

三、经济信息

经济信息是人类经济生活中各种发展变化及其特征的真实反映。广义的经济信息是指那些与人类整个经济活动有关的信息,它们从不同的角度、不同的侧面来反映经济运动的变化及其特征(如政治、军事、体育、外交等);狭义的经济信息是指与经济活动有关的事物在动态过程中直接反映出来的信息。

四、经济文献、经济情报、经济信息的关系

如图5-1所示,经济信息包括经济文献和经济情报,后两者具有部分相交关系。

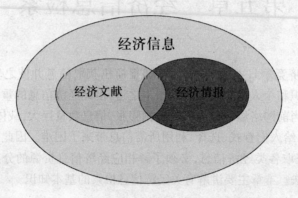

图5-1　经济文献、经济情报、经济信息的关系

第二节　经济信息资源开发

计算机技术、远程通信技术和信息处理技术的飞速发展,使经济信息资源的存储、检索、传递和利用发生了革命性的变化。信息资源存储与处理的自动化和网络化,大大提高了经济信息的利用率。目前,世界上建设了许多大型的国际联机信息检索系统,其中有许多经济信息数据库为用户提供服务,这为实现经济信息资源的共享提供了有力的保障。

一、经济信息是发展经济的重要支柱

传统的生产力结构由劳动者、劳动对象、劳动工具构成,而新型生产力理论则引入了信息、知识、技术作为生产要素。首先经济信息缩短劳动者对客体的认识及熟练过程,其次可增强生产的有序性与安全系数及其带来的机会收益,再次信息要素的投入还有助于引发对生产过程、生产工具、操作方法和工艺技术等的技术革新与发明创造。

二、经济信息开发有利于提高经济系统的决策水平

一个经济系统生命活力的关键在于其决策水平,决策水平高,则通盘皆活,决策水平低,则满盘皆输。现代管理思想认为,决策的来源在预测,预测的依据在信息,信息的价值在判断,这说明信息是产生决策的先导和客观依据。科学决策的

过程本质上说就是一个信息处理的过程：首先要调查接收内外界相关信息；然后综合分析比较这些信息；最后制定适当的决策。决策制定和执行以后，还需要根据外界的反馈信息进行调整修改。

三、经济信息是经济科学研究的基础

确定经济科研项目立项的可行性，一般要搜集和掌握国内外有关的经济信息、了解课题的历史、现状及发展趋势；前人研究的经验或失败的教训；目前该课题的国内外发展水平等，并将其作为开题论证的重要依据，这样才能使课题具有生命力、创造性和竞争性。

四、经济信息资源的开发是促进经济效益增长的主要途径

经济信息就是资源，就是竞争力，就是财富。对于经济信息的争夺和获取，甚至比开辟新的原材料基地和市场更为重要，因为占有经济信息才是财富的源泉和效益的保障。

第三节 常用经济信息的类型

根据经济信息资源的特点，按照不同的分类标准经济信息可以划分为许多不同的类型。

一、按照经济信息资源的学科属性划分

《中国图书馆分类法》第五版按照学科属性将经济信息资源分为九大类，并配置了分类号。即 F0 经济学；F1 世界各国经济概况、经济史、经济地理；F2 经济；F3 农业经济；F4 工业经济；F5 交通运输经济；F6 邮电通信经济；F7 贸易经济；F8 财政、金融。

二、按经济学研究对象的划分

经济信息资源可分为经济学理论、经济史、部门经济学、技术经济学、经济法规和经济政策、经济统计资料、经济组织机构和人物资料、经济信息文献。

（1）经济学理论是研究社会经济活动和经济发展规律的一门科学，是研究其他各门经济学科共同的理论基础。它包括马克思主义政治经济学和西方经济学派的经济理论和经济学说。

（2）经济史是研究以往经济问题的一门学科。它包括经济发展史、经济思想史、经济技术史和各种经济学说史等。

（3）部门经济学是研究某一具体经济领域内经济发展规律的科学,如工业经济、农业经济、劳动经济、交通运输经济、贸易经济等。

（4）技术经济学是研究和记录各个部门所使用的先进技术手段和先进管理方法及其经济效益和社会效益的科学。研究技术经济学可以为制定技术措施、技术决策、管理决策提供依据。

（5）经济法规是一切有关经济的法律、法令、条例、规则和章程的总称。它对经济建设和经济工作具有很强的约束力,是一切经济工作者在经济工作中必须遵守的行为规则。

（6）经济政策是国家政权机关或政党为实现经济上的目的,根据历史条件和具体情况制定的纲领性措施和方法,它对经济建设和发展具有指导意义。

（7）经济统计资料是以客观或直观的数据图表等形式反映某一地区或某一国家在某一时期内经济发展的变化、动态和趋势,为制定经济政策和经济发展的战略方针提供依据。

（8）经济组织机构和人物资料,主要是指经济组织机构名录、人名录和人物传记等类文献。在经济生活中,人们需要相互建立联系,互通信息。因此,要求了解各经济组织机构的基本情况。反映这种需求的机构名录、人名录等,在经济活动中发挥着重要的作用。

三、按照经济活动的需要划分

（一）国际经济贸易现状与发展趋势信息

国际经济贸易现状与发展趋势信息包括国际贸易总体发展现状与规模;未来发展趋势;贸易方式的演变与发展,如商业方式、互惠方式、加工贸易方式、合作方式等;国际贸易的发展趋势,如中国与越南、俄罗斯、蒙古等国的边境贸易,与欧盟、美国、日本等国的双边贸易及趋势等。掌握这类信息,对开拓国际市场具有直接的贸易导向作用。另外,还必须重视国际经济贸易动态和热点信息,及时掌握国际市场竞争发展大趋势。

（二）全球经济贸易政策动态信息

国家或地区的经济贸易政策、关税和保险等动态信息是经济信息的重要组成部分,与国家对外政治、经济、文化政策有着极为密切的关系。2009年年初我国许多资源开发企业纷纷走出国门,参与世界经济资源开发和公司并购并取得成功,一个重要因素就是充分了解了当地经济政策信息。例如,我国中金岭南有色金属公司在充分调研澳大利亚经济政策信息的基础上,成功并购澳大利亚 Perilya 公司,获得大量海外有色金属资源的经营权,这是一个应用当地经济政策的典型成功案例。

(三) 技术信息

技术信息包括科技情报、专利、新技术、新产品、新材料等成果信息,如果能及时掌握国际竞争对手、国际研究机构、大学所进行的最新研究动态,从中收集分析当前国际市场产品开发状况和未来趋势,在技术引进、合作生产、产品营销、产品研制等领域就能顺应国际市场潮流,形成拳头产品,在国际市场上占有一席之地。日本三菱商社在世界各地的经济信息收集人员超过 3 000 人。在技术引进经济贸易中,必须进行项目可行性分析、项目水平调研和专项市场调查。高新技术企业的产品设计要严格遵守国际标准,确保产品质量符合国际市场的要求。信息工作者要加强对ISO、IEC 等国际标准信息的搜集,掌握国际标准的检索方法。还必须通过对有关技术领域里拥有的专利进行检索,判断各公司的技术实力及其工业产权归属情况。在技术出口贸易中,需要保护自己技术成果的合法权益,防止被不法企业假冒模仿,要利用国际联机检索等现代化信息手段,对新技术成果查新,并在相应国家进行专利申报,确立技术成果的所有权。例如,中国科学院物理研究所拥有技术先进价格便宜的计算机用光盘技术,而深圳一家公司却花费 2 200 万美元从荷兰引进同一技术。再如中国科学院研究开发的非晶硅太阳能电池,转换率 14% 以上,而哈尔滨一家工厂却从日本引进转换率只有 7% 的技术,这是信息搜集不全面的深刻教训。

(四) 跨国公司动态信息

跨国公司的投资、经营与市场营销信息,是经济信息的重要组成部分。微软公司、美国电话电报公司、国际商用机器公司、可口可乐公司、壳牌石油公司、飞利浦公司、莫里斯烟草公司,以及丰田公司等都是世界上一流的跨国公司。它们的产品研制与开发、生产经营、市场营销等都是从全球角度来考虑,因此掌握跨国公司的经贸信息是十分重要的。

(五) 关联客户信息

在经济活动中的关联客户信息主要指一些经济组织与公司概况。包括成立时间、业务范围、发展规模等公司即时状况,如资产负债情况、经营业绩、财务情况、信贷活动、上市股票市场表现等;生产销售经营历史与现时状况,如公司生产能力、设备、技术、科研投入等;公司信誉与信用概况,如公司所依赖的主要金融机构,以及这些机构对公司经营作风、偿还能力、财务状况及信誉等级的评价。

经济组织与公司信息是在经济活动中维护自身利益的有效武器。据统计,与我国经济贸易活动的国际关联客户超过 10 万家。特别重要的是,这些客户的流动性极高,流动率每年都在 60%~80% 上下波动。

(六) 金融证券期货信息

金融证券期货是经济发展的杠杆。金融证券期货信息是经济运行的晴雨表。

金融证券市场的变化情况,货币证券期货价格的升降起落,直接影响经济的发展和平稳运行。而金融证券期货信息就是反映这方面情况的信息载体。从事经贸的工作者,必须特别注重金融证券期货信息的搜集。

1. 金融证券期货信息的类型

金融证券期货信息包括两种类型。

(1) 动态信息。它以报道各国金融证券期货动态和市场发展变化情况为主要内容,如《德国加息与否影响美元走向》、《大宗商品价格变动对有色金属类股票行情的影响》,就属于动态信息。

(2) 即时行情信息,包括外汇兑换率信息、美元与主要货币兑换率、人民币外汇牌价,贵金属价格,债券、股票、期货、权证和大宗商品行情等。这些信息可以反映一个国家经济形势的变化情况,也可以窥视世界经济发展的新动向。

2. 金融证券期货信息的特点

金融证券期货信息的主要特点表现在:

(1) 很强的时间性。金融市场的变化,就像夏季天气一样晴阴无常,有时一天之内就有诸多变化,许多行情信息常常以秒计算。因此,搜集金融信息时,必须以最快的速度行文,传递金融信息时,也必须用最现代化的手段进行。否则,时过境迁,就不成其为信息了。

(2) 突出的可比性。即在金融信息的处理中,往往采用横向或纵向比较的方法,用以说明某种金融产品价格趋于攀升或者下跌。横向比较是指将同类金融产品进行比较;纵向比较是指同一种金融产品的过去和现在的比较。运用比较法,反映国际金融界的变化趋势,是最常见的一种方法。

(3) 信息表达的简要性。金融信息在文字表达上,以简明扼要为主要特征。多数金融信息,大都采用列表的方式加以反映。金融信息之所以短,是与它很强的时间性特点相联系的。如果长篇累牍、洋洋大观,很难做到迅速及时。

(七) 统计信息

统计信息是人们运用统计认识手段所形成的全部信息,也就是一切与统计活动有关的信息。统计信息具有广泛性、客观性、数量性、标准性、层次性、总体性等特点。在市场经济体制下,统计信息可以按照信息提供者的不同和这种信息的客观特征划分为政府统计信息、经济组织机构统计信息和社会统计信息三种类型。

1. 政府统计信息

政府统计信息是政府为进行宏观经济调控和社会管理所需要的关于国民经济和社会发展及相关情况的统计信息。它主要是由政府统计系统根据国家所赋予的职能,有目的、有组织、有系统地搜集、加工、传递、存储和提供的,其主体是以国民收入核算,投入产出核算,资金流量核算,资产负债核算和国际收支核算为内容的国民经济核算信息。政府统计信息的基本特点是宏观整体性和政府目标约束性。

2. 经济组织机构统计信息

经济组织机构统计信息是指在市场经济体制下，具有独立的经济利益主体的组织机构提供的统计信息。这类信息具有微观性和具体性的特点。这是因为特定的企业在经营管理中需要掌握的主要是关于自己所经营的具体产品和服务的市场信息，包括产品供求、价格、劳动力、原材料、技术、资金等方面的统计信息。经济组织机构统计信息的主要提供者是单位自己的统计和信息机构、行业协会以及其他社会性的统计机构。

3. 社会统计信息

社会主义市场经济体制的形成，打破了统计信息产业由国有单位垄断的局面。适应公司经营管理和居民个人消费、投资、就业的信息需求，产生了大量的民间统计信息机构，它们是我国业已蓬勃发展起来的信息咨询行业的主要组成部分。这些如雨后春笋般发展起来的信息企业，为企业、居民、政府所提供的信息，无论从数量、规模、内容、范围，还是从所创造的社会效益和经济效益来看，都与政府统计信息齐头并进、交相生辉。另外，我国许多政府经济管理部门转变为行业协会，这些行业协会的一个重要职能就是为本行业的企业提供有关生产、经营现状和趋势的信息。其中有相当多的属于社会统计信息。

(八) 商品市场行情信息

商品市场行情信息是指有形贸易、无形贸易和技术贸易市场上商品价格与生产成本，需求与供应，市场潜力及流行商品的规格、颜色、款式、格调等信息。市场行情信息是经济开发贸易工作的指南，是经营决策不可缺少的重要依据。如果忽视市场行情信息，带来的后果将是严重的。例如，20 世纪 80 年代，我国南方不少贸易公司在没有分析国内市场潜力的情况下，大量进口日本袖珍式电子计算器和我国台湾、香港等地的暖风机，结果导致商品大量积压、市场价格暴跌，造成了严重亏损。

第四节　网络环境下数字经济信息检索的
途径与方法

一、利用搜索引擎获取经济信息

搜索引擎是一种利用网络自动搜索技术，对 Internet 上各种信息资源进行标引，并为检索者提供检索服务的工具。用户利用搜索引擎，只需在检索框内输入关键词及其组配,或者按照分层类目结构依次逐一选择,就可以获取含有相关信息的大量网站,通过点击超级链接,就能够访问此网站。利用搜索引擎,在一定程度上避免了用户网络浏览的盲目性,给用户的信息搜索带来了方便,是利用Internet信息资源的有效方式。搜索引擎的查询原理是利用计算机软件自动搜索的,软件智能化低,搜索的结果是包含有关键词的所有网页,这样就使得所查询到的网页与所需要的信息内容不一定有关,查准率不高,并且有大量的重复页。搜索引擎查询方式可分为单元搜索引擎和多元搜索引擎。

(一) 单元搜索引擎

其搜索范围仅仅是某网站的数据库,很多网站的搜索引擎都属于这种类型。规模最大和搜索信息内容与类型最多的单元搜索引擎是百度和 Google。

(二) 多元搜索引擎

多元搜索引擎是将多个搜索引擎集成在一起,提供一个统一的检索界面,且将一个检索提问同时发送给多个搜索引擎,检索多个数据库,再经过聚合、去重之后,输出检索结果。其最大优点是省时、简便、检索全面。例如:YOK 超级搜索引擎就属于多元搜索引擎。它同时链接了百度、Google、Yahoo、搜狗、有道、搜搜等 6个搜索引擎,只要在检索口一次输入检索词通过切换搜索结果则可以分别打开 6个窗口,检索到 6 个搜索引擎的搜索结果。

二、利用网络分类目录检索

分类目录检索是网站开发者将网络资源收集后,经过人工方法科学分类、整理和组织,然后用关键词的形式标引而成的一种信息查询方式。检索者只需要层层点击,随着范围的逐步缩小就能找到相应的信息。这种方式类似于报刊目录索引,所不同的是,它能检索到全文。 分类目录检索的优点是分类目录检索是专业人员人工整理、分类的,内容关联性较强,查询的准确率高;缺点是经常出现链接失败。其检索方式有以下两种。

(一) 网络资源目录

许多著名网站的主页上,都提供有网络资源目录查询的方式,例如中文雅虎主页目录上,就把网络资源分为 14 大类,大类下又细分为若干小类,其中经济信息在"商业与经济"类,要查找相关内容,可以通过层层点击到达相应信息所在的网页。

(二) 虚拟图书馆

虚拟图书馆又称知识导航,是一种将互联网上的某一学科的各种资料进行汇总及分类的服务器。通过这些虚拟图书馆,检索者只需用鼠标点击自己所需要的信息内容主题,通过层层链接,服务器就会自动与有关资料所在的网页进行链接,调出有关的资料。由于这些资料不是直接存储在该网站上，而是广泛分布在世界各地网站的服务器上，所以叫虚拟图书馆。国内具有知识导航功能的著名数字图书馆有中国高等教育文献保障系统（CALIS），首页如图5-2所示。

图5-2　CALIS重点学科网络资源导航门户

另外还有清华大学图书馆 http:// lib.tsinghua.edu.cn；北京大学图书馆 http://www.lib.pku.edu.cn；复旦大学图书馆 http://www.library.fudan.edu.cn；中国国家数字图书馆 http://www.nlc.gov.cn 等。

这些具有导航功能的虚拟图书馆内容广泛、专业化程度高、检索准确率高，但是全文信息资源往往要收费，属于题录摘要类信息一般免费。

三、用电子邮件列表获取经济信息

邮件列表是指建立在互联网或新闻组网络系统上的电子邮件地址的集合，它是一群有共同兴趣的人通过电子邮件讨论他们共同关心的话题形成的一种在线社区形式，类似于校园里的社团或者协会。一旦加入了某个邮件群，就可以和邮件群内成员互发信息，共同讨论感兴趣的话题。这种获取资料的方式省时、简便，目前已经成为国外科学家传递研究信息的一个重要工具。据统计，科学家去图书馆的次数有下降趋势，他们更多的是通过同行间的电子邮件通信来获取最新情报信息。加入邮件群的条件非常简单，只要拥有电子邮箱，即可到相关的网站申请加入某一邮件群。国内有影响的中文邮件列表网址是 http://www.bentium.net，国外著名的邮件列表网址是 http://www.maillist.net。

四、通过网址获取经济信息

互联网上有一些经济专业方面的网站,里面收集了大量的经济信息资源,诸如经济新闻、商业信息、经济法律法规、专利信息、标准信息、学术论文、会议信息等,内容丰富、专业化程度高。通过输入网址,进入各网站来获取信息资源,对快速、高效地获取经济信息资源非常便利。

五、通过数据提供商编制的数据库获取经济信息

目前互联网上有不计其数的经济信息检索数据库,较为著名的数据库有:清华同方中国知网(CNKI)数据库、万方数据库、维普数据库、超星读秀数字图书馆、书生数字图书馆、Apabi 数字资源平台、美国 Dialog 数据库等。这些数据库的使用方法见第 2 章、第 3 章的讲述。

六、通过政府网站获取宏观经济信息

企业在全球贸易中需要了解本国、贸易伙伴国及有关国际组织的贸易政策、金融政策、自然条件、社会风俗以及相关的法律和法规。这类信息一般可在各类政府网站或国家主办的为促进贸易而设的网站上查询,这类网站一般提供了比较详尽的宏观信息。例如中华人民共和国国家发展和改革委员会网站(www.ndrc.gov.cn)和商务部网站(www.mofcom.gov.cn)。为了促进国内与国外的贸易合作,商务部还有针对性地开通了中俄经贸合作网(www.crc.mofcom.gov.cn)、中国—新加坡经贸合作网(www.csc.mofcom-mti.gov.cn)、上海合作组织经济合作网(www.sco-ec.gov.cn)等双边或多边贸易网站。利用这些网站,可以及时了解有关国家和地区的贸易动向,提高贸易的成功率。

七、通过提供调研服务的网站获取经济信息

(一)国内提供市场信息调研服务的网站

(1)中国调查网(www.comrc.com.cn)提供市场调查、企业调查、传媒调查和舆论调查。

(2)零点调查网(www.horizon-china.com)的调查业务主要涉及耐用消费品、媒体娱乐、快速消费品、政府研究、IT 电信、金融保险等 30 多个行业。

(3)艾瑞公司的中国网络用户在线调研(www.iusersurvey.com)主要从事网络用户调研。

(二)国外提供市场信息调研服务的网站

在国际上比较著名的调研网站有国际营销和市场研究协会的网站(www.

imriresearch.com）。它提供了世界各国的主要市场调研协会的联系方式。

第五节　中国经济信息网

一、概况

（一）建设与维护

中国经济信息网（http://www.cei.gov.cn）由中经网数据有限公司负责承建和运营，于 1996 年 12 月 3 日正式开通，是国家信息中心联合部委信息中心和省（区、市）信息中心共同建设的全国性经济信息网络，是互联网上描述和研究中国经济最大的权威经济信息库。

中国经济信息网的数据、资料均来自专业机构或权威机构，内容涉及经济领域各个方面。该网站积聚了自 1992 年以来的历史资料和数据，为政府部门、企业集团、金融机构、研究机构及海外投资者提供决策信息支持，为教学科研人员和各界人士关注了解中国经济运行状况的需求，提供权威的政策、数据等各方面经济金融信息和后台支持。中国经济信息网为满足不同集团群体和行业的需要，推出了各类专版，分党委版、政府版、银行版、企业版、教育版、医学院版、城市版、汽车版等专版，还可根据用户要求设计各种定制版。"中经专网"（综合版）http://ibe.cei.gov.cn，http://zjzw.cei.gov.cn 是中国经济信息网面向集团用户开发的，通过卫星或网络同步传输方式传输到用户端并及时更新的一套内容、技术和通信手段有机结合的信息服务系统。该系统同时集成了中经网的信息内容精华，从宏观、行业、区域等角度，全方位监测和诠释经济运行态势，为政府、企事业单位、金融研究机构和企业、学校等机构把握经济形势、实现科学决策，提供持续的信息服务。

（二）网络系统特点

（1）数据、资料均来自专业机构或权威机构。

（2）内容丰富。范围覆盖宏观、金融、行业、地区等领域；内容涉及监测、分析、研究、数据、政策、商情等方面；共 188 大类，1 200 小类，30 多万篇文章。

（3）信息形式多样，有视频、文字、图片、数据、图表等。

（4）卫星实时，每日更新 800~1 000 篇文章及 120 万汉字。

（5）提供浏览和检索两种使用方式，支持全文检索，支持全文和标题两种检索途径，支持二次检索，但不支持"非"逻辑检索。

（6）针对不同客户提供不同的网络系统和不同的信息产品。

（三）主要经济信息内容

1. 统计数据

提供中国经济发展的最新数据,包括"数字快讯"、"宏观月报"、"行业月报"、"地区月报"、"经济年鉴"、"地区年鉴"、"世经年鉴"、"金融数据"、"名词解释"。

2. 分析评论

对当前经济热点、经济新政策、经济运行环境等问题进行系统分析和评述,包括"中经评论"、"世经评论"、"外脑精华"。

3. 综合动态

提供计划、投资、物价、内外贸易、财政、税收、审计、教育等管理部门的动态快讯、领导讲话、形势观察和政策动向信息,包括"国内经济"、"国外经济"、"权威预测"、"财政税收"、"社会发展"、"高等教育"。

4. 金融动向

提供有关金融业的业内要闻、形势观察、市场行情、市场运行报告、同业竞争信息,包括"银行业"、"证券业"、"保险业"、"信托业"、"信贷监控"、"金融政策"、"国际金融"、"金融外评"。

5. 行业态势

提供各行业的相关政策,整体运行状况与产业走势,行业运行基本状况及主要问题,行业投资增长及发展趋势,行业的产品结构、市场结构和区域结构的变动,主要企业的竞争态势、营销策略和市场行为,各行业进入和退出的变化因素等。反映各行业所具有的发展潜力和投资价值,为企业经营者、投资者提供科学的决策依据。行业包括宏观经济、农业、煤炭、食品、饮料、酿酒、纺织、造纸、石油石化、电子元器件、钢铁、有色金属、工程机械、汽车、摩托车、医疗器械、电工器械、日用电器、医药制造、西药、中药、生物制品、烟草、电力、交通运输、铁路运输、水上运输、航空运输、通信设备、计算机、软件、商业、外贸、金融、证券、保险、房地产、旅游、环保。

6. 地区形势

与全国 31 个省区市、16 个计划单列及副省级省会城市信息中心共同建设并维护,内容包括各省区市的本地要闻、政务信息、形势观察、政策动向、地区监测等。

7. 行业季度报告

与国家部委、行业协会和研究机构及其资深专家合作写成,共45个重点行业,按季更新。

8. 地区发展报告

依托国家信息系统资源和网络,联合全国 31 个省区市、15 个计划单列及副省级省会城市,及部分地级城市信息中心共同开发建设并维护,内容包括全国及各省区市、计划单列及副省级省会城市季度、年度经济形势分析报告；国民经济和社会发展规划及专项规划；全国及各地 2000 年以来的统计公报；全国及各地 2001 年以来的政府工作报告。为用户全方位了解、跟踪和把握中国地区经济发展脉搏和步伐提供权威分析支持。包括"经济形势分析报告"、"发展规划"、"统计公报"、"政府工作报告"。

9. 特色信息

提供重点行业的市场行情、专利技术、项目简讯、商品供求等信息，提供国内外著名媒体和专家论坛等财经类视频信息，每天播报 1 小时约 50 余条视频节目，互动点播，外语视频配以中文字幕同步播出，及时提供准确的气象、航班、火车、公交、办事机构、宾馆饭店、旅游等信息，为用户准确把握市场商机、投资合作机会及日常经济活动提供信息支持。包括"商情快递"、"财经视频"、"为您服务"。

（四）网络系统检索范围

1. 全站检索

站点首页右上方可对整个站点的数据库进行检索。

2. 栏目内检索

栏目首页左上方提供栏目内的检索，即当前产品检索。

二、经济信息检索的步骤

中经网目前提供两种检索途径，可以选择全文或者标题两个字段中的任意一个字段进行检索。系统支持利用"AND"和"OR"进行布尔逻辑组配检索。AND 代表"与"的关系，必须包括全部检索词才算命中检索结果。OR 代表"或"的关系，只要包含其中一个检索词即可作为检索结果返回。系统不支持 NOT（代表"非"）的关系检索。系统支持在结果中检索，即二次检索，以缩小检索范围，提高查准率。

（一）利用全站检索

［**例 5-1**］　检索"墨西哥的金融危机"。

（1）确定检索词：金融危机、墨西哥。

（2）登录中国经济信息网。

（3）选择检索字段为标题，在检索框中输入检索词：金融危机，如图 5-3 所示。

（4）点击检索按钮，显示检索结果 1 852 条，选择标题字段，在结果集中检索，输入检索词：墨西哥，如图 5-4 所示。

（5）点击检索按钮，获得 1 条检索结果"墨西哥出台应急方案应对金融危机"，如图 5-5 所示。

（6）点击文章标题可以查看全文，并选择打印或者另存为其他储存器。

图 5-3 全站检索

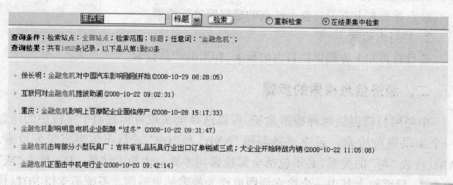

图 5-4 初次检索结果与二次检索输入

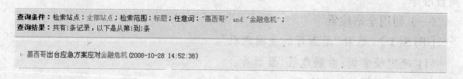

图 5-5 二次检索结果

（二）利用栏目检索

[**例 5-2**] 检索"美国贸易保护主义影响及对策"。

（1）确定检索词：贸易保护主义、美国、影响、对策。

（2）登录中国经济信息网，选择主页上的"经济分析"栏目下的"世经评论"。

（3）在栏目左上方检索框里输入"贸易保护主义"，并选择"标题"作为检索字段，如图5-6所示。

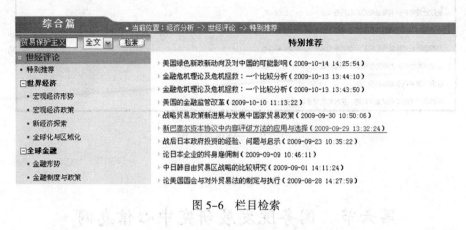

图5-6　栏目检索

（4）点击检索按钮，获得124条检索结果，在此基础上进行二次检索，选择全文字段，在结果集中检索，输入检索词逻辑组配式"影响 and 对策 and 美国"如图5-7所示。

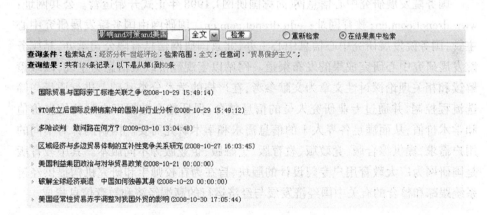

图5-7　栏目二次检索输入

（5）点击检索按钮，获得25条检索结果如图5-8所示。

（6）点击文章标题，可以查看全文，并进行打印、复制或者另外储存。

查询条件：检索站点：经济分析-世经评论；检索范围：全文；任意词："影响" and "对策" and "美国" and "贸易保护主义"；
查询结果：共有25条记录，以下是从第1到25条

▸ 中国对印度直接投资的动因分析 (2009-01-12 17:37:07)
▸ 全球性经济扩张与商业银行风险规避 (2009-03-04 11:08:45)
▸ 论美国对华反倾销的原因与应对策略 (2009-04-01 10:55:42)
▸ 当前国际经济形势变化的影响与对策 (2009-04-09 09:48:22)
▸ 自由贸易协议谈判中的国际劳工标准问题 (2009-04-13 11:06:54)
▸ 论国际反倾销及其新趋势 (2009-04-27 10:03:38J)
▸ 开放经济下的贸易安全：内涵、挑战与应对思路 (2009-05-08 12:44:49)

图 5-8　二次检索结果

第六节　国务院发展研究中心信息网

一、概况

国务院发展研究中心信息网(简称国研网)，1998 年正式开始运营。公共网址：www.drcnet.com.cn；教育网址：edu.drcnet.com.cn。国研网由国务院发展研究中心主管，国务院发展研究中心信息中心主办，北京国研网信息有限公司承办，是国务院发展研究中心研究成果的发布渠道。网站以宏观经济政策信息为主线，以政策解读和相关理论探讨性文章为文献参考，在严格的学术分类基础上进行质量与筛选流程控制，并通过专业研究人员的信息整合，保证整个数据库文献的信息价值和学术价值，从而满足各界人士的信息需求和学术研究需要。国研网针对不同的用户需求，提供综合版、党政版、教育版、金融版、企业版等不同版本。其中教育版是国研网为广大教育用户专门设计的版块，旨在为在校师生和研究机构提供经过系统跟踪和整合的有关中国经济发展与经济运行的高端经济和教育信息集成。

二、国研网全文数据库概览

(1)"国研视点"汇集了国务院发展研究中心百余位国家级经济学专家的文章和观点，全面展示国务院发展研究中心专家对经济、金融、产业、社会改革等领域里重要问题的见解，目前库存文章累计 10 000 余篇，每年文章更新 1 000 篇。"国研视点"的研究领域是中国宏观经济政策走向及其对经济发展的影响；中长期发展战略和区域经济发展政策；产业及技术经济的发展动态；中国对外开放的战略

与对策;企业改革和发展的重大问题;农村改革中的诸多经济热点问题;其他全局性、综合性和长期性的问题。

(2)"宏观经济"收录国研网宏观研究部研究员对当季经济整体环境、运行特点、政策走势、经济热点等内容的观察总结与分析。

(3)"区域经济"包括经济动态、权威视点、经济分析、决策参考、发展数据、比较借鉴、经济专题以及区域发展报告。更新率大于每年5 000篇。

(4)"金融中国"货币政策与货币市场主要收录国内外货币政策与货币市场运行等方面的动态信息和研究分析文章;金融研究主要收录金融理论、金融改革、金融监管、金融风险、金融市场建设以及社会信用体系建设等方面理论研究和分析性文章;银行信托主要收录国内外银行(含信用社)业、信托业、租赁业等方面的信息和研究分析性文章;证券期货主要收录有关国内外证券市场、期货、债券、基金等方面的信息和研究分析性文章;保险保障主要收录社会保险、商业保险等方面的信息和研究分析性文章;月度分析报告包括动态点评、数据平台、金融运行分析、形势判断与预测、权威视角、热点解析六个部分,每月发布20篇左右的文章、更新若干图表,其中自主撰写文章10篇左右;季度分析报告包括金融政策综述、货币运行分析、金融市场运行、世界金融形势四个部分,采取编撰、引用的方式,回顾季度内的金融政策、货币运行、金融市场运行以及世界金融形势;"金融中国"专题选取相对较长时期内贯穿金融业发展的重要线索,撷取其相关背景素材和分析文章,每个长期固定专题均按月持续维护;金融周评包括国内金融形势与货币政策、银行业及信托监管与市场动态、国际及区域金融形势、证券和期货及保险监管与市场动态,以短小精悍为原则,并有选择性地对重大和重要的信息进行点评论。

(5)"行业经济"运行数据收录各行业运行相关的数据资料,以数据图表和数据新闻的形式发布。国研网行业研究员对数据进行加工整理,"分析预测"收录关于行业运行现状、问题、发展趋势等方面的深度分析文章、研究报告,企业经营战略方面经典案例分析。部分由国研网行业研究员撰写。"理论探讨"收录业内专家或研究人员撰写的关于某行业的理论探讨类文章。"政策法规"收录政府部门发布的关于各行业的政策法规原文和政策法规深度解读文章。"长期专题"对信息产业、房地产业和石油化工行业等行业进行长期跟踪,每天更新维护,为客户长期关注的问题提供专门信息。更新接近每年2万篇。

(6)"企业胜经"内容包括改革与发展、经营管理、战略管理、市场营销、人力资源、财务管理、案例研究、企业风云录。更新大于每年6 000篇。

(7)"世经评论"选择性地编译来自国际或区域性经济组织(如 IMF、BIS、WTO、OECD、IISI、IEA 等)、各国政府部门(如 FED、USDA、EIA、ECB、FSA 等)、知名研究机构(如 IIE、FPF、摩根斯坦利、野村证券研究所、法国 CDCIXIS、德意志银行研究所等)和知名学术刊物(如英国《经济学家》杂志等)的最新研究报告。其中世界经济综合编译各机构和世界经济领域权威人士对世界经济形势和重要问题的研究、预测、评论报告;世界金融综合编译各机构和世界经济领域权威人士对世界金融形势和重要问题的研究、预测、评论报告;环球产业综合编译各机构和世界经济领域权威人士对世界产业形势和重要问题的研究、预测、评论报告;中国聚焦编译介绍世界著名经济研究机构对中国经济、金融形势和热点问题的研究、分析和评论报告;理论探讨编译介绍世界著名研究机构和学术机构的最新经济理论。

(8)"高校参考"内容包括要闻要事、校长论坛、高校博览、网络教育、教育与市场、外国教育、理论研究、政策法规、院校评估、治校方略会议专区等。

(9)"农村建设"全面、及时地报道当前新农村建设的新景象、新形势和新发展;汇集国家制定的针对新农村建设的重要法规、政策和规划蓝图;深入分析各个地区新农村建设的现状、存在问题、举措以及未来发展前景;收录权威部门、经济学专家、学者对新农村建设形式、问题、举措等的深入解读;全面汇集新农村建设的理论探讨,深入研究分析新农村建设的形式、政策及未来趋势。

(10)"基础教育"是在汇集基础教育信息资源、整合海内外先进治学经验的基础上推出的专业数据库,旨在为广大中小学管理者、教师及从事相关研究的研究人员提供基础教育政策信息、教育教学改革理论研究、学校管理与建设策略、校际借鉴与参考、海外中小学管理模式等方面的权威、及时、实用的教育资讯,同时提供学校和地方特色教育成果展示平台与信息交流平台,帮助中小学管理者逐步实施学校的有效管理与品牌建设,提高教师的职业能力,推动我国中小学校的建设与发展。

(11)"规划报告"主要包括政府报告和财经预算报告。

(12)"行业研究报告"主要包括房地产、汽车、石化、通信、钢铁、电力等国民经济发展的热点或重点行业,各行业季度和月度报告基本框架大致相同,包括基本运行分析、重点或热点问题分析、发展趋势预测三个方面。各行业月度分析报告以独立数据库的形式呈现,每月每行业更新两篇要闻综述、若干篇运行数据、一篇运行分析和一篇形势探究文章。

(13)"国研数据"统计数据库,汇集最新发布权威机构的数据,涉及宏观(综合、直接投资、财政、货币、对外贸易、价格指数、人民生活)、产业(农业、工业、金融业、其他服务业)、地区(东部、中部、西部)、世界(全球、北美洲、欧洲、拉丁美洲、亚太地区)等方面的内容。

三、系统数据库检索功能

(1)提供多处检索支持接口,如主页、检索中心、各二级页面等;

（2）支持单库检索和整库检索,用户可自定义目标检索库;

（3）支持二次检索,可根据二次检索关键词选择或删除指定文献;

（4）支持全文检索,支持关键词、作者、标题等多种选择的检索需求;

（5）支持检索结果的页面显示数量;

（6）支持检索关键词的突出显示。

四、数据库检索方法

用户首先应该明确目标信息的分类属于哪个领域,以缩小文献信息寻找范围,提高检索效率;其次用户应该尽可能准确地确定目标信息的关键词,以提高信息查找的准确性;再次要借助现代检索技术中的逻辑组配、截词和词位限制,准确地输入检索式,从而及时、准确、全面、完整、无重大遗漏地获得目标信息。具体方法如下:

（一）直接输入关键词检索

在主页、检索中心、各二级页面的检索框处,在选择全文、标题、作者、关键词等字段的基础上,输入恰当的关键词,即可搜索到所需要的信息。如果一个关键词包含多个概念,可以用半角逗号把一个词分成多个关键词,中间不要使用任何其他的标点符号。

（二）利用关键词的布尔逻辑关系检索

在检索框中输入多个关键词的布尔逻辑组配检索式,实现提高信息查全率和查准率的目标。

（1）在多个关键词之间使用空格、"+"或"&",表示关键词之间的"并且"的关系,命中全部关键词才算命中检索目标,从而提高信息的查准率。例如,想查询关于上海市金融的文章,则输入关键词"上海　金融"或"上海＋金融"或"上海＆金融"。

（2）使用字符"–"表示前一个关键词不包含后一个关键词,即逻辑"非"或者"不包含"关系,从而缩小检索范围,提高查准率。例如,想查找基础设施方面的文章,但不包含济南,输入的检索式为"基础设施 – 济南"

（3）使用字符"|"表示关键词之间"或者"的关系,多用于同位类词语或者同义词之间的连接符,命中任何一个关键词就算命中检索目标,从而扩大了检索范围,提高了查全率。例如想查询关于债券或股票方面的文章,则输入的检索式为"债券 | 股票"。

（4）使用通配符进行截词检索。"!"表示 0 或 1 个任意字符,"?"表示 1 个任意字符,连在一起的"!"或"?"最多不能超过 9 个。例如输入"中 !!! 国",表示查找"中"和"国"之间最多隔 3 个字的词,将查到"中国"、"中外国"、"中东各国"

等;输入"中 ??? 国",表示查找"中"和"国"之间隔 3 个字的词,将查到"中小企业国际化"等词。

(5) 使用符号"!?"表示字词位置检索。不跟随符"!?"连起来表示某字后不跟随另一字的词,如"北 !? 京"表示查找带有"北"的词,但不包括"北京"。

五、数据库检索方法与步骤

(一) 数据库登录

使用国研网检索前,首先要进行网络登录(见图 5-9)。普通用户可以利用国研网的网址进行登录,但浏览和下载编辑权限受到很大的限制,一般要从国研网正式用户的主页与网络数据库建立链接关系,下载并安装插件,并且了解该用户已经订阅的数据库内容。

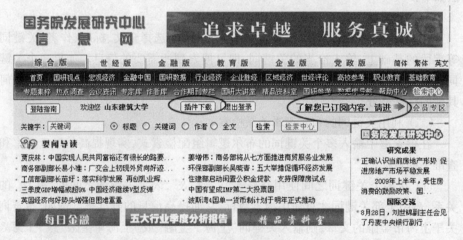

图 5-9　数据库登录

(二) 数据库浏览

点击主页各个数据库名称,或者打开主页的数据库导航,即可层层展开数据库的链接,直到浏览到满意的目标信息为止。

(三) 全网检索

在首页选择相应的检索字段,在检索框中输入恰当的检索式即可从全网检索到目标信息。

[例 5-3] 检索有关"房地产次贷危机"方面的文献信息。

(1) 登录国研网主页,选择标题字段,确定关键词:房地产、次贷危机。

(2) 在检索框输入检索式:"房地产 + 次贷危机",如图 5-10 所示。

图 5-10　全网检索输入

（3）点击检索,获得两篇检索结果,如图 5-11 所示。点击标题可以查看全文,
并可以打印或者另存为其他格式或地址。

图 5-11　房地产次贷危机检索结果

（四）选择数据库检索

［例 5-4］　检索有关"金融创新"方面的信息。

（1）登录国研网主页,点击检索中心。

（2）在检索中心左侧选择栏目,展开相应的文件夹,选择所需要的数据库。

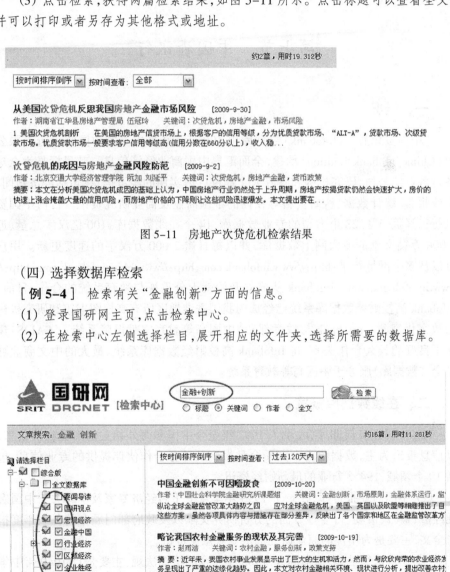

图 5-12　选择数据库检索结果

（3）在检索中心网页上方选择检索途径为关键词，在检索框内输入检索式"金融＋创新"。

（4）点击检索按钮，可以获得 16 条检索结果，如图 5-12 所示。点击标题可以查看全文，并可以打印或者另存为其他格式或地址。

第七节　中国资讯行

一、概况

"中国资讯行"（Infobank）数据库由 1995 年 10 月成立的中国资讯行有限公司（China Infobank Limited）承建，全面汇集中国商业经济信息。其目标是为全球各行各业的公司、研究机构和各界人士提供广博实用的经济信息，包括经济新闻、商业报告、统计数据、科研资料等在内的中国商业及商业研究资讯。目前中国资讯行已经拥有了 23 个大型的专业数据库，14 个在线数据库，100 亿汉字总量、近1 000 万篇文献的庞大网上数据库，并以每日逾 2 000 万汉字的速度更新。用户可以从多个网址登录：http：//www.infobank.com；http：//www.chinainfobank.com；http：//www.bjinfobank.com。Infobank 从成立开始就十分重视与教育系统的合作，目前，Infobank 高校财经数据库系统已经成为我国香港地区所有高校图书馆和研究机构的数字化资源。Infobank 与教育部和"中国高等教育文献保障系统"（CALIS）建立了良好的长久合作关系，将 Infobank 高校财经数据库系统（最大的中文商业财经全文数据库）服务于中国高等教育系统。

二、在线数据库概览

（1）中国经济新闻库，收录了 1992 年至今中国和海外相关的商业经济信息，以信息报道为主，数据源自中国千余种报刊及部分合作伙伴提供的专业信息，包括 19 个领域、194 个行业的最新财经资讯。

（2）中国商业报告库，收录了 1993 年至今上千名经济专家及学者关于中国宏观经济、金融、市场、行业等方面的分析研究文献以及政府部门颁布的各项年度报告全文，主要是为用户的商业研究提供专家意见资讯。

（3）中国法律法规库，收录了 1903 年至今的法律法规，主要是自 1949 年中华人民共和国成立以来的各类法律法规全文及案例，包括地方及行业法律法规。

（4）中国统计数据库，收录了 1986 年至今的统计数据，大部分数据收录于

1995 年以来国家及各省市地方统计局的统计年鉴、海关统计、经济统计快报、中国人民银行月度及季度统计资料,部分数据可追溯至 1949 年。还有部分海外地区的统计数据。数据按行业及地域分类,数据日期以同一篇文献中的最后日期为准。

(5) 香港上市公司资料库,汇集香港 1 000 多家上市公司 1999 年以来公开披露的各类公告及业绩简述。可按公司代码、行业分类、公告类型进行分类检索,为用户提供全面了解香港上市公司动态的有效途径。

(6) 中国上市公司文献库,收录了 1993 年以来中国上市公司(包括 A 股,B 股及 H 股)发布的资料,内容包括在深圳和上海证券市场的上市公司发布的各类招股书、上市公告、中期报告、年终报告、重要决议等文献资料。

(7) 中国人物库,提供详尽的中国主要政治人物、工业家、银行家、企业家、科学家以及其他著名人物的简历及有关的信息资料。此库文献内容主要根据对中国 800 多种公开发行资料的搜集而生成。

(8) 中国企业产品库,记载中国 27 万余家各行业企业基本情况及产品资料。文献资料分为 13 个大类。

(9) 中国医疗健康库,收录了中国 100 多种专业和普及性医药报刊的资料,提供中国医疗科研、新医药、专业医院、知名医生、病理健康等资讯信息。

(10) 名词解释库,提供中国大陆所使用的经济、金融、科技等行业的名词解释,以帮助用户更好地了解文献中上述行业名词的准确定义。

(11) English Publications,收录部分英文报刊的全文数据及新华社英文实时报道。

(12) 中国中央及地方政府机构库,收录了中央国务院部委机构及地方政府各部门资料,包括各机构的负责人、机构职能、地址、电话等主要资料。

(13) Infobank 环球商讯库。

(14) 中国拟建在建数据库。

三、检索方法

中国资讯行数据库可以进行简易检索和专业检索。无论简易检索还是专业检索,在前一次检索的基础上都可以进行二次检索,并且二次检索可进行多次,直到检索结果完全符合要求为止。

(一) 简易检索

[例 5-5] 查找一年内香港消费物价指数(CPI)方面的统计数据。

检索步骤如下:

(1) 选定数据库。登录中国资讯行主页,单击"库选择"字样右边的箭头,从下拉列表框中的 12 个数据库中,选择"中国统计数据库"。系统默认为"中国经济新闻库"。

　　(2) 选定检索的时间和范围。单击"时间选择"右边箭头,从下拉菜单中选择前一周、前一月、前三月、前一年、全部数据。系统默认为全部数据。本例选择"前一年"。在检索范围的两个选项"全部"或者"标题"中选择"全部"。

　　(3) 在检索框中输入检索词"物价指数 消费 统计",多个检索词之间用空格隔开。

　　(4) 选择检索词之间的逻辑关系。单击"逻辑关系"右边的箭头,从下拉菜单的3个逻辑选项"全部字词命中、任意字词命中、全部词不出现"中选择全部字词命中。系统默认为全部字词命中。在上述 3 种逻辑关系中,全部字词命中指在所选的字段中命中所输入的全部检索词的记录才被检索出来,相当于检索词之间用布尔逻辑算符"AND"进行组配。任意字词命中指只要在所选的字段中含有所输入的任何一个检索词的记录都被检索出来。相当于检索词之间用布尔逻辑算符"OR"进行组配。全部词不出现指在所选的字段中不包含输入的所有检索词用于剔除、过滤不需要的信息,相当于用布尔逻辑算符"NOT"对检索词进行组配。如图 5-13 所示。

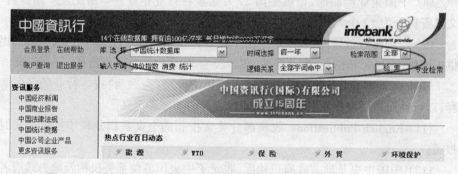

图 5-13　简易检索条件输入与选择

　　(5) 点击检索按钮,获得检索结果,共 11 篇信息。继续选择在前次结果中检索,在检索框中输入"香港特别行政区",如图 5-14 所示。

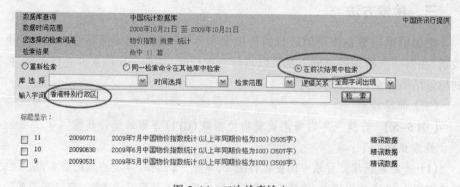

图 5-14　二次检索输入

（6）点击检索按钮，获得最终检索结果，命中 1 篇文献信息，如图 5-15 所示。

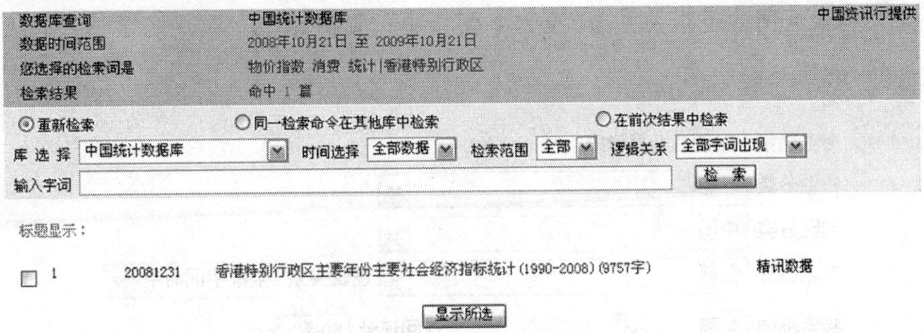

| 数据库查询 | 中国统计数据库 | | 中国资讯行提供 |

图 5-15　二次检索结果

（7）检索结果处理。点击检索结果标题即可全文显示，并进行打印、复制、另存为等多项操作。一般需要会员名称和密码才能打开，因此要选择从会员单位终端或者局域网登录。

（二）专业检索方法与步骤

[例 5-6]　检索中国 2008 年石油进口量。

（1）登录中国资讯行主页，点击专业检索进入专业检索数据库选择页面，如图 5-16 所示，选择"中国商业报告库"。

INFOBANK专业检索　　　　　　　　　　- 在线帮助 - 返回主页 -

请选择您要浏览的数据库

	数据库名称	库记录数	最后更新日期	数据库提供者
1	中国经济新闻库	3329135	20091021	INFOBANK
2	中国商业报告库	281589	20091021	INFOBANK
3	中国法律法规库	166736	20091020	INFOBANK
4	中国统计数据库	430446	20091019	INFOBANK
5	中国上市公司文献库	305688	20091021	INFOBANK
6	中国医疗健康库	26138	20091014	INFOBANK
7	中国人物库	17552	20000622	INFOBANK
8	English Publications	193426	20020629	
9	INFOBANK环球商讯库	512826	20091021	
10	中国中央及地方政府机构库	163	20070129	
11	中国拟建在建项目数据库	7980	20080214	
12	中国企业产品库	279322	20070129	
13	香港上市公司资料库（中文）	10432	20010131	
14	名词解释库	1550	20000623	INFOBANK

图 5-16　专业检索数据库选择页面

（2）选择相关数据。包括选择能源行业、中国、全部文献出处、全部检索字段；检索时段为 2008 年 10 月 21 日—2009 年 10 月 21 日；输入检索词为："石油"、"进口量"；检索词间的逻辑关系为"全部字词命中"，见图 5-17。

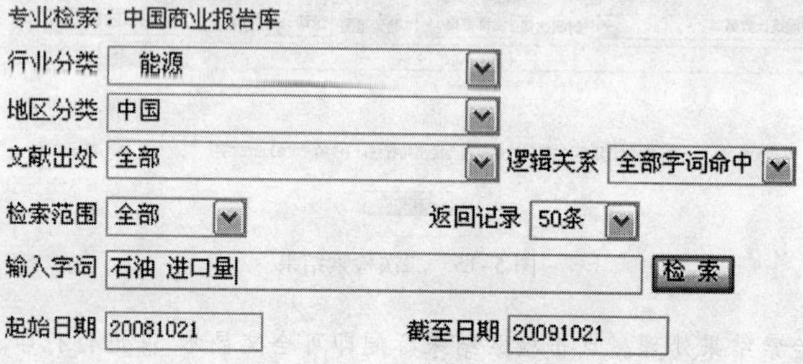

图 5-17　检索词输入与检索条件选择页面

（3）点击检索按钮，获得初次检索结果，命中 38 篇文献。进行二次检索，选择在前次结果中检索，在字词框中输入"美洲"，如图 5-18 所示。

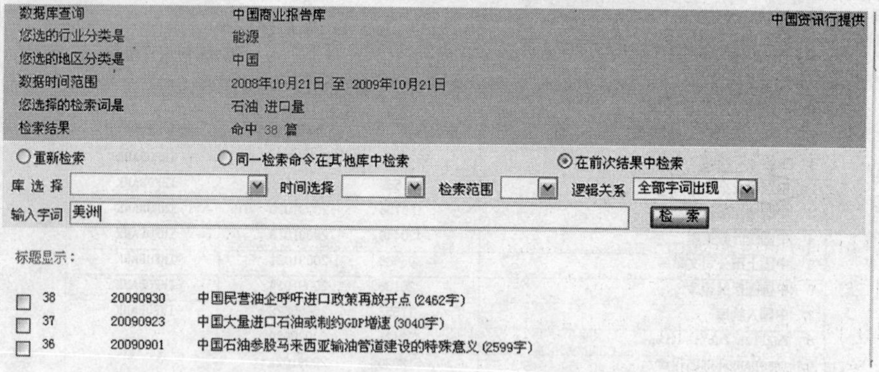

图 5-18　初次检索结果与二次检索输入页面

（4）点击检索按钮，获得二次检索结果，命中两篇文献，如图 5-19 所示。检索结果处理与简易检索相同。

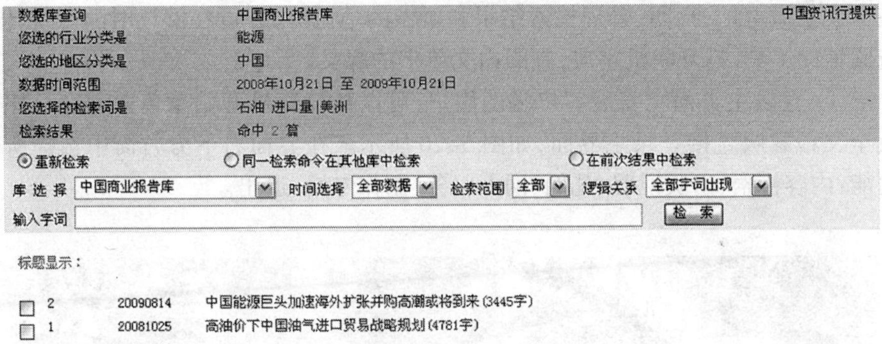

数据库查询	中国商业报告库	中国资讯行提供
您选的行业分类是	能源	
您选的地区分类是	中国	
数据时间范围	2008年10月21日 至 2009年10月21日	
您选择的检索词是	石油 进口量|美洲	
检索结果	命中 2 篇	

◉重新检索　　○同一检索命令在其他库中检索　　○在前次结果中检索

库 选 择 中国商业报告库 ▾ 时间选择 全部数据 ▾ 检索范围 全部 ▾ 逻辑关系 全部字词出现 ▾

输入字词 [_____]　检　索

标题显示：

☐ 2　20090814　中国能源巨头加速海外扩张并购高潮或将到来(3445字)
☐ 1　20081025　高油价下中国油气进口贸易战略规划(4781字)

图 5-19　二次检索结果页面

第八节　中国数字图书馆《四库全书》网络版

一、文渊阁《四库全书》网络版数据库概况

《四库全书》是清代乾隆年间官修的规模庞大的百科丛书。它汇集了从先秦到清代前期历代主要典籍,共收书 3 460 余种。它是中华民族的珍贵文化遗产,也是全人类共同拥有的精神财富。《四库全书》原抄七部,分藏北京故宫文渊阁、沈阳清故宫文溯阁、承德避暑山庄文津阁、扬州文汇阁、镇江文宗阁、杭州文澜阁。后经战乱,今存世者仅文渊、文溯、文津三部及文澜本残书。文渊阁《四库全书》是七部书中最早、最完整的一部,至今保存完好。文渊阁《四库全书》网络版以《景印文渊阁四库全书》为底本,由上海人民出版社和迪志文化出版有限公司合作出版(http://www.sikuquanshu.com/main.aspx),分为“标题检索版”(简称“标题版”)和“原文及全文检索版”(简称“全文版”)两种版本。全国许多教育科研单位都开通了网络版。国家图书馆目前提供给馆内用户使用的是其全文版。该数据库是检索中国古代经济信息的重要数据库。

二、检索方法与步骤

检索局域网《四库全书》的用户需要首先安装客户端应用软件后才能进行相应的操作。网络版《四库全书》具有强大的检索功能,有全文检索、分类检索、书名检索和著者检索。除了可以帮助用户迅速查到所需的字、词、书名、篇目或作者资料外,还可以随时跳转使用。其阅读功能也比较广泛,可以放大、缩小和复制原文,在原文上做笔记、打印、管理检索结果和所做的笔记等，并可在阅读时随意跳转及查阅辅助工具，打开联机字典，查阅内文单字的释义。

（1）登录主页面。安装客户端的用户，可以从计算机开始菜单—程序—原文及全文检索版直接登录主界面，如图 5-20 所示。在界面右下方竹简中选择所需功能：内容检索、出版说明、凡例、网上服务、制作专辑、退出。

图 5-20　《四库全书》检索主界面

（2）点击"内容检索"，进入系统检索界面，如图 5-21 所示。点击检索按钮，打开检索菜单，可选择全文检索、分类检索、书名检索、著者检索。按一下："向前"，

图 5-21　系统检索界面

查看前次检索内容;按一下"向后",查看后一次检索内容;连按两下,取消当前正在进行的检索。按一下"工具"打开菜单,选择用户所需的辅助工具。按一下"打印",在检索结果模式下打印当前检索结果,以"条"为单位;在阅读模式下,打印内容,以"页"为单位。

(3) 进行系统设定。按一下"设定"打开菜单,可选择"汉字关联"(用于检索)、"背景音乐"(软件音乐设置)、"版面颜色"(阅读版面配色方案选择)。

(4) 版面控制。按一下"版面控制"打开菜单,可选择返回主界面、窗口最小化、退出本软件。

(5) 模式切换。可在检索结果、原文阅读、全文阅读三种模式之间切换。阅读功能包括检索结果、全文文本和原文图像。

(6) 检索模式辅助功能。在检索结果界面上,可对检索结果进行多种操作。利用阅读模式辅助功能可以在全文文本或原文图像界面上按一下屏幕右的功能键,对全文文本或原文图像进行多种操作,包括放大、缩小和复制原文,在原文上做笔记、打印、管理检索结果和所做的笔记等。

第九节　开放存取网站

一、概述

开放存取网站是指可以免费获取经济信息的网站。目前,大多数网络学术文献数据库中的全文数字化文献,一般都采取不同类型的有偿使用方式,这给需要大量浏览论文全文进行参考或者合理引用的读者带来不便。与此情况相对应的是,许多教育科研机构、学会、政府部门、非营利组织、网络运营和数据提供商以及著名学者、专家、教授以网络为媒介,向公众提供了大量免费的学术性数字化文献。这类免费文献正在以惊人的速度增长。其中英文网络免费学术期刊由 2003 年的 806 种增长到 2008 年的 13 791 种,增长近 18 倍。所以,掌握网络免费全文数字化信息资源的搜集,是充分、高效、经济地利用网络信息资源的重要途径之一。

网络开放存取(Open Access,OA)是国际科技界、学术界、出版界、信息传播界为推动科研成果利用 Internet 自由传播而发起的运动。以此促进科学信息的广泛传播、促进学术信息的交流与出版、提升科学研究的公共利用程度、保障科学信息的长期保存。开放存取的特征是作者付费出版或提交网络服务器,读者可以实现免费资源共享。在这种模式下,学术信息可通过互联网免费获取,允许任何用户进行阅读、下载、复制、分发、打印、检索、链接到全文、用于编制索引、作为软件数据使用或者其他合法目的,没有其他的经济、法律以及技术方面的任何限制。版权在此所起的作用只是保证作者拥有保护其作品完整性的权利,并要求他人在使用作者的作品时注明引用出处。在这种模式下,学术成果可以在全球实现无障碍地传播,任何研究人员可以在任何地点和任何时间不受经济状况的影响,平等免费地获取和使用学术成果。开放存取是加速学术交流、推动科学研究的需要。公开科学研究成果、共享学术信息是开放存取的精髓。科学信息资源的开放存取将对科学出版、科学信息交流、科学研究乃至科研合作产生深远的影响,对世界各国平等、有效地利用人类的科技文化和科技成果具有重要的意义。因此,充分利用网络 OA 资源,是经济、快捷获取学术信息的重要途径。

二、OA 数字化资源网站

（一）中国科技论文在线

1. 概况

该网站(http://www.paper.edu.cn)由教育部科技发展中心主办,为了使新的学术思想和科技成果及时交流和推广,网站采取"先发表后评审"方式登载最新科研论文。向公众提供的免费全文学术论文下载浏览,共有 300 余家学术期刊(此数字动态变化)在此免费发布论文。收录论文从 2003 年至 2009 年 10 月 29 日,共登载涵盖 43 个学科的首发论文 21 万余篇。网站允许每个 IP 地址每天免费下载 20 篇学术论文。网站栏目主要有"在线发表论文"、"优秀学者及主要论著"、"名家推荐"、"自荐学者"、"科技期刊"、"数据库链接"等栏目。其中,"在线发表论文"栏目为科研人员提供了一个快速发表论文、交流创新思想的平台,"优秀学者及主要论著"栏目为众多优秀学者免费建立了个人学术专栏。定期对在线发表论文数量、优秀学者专栏浏览次数及各单位优秀学者数进行统计排序,并在网站公布。

2. 检索方法

中国科技论文在线网站提供的论文全文检索方法包括跨库检索和单库检索两种。跨库检索采取用选定的论文标题和正文中的关键词进行逻辑组配,在扩展检索条件中进行时间选择和数据库选择。网站目前免费开放 6 个数据库,分别是首发论文库、优秀学者论文库、自荐学者库、科技期刊库、专题论文库、博士论文库。对单个数据库分别可以按学科类别、题目、关键词、摘要、作者、所属单位、发表时间 7 种途径进行检索。利用"中国科技论文在线"系统进行免费全文论文检索、浏览、下载,下载前必须先下载并安装 Adobe Reader9.0 软件,以便于处理各种 PDF 文档;下载并安装 Ndart Reader,以便于处理多维科技论文。

（二）奇迹文库

1. 概况

奇迹文库（http://www.qiji.cn）是由一群中国年轻的科学、教育与技术工作者创办的非营利性质的网络服务项目,为中国研究者提供完全免费、方便、稳定的网络平台。该文库收录文献类型包括科研文章、综述、学位论文、讲义及专著（或其章节）的预印本,没有审稿过程。目前学科范围包括自然科学、工程科学与技术、人文与社会科学三大类。提供上载资料、文章浏览和检索等功能。奇迹文库以在科学研究领域内推动开放获取（Open Access）和知识共享（Creative Commons）为宗旨,同时也组织翻译最新的英文科学报道（即奇迹翻译计划）。

2. 检索方法

网站提供的数字化学术资源,包括论文和专著可以完全免费浏览和下载,可以使用分类浏览的方法或关键词查询的方法查找所需资料。奇迹文库采用了Google方式的自建文库检索。在奇迹文库主页的Google搜索框内输入相应的关键词或者关键词的逻辑组合,即可以检索到所需要的文献资料。文库论文采用网页格式,使用浏览器可以直接阅读、复制。许多论文提供Word格式下载,利用起来比较方便。

（三）中国预印本服务系统

1. 概况

中国预印本服务系统（http://prep.nstl.gov.cn）是由中国科学技术信息研究所与国家科技图书文献中心联合建设的以提供预印本文献资源服务为主要目的的实时学术交流系统,是国家科学技术部科技条件基础平台项目的研究成果。该系统由国内预印本服务子系统和国外预印本门户子系统构成。系统收录的预印本内容主要是国内科研工作者自由提交的科技学术性文章。系统的收录范围按学科分为五大类:自然科学,农业科学,医药科学,工程与技术科学,图书馆、情报与文献学。除图书馆、情报与文献学外其他每一个大类再细分为二级子类,如自然科学又分为数学、物理学、化学等。系统为用户免费提供检索、浏览预印本文章全文、发表评论等功能。系统目前提供的文献记录约80万条。

2. 检索方法

该系统免费全文学术论文的检索可以从主页的自然科学、农业科学、医药科学、工程与技术科学、人文与社会科学作为入口,层层展开,获得一批相关文献题录信息,对于选中的论文,点击文章全文,可以在线阅读或者下载保存在相应的储存器上。这种方法检索到的文献比较系统全面,并且有鲜明的学科特点。对于精准的全文检索,可以利用检索框,从标题、摘要、关键词、作者、发表类型、所属学科等6种途径检索。检索条件之间支持3级逻辑组配,分别用同时包含、或者包含、不包含表示,对检索到的一批目标文献题录信息,只要点击文章全文,即可选择在线浏览或者下载保存在读者计算机上或者移动存储设备上。中国预印本服务系统提供的文章全文多数为 DOC 文档,非常方便利用 Word 进行文字处理。

(四) Socolar 检索服务平台

1. 概况

Socolar 检索服务平台(http://www.socolar.com)是由中国教育图书进出口公司历时 4 年完成的"OA 资源一站式检索服务平台(Socolar)"项目成果,是世界上最大的 OA 学术资源免费服务平台。Socolar 对世界上重要的 OA 期刊和 OA 仓储资源进行全面的收集、整理并提供统一检索服务。截至 2008 年 11 月 9 日,Socolar 收录的 OA 期刊已有 8 186 种(文章 11 248 962 篇),收录学术仓储 1 005 个(文章 4 530 374 篇),收录的期刊文章和仓储文章共计 15 779 336 篇。该免费平台更新及时,学术文献每日更新。

2. 检索方法

Socolar 具有 Google 化检索功能,有简单检索、高级检索并支持布尔逻辑检索。简单检索可以在检索框里输入标题、作者、摘要、关键词中的任何一个字段,点击文章检索即可以检索到相应文献题录摘要信息,在选定的文献中点击"Full Text",即可以阅读或者复制全文,或者用右键目标另存为下载全文。高级检索可以在检索项目包括标题、作者、摘要、关键词、学科、出版年度、期刊名、ISSN、出版社等字段中选定检索词,检索词之间可以进行三级逻辑组配,组配关系分别为逻辑"与"、逻辑"或"、逻辑"非"。然后从 1800—2010 年之间选择出版时间范围,在进一步选择学科范围,最后点击 Article Search 即可以检索到相关文献题录信息,从中选择所需文献,点击"Full Text"即可以阅读、复制或者下载保存。读者也可以按照学科、刊名字顺浏览期刊文章。有些 OA 文章不属于 Socolar 的合作伙伴,只能看到题录信息。

三、OA 资源利用应该注意的问题

(一) 信息来源的多样性

许多网络免费全文检索平台整合的资源多种多样,有的来自网站自建数据库,有的是与合作伙伴的超级链接,有的直接从网络搜索而来。这种状况造成有些检索到的全文要到文献所有者的网站或者数据库去下载阅读,因而有可能出现死链现象,要注意识别,甚至有时要到相应期刊或者网站的二级网页去寻找。

(二) 信息时效的多样性

网络免费全文学术信息有许多是论文正式发表前的预印本或者预发本,因而具有一定的前瞻性。许多免费网站收录开放存取 OA 期刊,同时也收录过渡 OA 期刊,包括延时 OA 期刊和部分 OA 期刊。延时 OA 期刊是指期刊出版一段时间后再通过互联网为用户提供免费服务,时滞短则一个月,长则两三年。而部分 OA 期刊是指在同一期期刊中,只有部分文章为用户提供免费服务。对于这种情况,即使找到某份期刊,却不能下载在该份期刊上发表的全部或部分文章。网站在提供浏览与检索时系统并没有把延时 OA 期刊、部分 OA 期刊与完全 OA 期刊区别开来,返回的检索结果中能直接获得全文和不能直接获得全文的记录混杂在一起,增加了用户在结果中进行选择的时间成本。

（三）检索方式与检索结果的多样性

免费全文检索网站都是自行设计检索方式,因而检索途径各有千秋,在布尔逻辑组配方面也不统一,尤其是在多途径全文检索设计方面与标准的数据库尤其是大型商业数据库相比,尚存许多不足。在免费全文的传送方面,某些 OA 资源网站需要传送 Cookie 等控件到本地,如果 IE 或其他网页浏览器等安全设置拒绝了这些文件则无法实现下载。目前免费全文学术信息的提供格式一般为 HTML、PDF、DOC、PPT 文件,需要相应的浏览器才能实现下载、阅读和利用。

第十节　数值、事实检索网站

一、概述

信息检索一般可以分为事实型信息检索（Fact Retrieval）、数值型信息检索（Data Retrieval）和文献型信息检索（Document Retrieval）三种类型。事实型和数值型信息检索的内容主要是日常生活和工作中遇到的一些疑难问题,如字词、事件、事实、人物、机构名称、年代日期、公式、常数、规格、方法等。这是一种确定性的检索。事实型和数值型信息检索主要依靠参考工具书来解决,现在我们则可以选用日渐增多的事实型数据库和数值型数据库。

（一）数值型数据库

数值型数据库存储的数据是某种事实、知识的集合,以数字数据为主,如统计数据、科学实验数据、科学测量数据等。代表性的数据库如:中国科学计量指标数据库。

（二）事实型数据库

事实型数据库是存储在计算机中的相互关联的数据集合,收录人物、机构、事务等的现象、情况、过程之类的事实性数据,如机构名录、大事记等。如万方商务信息数据库。事实型数据库所包括的信息数据类型较多,如经贸信息、统计数据、企业基本信息及产品信息等相关信息均可划分到此种类型的数据库中。

（三）数值、事实数据库的检索范围

英文缩写或代码的含义;计量单位的换算;某型号的电子器件生产厂家的数量及其技术特性数据;机器人应用居世界首位的国家;我国电气电子类产品的生产、市场、消费以及与各国或地区之间的进出口贸易关系;我国期货市场主体;"自动化"概念的确切的技术含义;钱学森的重要论著和贡献;上海和深圳股票市场每日变化;纽约和伦敦的黄金市场波动等。

（四）数值、事实数据库的形式与渠道

数值、事实数据库多由政府部门、专门机构或者企事业单位编制,以工具书的形式出版发行或者提供网络查询。常见的有网络黄页、字典、词典、百科全书、年鉴、统计年鉴、手册、名录、大全、产品目录、样本、图集、图谱、法律条文等。

二、数值、事实检索网站概览

（一）中华大黄页

中华大黄页(http://www.chinabig.com.cn)提供以中国大陆为主,包括港、澳、台大中华地区在内的近 310 多万家工商企业信息,具有全面高度智能搜索、强大的关键词查询功能,可方便快捷地根据公司名称、产品分类、公司地址等多种方式进行查询,可以用中文简体、中文繁体、英文三种版本随时转换查询。

（二）中国电信黄页

中国电信黄页(http://www.yellowpage.com.cn)由中国电信集团黄页信息有限公司负责开发、运营和维护,是中国电信最具专业性和权威性的黄页信息查询网站。人性化、检索功能强大、分类科学,包罗万象,提供城市黄页、全球黄页、黄页书店等服务。

（三）中国网上 114

中国网上 114(http://www.china-114.net)通过网站能够查询全世界各单位的电话号码,而且能够查询单位的名称、联系人、传真、邮编、职工人数、主要产品(或服务)、电子邮件地址及网站地址等详细资料。

（四）美国机构名录

美国机构名录(http://dirline.nlm.nih.gov)由美国国家医学图书馆提供,主要收集了美国约 17 000 个政府机构、研究机构、公司、学术机构等信息。

（五）康帕斯世界企业、产品名录

康帕斯世界企业、产品名录(http://www1.kompass.com/kinl/zh)起源于瑞士的康帕斯公司提供的一个在线专业搜索引擎,涉及 75 个国家 2 300 多万种产品和 360 多万名企业负责人信息,并推出了包括中文在内的 22 种语言界面。

（六）全球高校名录

全球高校名录（http://univ.cc）是根据联合国教科文组织 1997 年的全球高校名单开发出来的一个在线数据库，由国际高校协会提供。

（七）国家百科全书

国家百科全书（http://countries-book.db66.com）系统地全方位地介绍世界各国风光、文化、人文、国情和地理、气候等的知识性网站。该网站分为检索和浏览两大系统，其检索系统可直接键入关键词进行检索，同时提供二级检索。浏览系统可以按照"导航条"、"汉拼目录"分类浏览，同样设置了二级检索。

（八）市场经济百科全书

市场经济百科全书（http://jingji-book.db66.com）提供与市场经济相关的专业知识，包括近 500 万字、7 000 余条目、2 000 余幅图形公式、100 个电子动态表格和400 多幅有关经济生活及著名经济学家的图片，涉及国民经济、贸易、财政、金融、税务、会计、审计、统计、科技、教育、环境保护、卫生、劳动力、人口、政府调控、产业经济、西方经济理论与国外主要经济学家等诸多领域。

（九）中国年鉴信息网

中国年鉴信息网（http://www.chinayearbook.com）提供我国出版的各学科、各专题年鉴的内容介绍、出版者、出版日期、定价等信息，并提供在线购买服务。

（十）国家统计局

国家统计局（http：// www.stats.gov.cn）由中华人民共和国国家统计局和中国统计信息网共同制作。包括统计动态、数据经纬、分析预测、法规制度等栏目，提供了国际统计年鉴 1996—2008 年和中国统计年鉴 1996—2008 年的年度数据、普查数据、经济快讯、地方统计数据、统计法规、统计制度、统计标准、统计指标等信息。该站点提供链接和检索功能。

（十一）年鉴篇名数据库

年鉴篇名数据库（http://www.nlc.gov.cn/newpages/database/zgnj.htm）由中国国家图书馆创建，收录其馆藏综合性年鉴、统计性年鉴及经济特区年鉴 230 余种，选录1981—2008 年全部或部分年卷的统计资料、法律法规、特载专文、图书评介等方面的内容，为读者提供题名、作者、地区、出处、年卷号、页码、关键词、馆藏信息等检索点。

（十二）词霸在线

词霸在线（http://www.iciba.net）由金山公司推出，以现代英汉词典、现代英汉综合大词典、简明英汉词典等为基础，是一个便捷的英汉、汉英、汉语、日汉在线查词工具。

（十三）粤语审音配词库

粤语审音配词库（http://www.arts.cuhk.edu.hk/Lexis/lexi-can）由香港中文大学

提供,可以查粤语、普通话发音,以及汉字的英文意义。

（十四）当代汉英词典

当代汉英词典（http://www.arts.cuhk.edu.hk/Lexis/lexi-can）由林语堂编辑,香港中文大学在线提供。

（十五）汉语大词典

汉语大词典（http://www.ewen.cc/hd20）是由上海数字世纪网络有限公司提供字、词、成语的在线查询。

（十六）化学元素特性

化学元素特性（http://www.webelements.com）提供化学元素周期表及各元素的物化特性数据。

（十七）物理学参考数据

物理学参考数据（http://physics.nist.gov/PhysRefData）由美国国家科技信息中心提供,包括物质基本物理属性、原子和分子光谱数据、核物理属性、射线及放射属性、凝聚态物质属性等。

（十八）医药药品信息

医药药品信息（http://www.nlm.nih.gov/medlineplus）由美国国家医学图书馆提供,包括药品信息、医学百科、医学专业字典和医疗人员、机构名录等栏目。

本 章 小 结

本章分析了经济文献、经济情报和经济信息的概念,介绍了经济信息资源开发的意义和作用,对经济信息进行了系统分类,阐述了网络环境下数字经济信息检索的途径与方法。详细介绍了中国经济信息网、国务院发展研究中心信息网、中国资讯行、中国数字图书馆《四库全书》网络版、开放存取网站以及数值、事实检索网站的概况和检索方法。

复习思考题

1. 简述经济信息的类型、检索途径和方法。

2. 检索关于"传统能源替代研究"的相关文献。

3. 简述 OA 的含义及 OA 资源利用应该注意的问题。

4. 利用国务院发展研究中心信息网检索关于"有色金属行业整合振兴规划"的文献,撰写 1 份检索报告。

5. 简述《四库全书》数据库的检索方法与步骤。

6. "中国资讯行"可以提供哪些方面的经济信息？

7. "中国科技论文在线"有几个免费数据库？有几种检索途径？结合自己所学专业下载 3 篇最新文献。

第六章　专利及标准文献检索

　　技术创新能力是国家自主创新的重要组成部分,是提升与发展国家竞争力的核心要素。当前,市场的竞争就是技术的竞争,技术竞争归根结底是专利的竞争。专利和专利信息是科学技术创新成果的重要表现形式和主要载体,是不容忽视的资源宝库。专利信息资源的开发质量与应用效果决定着国家创新能力的层次。全世界技术成果的 90%~95% 首先发表在专利文献上,每年大约有 100 万件以上专利文献面世,目前已经累积专利文献 3 000 多万件。我国自 1985 年专利制度建立以来,已积累了大量专利信息资源,包括 100 多万件专利文献,几十万条专利引文数据,截止到 2009 年 3 月,我国受理的专利申请总量突破 500 万件。这些专利信息资源是宝贵的知识财富,是管理决策的重要依据。当前,发达国家在世界范围内进一步将其技术独占优势转化为市场垄断优势。目前在国内的外国企业,特别是大的跨国公司和企业集团也在高科技领域以大量的发明专利申请作为抢占中国市场的前导。在信息通讯、航空航天、医药制造等高科技领域,国外专利申请的比例均占 60%~90%。这使我国产业发展在很大程度上受到发达国家的专利制约。实施专利战略,就是要有效地运用有关知识产权的法律法规,努力提高原始性创新能力,更多地掌握具有自主知识产权的核心技术和关键技术,迅速提高我国发明专利的数量和质量,从而增强我国的科技、经济竞争力。

第一节　专　利　制　度

一、概述

　　专利制度是国际上通行的一种利用法律和经济的手段推动技术进步的管理制度。其基本内容是依据专利法,对申请专利的发明,经过审查和批准,授予专利权。发明人就在法律规定的有效期限内,对其发明创造享有制造、使用和销售的独占权,以此作为公开其技术的交换条件,同时又把申请专利的发明内容公之于世,以便进行技术情报交流和技术有偿转让。现代专利制度的基本理念是以技术公开换取法律保护。

专利制度的作用是国家利用法律手段保护发明权益、鼓励发明的技术公开、促进竞争、激发人们的创造精神、打破技术封锁、促进新技术成果的推广应用。其特征是法律保护、科学审查、公开通报、国际交流。世界上最早的专利制度萌芽于13世纪、14世纪的欧洲。1474年威尼斯共和国的《专利法令》以及1624年英国的《垄断法》是专利制度的起源。我国最早由洪仁玕于1859年在《资政新篇》中提出。1984年正式颁布《中华人民共和国专利法》并于1985年4月1日起施行。该法历经1992年和2000年两次修正,2008年完成第三次修正,2009年10月1日正式实施,使中国的专利制度在与国际接轨的基础上,进一步助推创新能力提高,促进经济社会发展。

二、专利知识

(一)专利的概念

知识产权一般包含:(1)版权与邻接权;(2)商标权;(3)地理标志权;(4)产品外观设计权;(5)专利权;(6)集成电路布图设计权;(7)未披露的信息专有权。专利权是知识产权的一部分。世界上最早的专利于1307年出现在英国。专利来源于拉丁语词源,具有以"公开换独占"以及公开的文献、特权的证明等含义。它是由"Royal Letters Patent"一词演变而成的,原意为"皇家特许证书",是指皇帝或王室颁发的一种公开的证书,通报授予某人某种特权。现在比较多的中国学者把专利定义为专利权,它是指一项发明创造,向国务院专利行政部门提出专利申请,经依法审查合格后,向专利申请人授予的在规定的时间内对该项发明创造享有的专有权。专利具有独占性,指权利人享有的独占的制造、使用、销售和进出口其专利产品的权利。专利的地域性表现在仅在授予专利权的国家管辖范围内有效。专利的时间性是指专利权在一定期限内有效,超出保护期限的专利则属于知识产权自动进入公有领域,可以自由免费使用。

(二)专利类型

各国专利类型不尽相同,目前我国的专利分为三种类型。

(1)发明专利,指对产品、方法及其改进提出的新的技术方案,发明具有突出的实质性特点和显著进步,保护期为20年。

(2)实用新型专利,指对产品、方法及其改进提出的新的技术方案,具有实质性特点和进步,保护期为10年。

(3)外观设计专利,指对产品形状、构造及其结合提出的实用方案或对产品形状、图案、色彩或者其结合所做出的富有美感并适合于工业上应用的新设计,具有实质性特点和进步,保护期为10年。

（三）发明专利与实用新型专利的区别

1. 概念区别

发明专利分为产品发明专利和方法发明专利。产品发明专利是指以物质形式出现的发明；方法发明专利是指以程序或者过程形式出现的发明。实用新型专利只限于产品发明的一部分，即有一定形状或者构造的产品，不能是一种方法，也不能是没有固定形状的产品。

2. 审批过程和费用不同

发明专利一般需要较长的审批过程、较多的申请文件和费用，而实用新型专利审批则比较快速并且费用低廉。

3. 保护期和保护强度不同

发明专利保护强度较大，保护期限为 20 年。实用新型专利保护强度较弱并且保护期限仅为 10 年。

（四）实用新型专利与外观设计专利的区别

外观设计专利是指产品的外形特征，它可以是产品的立体造型，也可以是产品的表面图案或者是两者的结合，但不能是脱离具体产品的图案和图形设计。外观设计专利首先必须是形状、图案、色彩或者其结合的设计；其次必须是对产品外表所作的设计；再次必须富有美感；最后必须适用于工业上的应用。外观设计专利的审批流程与实用新型类似，也只进行初步审查，保护期为 10 年。

外观设计专利与实用新型专利的本质区别在于：外观设计只保护美学设计，对产品功能不进行保护，而实用新型保护的是产品的功能、技术方案，对产品的外观不进行保护。

（五）相关专利

1. 基本专利

指申请人就同一发明在最先的一个国家申请的专利。

2. 同等专利

指发明人或申请人就同一个发明在第一个国家以外的其他国家申请的专利。

3. 同族专利

某一发明其基本专利和一系列同等专利的内容几乎完全一样，它们构成一个专利族系，属于同一个族系的专利称为同族专利。按照《保护工业产权巴黎公约》的规定，巴黎联盟各成员国给予本联盟各国的专利申请人优先权，即联盟内某国的专利申请人已在某成员国第一次正式就一项发明创造申请专利，当申请人就该发明创造在规定的时间内向本联盟其他国家申请专利时，申请人有权享有第一次申请的申请日期。发明和实用新型的优先权期限为 12 个月，外观设计的优先权期限为 6 个月。至少有一个优先权相同的，在不同国家或国际专利组织多次申请、多次公布或批准的一组专利文献构成专利族。同一专利族中每件专利文献互为同族专利。同族专利可以提供有关该相同发明主题的最新技术发展、法律状态和经济情报，可以帮助读者克服语言障碍，可以为专利机构审批专利提供参考。

4. 非法定相同专利

第一个专利获得批准后，就同一个专利向别国提出相同专利的申请，必须在12月内完成，超过12个月的则成为非法定专利。

（六）职务发明与非职务发明

执行本单位的任务或者主要是利用本单位的物质条件所完成的发明创造，属于职务发明，申请专利的权利属于该单位；如果不是执行本单位的任务或不是主要利用本单位的物质条件所完成的发明创造，属于非职务发明创造，申请专利的权利属于发明人或者设计人。

（七）中国专利权获得的一般过程

申请人向国家知识产权局提供一系列申请文件并缴纳相应费用，经过多道审批程序通过后获得专利授权，其中撰写有关专利文件是重要的环节。申请发明专利或者实用新型专利的，应当提交请求书、说明书及其摘要和权利要求书等文件。请求书应当写明发明或者实用新型的名称，发明人或者设计人的姓名，申请人姓名或者名称、地址，以及其他事项。说明书应当对发明或者实用新型做出清楚、完整的说明，以所属技术领域的技术人员能够实现为准，必要的时候，应当有附图。摘要应当简要说明发明或者实用新型的技术要点。权利要求书应当以说明书为依据，说明要求专利保护的范围。申请外观设计专利的，应当提交请求书以及该外观设计的图片或者照片等文件，并且应当写明使用该外观设计的产品及其所属的类别。获得授权的过程，如图6-1所示。

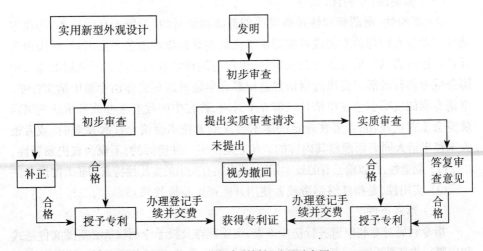

图 6-1 获得专利授权过程示意图

（八）专利国际合作组织与有关条约

1.《保护工业产权巴黎公约》

《保护工业产权巴黎公约》是世界上最早签订的有关商标、专利等工业产权保护的国际公约，于 1883 年 3 月 20 日在巴黎签订。目前执行的文本是 1967 年在斯德哥尔摩会议上修改后的文本。我国于 1985 年 3 月 19 日正式成为公约成员国。巴黎公约是一个开放性的国际公约，截至 1997 年 1 月 1 日，公约成员国已从缔约时的 11 个发展到 140 个。巴黎公约的保护范围很广，主要是专利、实用新型、工业品外观设计、商标、服务商标、厂商名称、产地标记或原产地名称、反不正当竞争等。"工业产权"也不仅仅指狭义上的工业，还包括商业、农业和采掘业以及全部制成的或天然的产品。巴黎公约的规定可以分为三类，即国民待遇原则和优先权原则，以及对商标、专利的保护所要求的基本标准，即所谓共同规则。

2.《专利合作条约》

《专利合作条约》(Patent Cooperation Treaty PCT)，是在巴黎公约原则的基础上缔结的专利领域的专门性国际条约，由 WIPO 国际局管辖。1994 年 1 月 1 日我国正式成为 PCT 成员国。PCT 对巴黎公约起补充作用，是巴黎公约下属的一个专门性国际条约。

3. 世界知识产权组织

世界知识产权组织（World Intellectual Property Organization，WIPO），是一个政府间组织，是联合国组织系统的 16 个专门机构之一。1970 年成立，1974 年成为联合国的一个专门机构。我国于 1980 年 6 月 3 日正式成为第 90 个成员国。

三、授予专利权的条件

（一）实质性（专利性）条件

（1）新颖性，所谓新颖性是指发明创造必须是新的、前所未有的技术，指在申请日以前没有同样的发明或者实用新型在国内外出版物上公开发表过、在国内公开使用过或者以其他方式为公众所知，也没有同样的发明或者实用新型由他人向国务院专利行政部门提出过申请并且记载在申请日以后公布的专利申请文件中。申请专利的发明创造在申请日以前 6 个月内，曾在中国政府主办或者承认的国际展览会上首次展出；或者在规定的学术会议或者技术会议上首次发表的；或者他人未经申请人同意而泄露其内容的。有上述任何一种情形的，不视为丧失新颖性。

（2）创造性，与以前已有的技术相比，该发明有突出的实质性特点和显著的进步。

（3）实用性，是指能够制造或者使用并能产生积极效果。

（二）形式条件

指专利局对专利申请进行初步审查、实质审查及授予专利权所必需的文件格式和应履行的必要手续，包括专利申请文件撰写符合要求、缴纳各项专利申请费用等。

（三）不授予专利权的几种情形

（1）科学发现。

（2）智力活动的规则和方法，包括各种设备和仪器的使用说明、教学方法、乐谱、音乐、速算法、口诀、语法、计算机语言和计算规则、字典的编排方法、图书分类规则、日历的编排规则和方法、心理验算法、裁缝方法、会计记账方法、统计方法、游戏规则和各种表格等。

（3）疾病的诊断和治疗方法，包括中医的诊脉方法、针灸方法，西医的化验方法等。

（4）动物和植物品种。一般认为动植物品种与工业商品不同，受自然条件影响大，缺乏用人工方法绝对"重现"的可能性。国际上对此尚有争议。其中对动物和植物产品的生产方法，可以依照专利法规定授予专利权。

（5）用原子核变换方法获得的物质以及对违反国家法律、社会公德或者妨害公共利益的发明创造。

第二节　专利文献

专利文献是包含已经申请或被确认为发现、发明、实用新型和工业品外观设计的研究、设计、开发和试验成果的有关资料，以及保护发明人、专利所有人及工业品外观设计和实用新型注册证书持有人权利的有关资料的已出版或未出版的文件（或其摘要）总称。作为公开出版物的专利文献主要有各种类型的专利说明书、专利公报、文摘和索引，以及发明、实用新型、工业品外观设计的分类表等。据记载英国于 1617 年保存了世界上第一件专利说明书。其后美国于 1790 年、德国于 1877 年、韩国于 1948 年分别保存了自己国家的专利说明书。专利信息载体经历了由纸件到光盘到网络数据库的不断演变。专利信息是集技术信息、经济信息、法律信息于一体的实用知识。

一、专利文献的类型

（一）各种专利说明书

目前各国出版的发明专利说明书组成部分主要包括：扉页、说明书、权利要求、附图、检索报告等。

1. 扉页

扉页是类似书籍的标题页，是由各工业产权局在出版专利说明书时增加的。包括基本著录项目、摘要或权利要求、一幅主要附图（机械图、电路图、化学结构式）

三部分内容。如图 6-2 所示。

[19] 中华人民共和国国家知识产权局

[51] Int. Cl.

G09B 23/00（2006.01）

[12] **发 明 专 利 说 明 书**

专利号 ZL 200610043731.X

[45] 授权公告日　2009 年 6 月 3 日

[11] 授权公告号 CN 100495474C

[22] 申请日　2006.5.9
[21] 申请号　200610043731.X
[73] 专利权人　陈宁宁
　　　　地址　250101 山东省济南市临港开发区凤
　　　　　　　鸣路山东建筑大学全息创新研究所
[72] 发明人　许福运　李　敏　陈宁宁
[56] 参考文献
　　　CN2311036Y　1999.3.17
　　　CN87209899U　1988.5.18
　　　WO96/13822A1　1996.5.9
　　审查员　罗　强

[74] 专利代理机构　济南金迪知识产权代理有限公
　　　　　　　　　　司
　　　代理人　宁钦亮

权利要求书 1 页　说明书 3 页　附图 2 页

[54] **发明名称**
　　一种光学视觉效应测试装置

[57] **摘要**
　　一种光学视觉效应测试装置及测试方法，属于
实验演示装置技术领域，由测试车、用于测试车运
行的专用轨道和测试板组成，测试车上固定一个座
椅和用于测试者头颈部定位的装置，测试车位于轨
道上；测试板位于轨道另一端，测试板高度与测试
者高度相适应；测试板上设有两个带底色的图案，
每个图案由 1-5 个带底色的相同菱形组成的同心圆
构成；头颈部定位装置是可调节高度的卡座式定位
装置，测试者目光的水平视线与测试者观察测试板
上同心圆圆心时的视线之间夹角为 0，直线轨道。
驱动测试车，使测试车与测试板之间不间断地进行
相对或相向运动，测试者会看到，测试板上的菱形
图案在圆周上沿圆心做逆时针或顺时针转动。

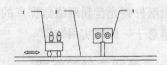

图 6-2　专利说明书扉页

2. 说明书

说明书是清楚完整地描述发明创造的技术内容的文件，是专利文献的主题。

各国对说明书中发明描述规定大体相同,以中国发明说明书为例,应当包括下列内容:所属技术领域、背景技术、发明内容(所要解决的技术问题以及采用的技术方案,有益效果)、附图说明、具体实施方式。1993年以后出版的中国专利说明书的种类主要有发明专利申请公开说明书;已经授权的发明专利说明书,文献种类代码为C,经实质性审查并授予专利权;实用新型专利说明书,文献种类代码为Y,初步(形式)审查合格、授予专利权;外观设计授权公告,文献种类代码为D,初步(形式)审查合格、授予专利权。

3. 权利要求书

权利要求书是申请人请求专利保护的范围,应当说明发明或实用新型的技术特征,清楚、简要地表述请求保护的范围。当发明创造授予专利权之后,权利要求书就是确定该发明创造专利权范围的根据,也是判断他人是否侵权的依据,并且具有直接的法律效力。

4. 附图

附图是用于补充说明书文字部分的文件。在许多国家,附图被看成是专利申请文件中的一个独立部分,而在中国,附图是说明书中的一部分。附图和说明书一起构成权利要求的基础。

5. 检索报告

检索报告是反映检索结果的文件。申请人可据此对其发明创造的专利性做出判断,并根据检索结果对权利要求进行删改。申请人的竞争对手可以据此预测该申请能否授权,宣布是公知技术,或者提起无效专利诉讼。检索报告也是审查员在对专利申请文件中描述的发明创造进行有关技术水平判定的依据之一。检索报告的内容包括专利申请的类别、检索范围、相关文献、出证等部分。相关文献包括三个部分:种类(相关程度)、引用文献、相关权利要求序号。种类主要有技术背景文献、特别相关文献、与其他同种文献结合而特别相关的文献等。

(二) 专利公报

专利公报的内容主要是各类专利申请的审查和授权情况,类型有题录型专利公报、文摘型专利公报和权利要求型公报。主要是有关申请报道,有关授权报道,有关地区、国际性专利组织在该国的申请及授权报道,与所公布的申请和授权有关的各种法律状态变更信息等。为了便于检索,编排了各类专利文摘和专利索引。专利公报的主要作用是提供超前和可靠的工业产权信息源,了解近期有关工业产权申请和授权的最新情况,了解各项法律事务变更信息。专利公报可作为专利信息追溯检索的工具。

(三) 专利分类资料

包括国际专利分类和国际外观设计分类等。

二、专利文献的特点与作用

(一) 专利文献特点

1. 数量巨大、内容广博,集专利技术、法律、经济信息于一体

现在每年世界各国出版的专利文献已超过 150 万件,全世界累积可查阅的专利文献已超过 6 300 万件。专利文献涵盖了绝大多数技术领域,从小到大,从简到繁,几乎涉及人类生活的各个领域。专利文献不仅记录了发明创造内容,展示发明创造实施效果,同时还揭示每件专利保护的技术范围,记载了专利的权利人、发明人、专利生效时间等信息。

2. 传播最新技术信息

申请人在一项发明创造完成之后总是以最快的速度提交专利申请,以防竞争对手抢占先机。德国的一项调查表明,有 2/3 的发明创造是在完成后的一年之内提出专利申请的,第二年提出申请的接近 1/3,超过两年提出申请的不足 5%。

3. 完整而详细的揭示发明创造内容

专利申请文件一般都依照专利法规中关于充分公开的要求对发明创造的技术方案进行完整而详尽的描述,并且参照现有技术指明其发明点所在,说明具体实施方式,并给出有益效果。

4. 格式统一规范,高度标准化,具有统一的分类体系

专利文献有统一的编排体例,采用国际统一的专利文献著录项目识别代码(INID 码),专利说明书有法定的文体结构,从发明创造名称、所涉及的技术领域和背景技术到发明内容、附图说明和具体实施方式等,每项内容都有具体的撰写要求和固定的顺序,并严格限定已有技术与发明内容之间的界线。WIPO 工业产权信息常设委员会为使专利文献信息出版国际统一,制定了一系列专利文献信息推荐标准。各国出版的发明和实用新型文献采用或同时标注国际专利分类号,外观设计文献采用或同时标注国际外观设计分类号。

(二) 专利文献的作用

1. 传播发明创造,促进技术进步

(1) 专利文献承载发明创造内容。专利文献信息是专利制度的产物,专利制度规定专利申请人在申请专利时须提交描述发明创造技术内容和限定专利保护范围的文件。专利机构则以保护为条件将该文件公之于众,记录发明创造的专利文献由此产生。每年全世界公布的专利文献约为 150 万件,至今累计达 6 300 多万件,排除同族专利,记载的发明创造约 1 600 万项。

(2) 专利文献与其他文献相比在传播发明创造方面具有突出作用。世界知识产权组织的研究结果表明,全世界最新的发明创造信息,90% 以上首先都是通过专利文献反映出来的。大约95%的发明创造被记录在专利文献之中,80%的发明创造仅在专利文献中记载。互联网使专利文献信息传播更加方便,世界主要国家都在互联网上公告专利文献,公众可以在第一时间从互联网上查询获得最新授予专利权的发明创造的信息。因此发明创造通过专利文献得以传播,人们由此可以获得最新技术信息,扩大利用新技术的概率,进而起到促进全社会技术进步的作用。

2. 警示竞争对手,保护知识产权

人们申请专利的目的是寻求对其发明创造的保护。绝大多数专利申请人是基于以下认识申请专利的:专利制度承认人们的智力劳动成果,承诺保护专利权人的专利权,因此专利权人可以通过实施其受专利保护的发明成果获得最大化商业利益。专利权人最担心的是竞争对手侵犯其专利权。通过专利文献信息公布,可以向竞争对手传达一种警示信息。专利文献不仅向人们提供了发明创造技术内容,同时也向竞争对手展示了专利保护范围。许多专利权人在其专利产品上标识专利标记,从而方便用户检索该专利说明书,了解其专利保护的内容,从而达到保护知识产权的目的。

3. 借鉴专利信息,避免侵权纠纷

任何竞争对手都要尊重他人的知识产权,杜绝恶意侵权行为,避免无意侵权过失,以形成良好的市场竞争氛围。专利文献可以起到这方面的借鉴作用。专利文献中含有每一件专利的保护范围信息(权利要求书)、专利地域效力信息(申请的国家、地区)、专利时间效力信息(申请日期、公布日期)。专利文献信息恰似一面镜子,只要随时照一照(检索专利的法律信息),就可以实现自我约束,避免纠纷发生,也是提供专利诉讼的依据。

4. 提供技术参考,启迪创新思路

企业是创新的主体,专利是创新的成果。在建设创新型国家过程中,要借鉴前人的智慧,站在巨人的肩膀上,进行再创造。专利文献可以起到这方面的借鉴作用。专利文献中含有每一件申请专利的发明创造的具体技术解决方案(说明书)。专利文献中记载了从航天、生物等高科技到人类生活日用品各方面的发明创造。研究本领域专利文献中记载的发明创造,对于企业创新具有非常重要的作用:不仅可使企业避免重复研究,节约研究时间(缩短60%科研周期)和经费(节约40%的科研经费),同时还可启迪企业研究人员的创新思路,提高创新的起点,实现创新目标。

5. 科研和经贸实务的基础资料

专利文献是科研项目立项、成果鉴定、人才和机构评价,进行技术贸易活动(包括产品出口、技术引进和收集竞争对手情报)的重要基础资料。

(三) 专利文献的合理利用

(1) 由于教学和科研的需要,不以盈利为目的,可以自行利用相应的专利文献。

（2）失效专利可以无偿使用。失效专利主要是指超过保护期的专利。专利权在期限届满前由专利局登记和公告的提前终止的专利,包括没有按照规定缴纳年费或者专利权人以书面声明放弃其专利权的。

（3）根据专利的地域性,不受本国专利法保护的外国专利可在本国自由使用。

（4）通过专利权转让获得独家许可或者分许可的用户可以自由使用专利文献。

（5）在现有专利技术的基础上开发、创新形成新的技术或者专利可以广泛利用现有的全部专利文献。

第三节　国际专利分类法

一、国际专利分类法概述

国际专利分类法（International Patent Classification,IPC）是根据 1971 年签订的《国际专利分类的斯特拉斯堡协定》编制的,是目前唯一国际通用的专利文献分类和检索工具。IPC 分类表,每五年修订一次。国际专利分类法按照技术主题设置类目。分类表采用等级结构,把整个技术领域按降序依次分为五个不同的等级,即部、大类、小类、大（主）组、小组。如第七版 IPC 分类表包括八个部、120 个大类、628 个小类、6 948 个大组、61 074 个小组。2006 年 1 月起执行第八版 IPC 分类表,在专利文献上表示为：Int. CL.。国际专利分类法主要是对发明和实用新型专利文献（包括出版的发明专利申请书,发明证书说明书,实用新型说明书和实用证书说明书等）进行分类。对于外观设计专利文献来说,使用国际外观设计分类法（也称为洛迦诺分类法）进行分类。德温特分类是从应用性角度编制的比较著名的国际专利分类体系,它将全部技术领域分为三个大类：化学（chemical）、工程（engineering ）、电子电气（electronic and electrical）。大类之下又被分为部（section）,总共有 33 个部：化学 12 部（A–M）,工程 15 部（P1–Q7）,电子电气 6 部（S–X）。部又进一步被分为小类（classes）,小类用一位或两位数字表示。欧洲专利局（EPO）的 ECLA 分类是对 IPC 的有关小组进行进一步细分的产物。

二、国际专利分类法分类体系与配号

（一）国际专利分类表八个部所涉及的技术范围

A 部：生活需要。

B 部：作业;运输。

C 部:化学;冶金。

D 部:纺织;造纸。

E 部:固定建筑物。

F 部:机械工程;照明;加热;爆破。

G 部:物理。

H 部:电学。

(二) 国际专利分类表的编排结构

1. 部

分类表内容包括了与发明专利有关的全部知识领域,共分为八个部,部是分类表的最高等级。

2. 大类

每一个部按不同的技术领域分成若干个大类,每一个大类的类号由部的类号和在其后加上两位数字组成。例如:A01 农业。

3. 小类

每一个大类包括一个或多个小类。每一个小类类号由大类类号加上一个英文大写字母组成。例如：A01B 农业或林业的整地。

4. 大组

大组的类号由小类类号加上一个一位到三位的数、斜线"/"及数字"00"组成。例如:A01B 1/00 手动工具。

5. 小组

小组是大组的细分,每一个小组的类号由小类类号加上一个一位至三位数,后面跟着斜线"/",再加上一个除"00"以外的至少有两位的数组成。小组的类名明确表示可检索属于该大组范围之内的一个技术主题范围,小组的类名前加一个或几个圆点表示该小组的等级位置,即指明每一个小组是比它少一个圆点的它上面最近的小组的细分类。解读小组的类名,必须考虑决定它并限定它的被缩排的各个组的类名。

一个完整的分类号由代表部、大类、小类、大组或小组的符号构成。

例如:国际专利分类号"H01F 1/053"实际涉及的是"特征在于其矫顽力的包括硬磁合金尤其是含有稀土金属的无机材料的磁体"。分类号中每个符号的含义如下:

部	H	电学
大类	H01	基本电器元件
小类	H01F	磁体
大组	H01F	1/00 特征在于其磁性材料的磁体或磁性物体;

一点小组   1/01 ● 无机材料的

二点小组   1/03 ● ● 特征在于其矫顽力

三点小组   1/032 ● ● ● 硬磁材料的

四点小组   1/04 ● ● ● ● 金属或合金

五点小组   1/047 ● ● ● ● ● 特征在于其成分的合金

六点小组   1/053 ● ● ● ● ● ● 含有稀土金属

第四节 专利信息检索

专利信息检索是指根据一项数据特征,从大量的专利文献或专利数据库中查找并挑选符合某一特定要求的文献或信息的过程。

一、专利检索的类型

(一)专利技术信息检索

专利技术信息检索是指从任意一个技术主题对专利文献进行检索,从而找出一批参考文献的过程。专利技术信息检索有特定的检索结果要求,对所使用的专利信息检索系统也有较为严格的要求,检索者还需按照其特定的检索步骤进行检索。

(二)专利性检索

专利性检索是指为了判断一项发明创造是否具备新颖性、创造性而进行的检索,属于技术主题检索,即通过对发明创造的技术主题进行对比文献的查找来完成的。根据检索要达到的目的,专利性检索可分为新颖性检索和创造性检索。

1. 新颖性检索

新颖性检索是指专利申请人、专利审查员、专利代理人及有关人员在申请专利、审批专利及申报国家各类奖项等活动之前,为判断该发明创造是否具有新颖性,对各种公开出版物上刊登的有关现有技术进行的检索,找出可进行新颖性对比的文献。该类检索的目的是为判断新颖性提供依据。

2. 创造性检索

创造性检索是指专利申请人、专利审查员、专利代理人及有关人员在申请专利、审批专利及申报国家各类奖项等活动之前,为确定申请专利的发明创造是否具备创造性,对各种公开出版物进行的检索。

(三)防止侵权检索

防止侵权检索是指为避免发生专利纠纷而主动对某一新技术新产品进行的

专利检索,其目的是要找出可能受到其侵害的专利。

（四）被动侵权检索

被动侵权检索是指被别人指控侵权时进行的专利检索,其目的是要找出对受到侵害的专利提无效诉讼的依据。

（五）专利法律状态检索

专利法律状态检索是指对专利的时间性和地域性进行的检索,又分为专利有效性检索和专利地域性检索。专利有效性检索是指对一项专利或专利申请当前所处的状态进行的检索,其目的是了解该项专利是否有效。专利地域性检索是指对一项发明创造都在哪些国家和地区申请了专利进行的检索,其目的是确定该项专利申请的国家范围。专利法律状态检索属于号码检索,即从专利或专利申请的申请号、文献号、专利号等入手,检索出专利的法律状态。

（六）同族专利检索

同族专利检索是指对一项专利或专利申请在其他国家申请专利并被公布等有关情况进行的检索,其目的是找出该专利或专利申请在其他国家公布的专利文献号。

（七）组合专利信息检索

组合专利信息检索是指为满足一定需求,将多种检索种类组合起来应用,可产生出许多综合性检索种类。如专利族法律状态检索、防止侵权检索、专利无效诉讼检索、技术引进中的专利信息检索、技术创新中的专利信息检索、产品出口前的专利信息检索、竞争对手研究中的专利信息检索、专利战略研究中的专利信息检索等。

二、专利信息检索的方法与途径

（一）专利信息检索的构成因素

检索系统、检索方式、检索入口、检索种类、检索目的、检索范围、检索技巧以及检索经验等因素构成了专利信息检索。这些因素共同制约着专利信息检索的过程,直接影响着专利信息检索的结果。

（二）专利信息检索的主要途径

1. 主题检索

主要是分类检索和关键词检索。主题检索一般步骤是:

（1）初检。首先利用被检索技术主题的若干已知的主题词进行初步检索,找到若干篇文献,然后阅读这些文献的著录数据,以确定检索的初步效果。

（2）从分类角度检索。通过阅读初步检索的结果（即找到的几篇专利文献）的著录项目,找出它们所涉及的相关国际专利分类 IPC 号,再对照国际专利分类表,找出最相关的 IPC 号。

（3）从同义词角度检索。找出同义词、近义词，通过阅读初步检索的结果（即找到的几篇专利文献）的著录项目及文摘，找出它们所涉及的该技术主题的其他表述或同义词、近义词，确定一个完整的检索提问式。

（4）整合。将根据初步检索结果找到的 IPC 号和该技术主题的其他表述或同义词、近义词进行最后组配，所确定的检索提问式即是该检索课题的最终的完整的检索提问式。用此检索提问式进行检索，得出的检索结果通常是最完整的。

2. 名字检索

发明人、设计人检索和专利申请人、专利权人、专利受让人检索。

3. 号码检索

申请号检索，优先权检索和文献号（专利号）检索。

（三）计算机检索方法的应用

在第 1 章讲述的计算机检索方法在专利检索中都会用到，包括以下几种：

（1）字段检索，也称检索入口检索。

（2）通配检索，包括截断检索、强制符检索、选择检索。

（3）一般逻辑组配检索，包括逻辑“或”检索、逻辑“与”检索、逻辑“非”检索。

（4）邻词检索和共存检索，包括邻词有序检索、邻词无序检索、共存有序检索和共存无序检索。

（5）范围检索，包括“大于”检索、“大于等于”检索、“小于”检索、“小于等于”检索、“从……到……”检索。

（6）跨字段逻辑组配检索。

（7）二次检索，在检索结果中进一步限定进行检索。

（四）专利信息检索结果的解读

1. 竞争对手信息解读

（1）将相关专利按专利权人划分成若干个组并进行分析，可以得到以下信息：某产品的所有技术竞争对手，每一个竞争对手拥有该产品专利技术的数量，自己在该技术竞争中所处的位置，每一个竞争对手在该技术的市场中所占的份额。

（2）如果对每一个技术竞争对手拥有的专利总数量进行检索及数量比分析，可进一步得到以下信息：竞争对手是大公司还是小公司或个人，该技术是各公司的主要技术还是其众多专利技术中的一种，该技术在各公司所占的分量。

（3）在竞争对手的分析中，发明人信息也是判断竞争对手技术实力的一个依据。

2. 同族专利解读

（1）将检索到的所有专利按专利族划分成组，在每个专利族中按专利申请时间顺序排列同族专利，再列出每件同族专利的联系要素——优先权，对特殊同族专利再做出说明。

（2）可以得到以下信息：从同族专利的多少了解该专利技术所要控制的市场范围及大小，竞争对手的市场意识及预测能力，竞争对手的专利意识及运用专利制度为专利申请人创造的各种有利条件的能力。

3. 专利有效性解读

分析一件经检索未能得到准确答案的专利或专利申请的法律状态，主要根据各国专利法中有关专利期限计算的规定和有关缴费规定，以及专利公报的相关公告或专利数据库中有关数据，做出专利有效性推断。

第五节　网络专利检索系统工具

常用的专利信息检索系统主要利用七国两组织的专利数据库。"七国两组织"专利数据库是指包括中国、美国、英国、日本、德国、法国、瑞士以及欧洲专利局、世界知识产权组织在内的七个国家和两个组织的专利文摘及附图数据库。利用这些数据库进行检索，具有很强的实效性。七国两组织专利文献标识代码为：CN 中国、US 美国、GB 英国、JP 日本、DE 德国、FR 法国、CH 瑞士、EP 欧洲专利局、WO 世界知识产权组织（或专利合作条约组织）。

一、国家知识产权局网站

（一）概述

国家知识产权局网站是国家知识产权局建立的政府性官方网站。该网站提供与专利相关的多种信息服务，如专利申请、专利审查的相关信息，近期专利公报、年报的查询，专利证书发文信息、法律状态、收费信息的查询等。此外，还可以直接链接到国外主要国家和地区的专利数据库、国外知识产权组织或管理机构的官方网站、国内地方知识产权局网站等。国家知识产权局网站主页上设有中国专利检索功能。该检索系统收录了自 1985 年 9 月 10 日以来已公布的全部专利信息，包括著录项目、摘要、各种说明书全文及外观设计图形。

（二）进入方式

直接进入网址：http://www.sipo.gov.cn/sipo/

（三）检索方式

点击主页文献服务栏目进行专利信息检索，如图 6-3 所示。

国家知识产权局网站中国专利检索系统提供三种检索方式：简单检索、高级

图 6-3　国家知识产权局网站主页

检索和 IPC 分类检索。检索前首先要下载安装专利说明书浏览器。

1. 简单检索

简单检索页面提供含 9 个检索字段的"检索项目"选择项和一个"检索词"信息输入框。注意：输入的信息需要与选择的字段相匹配。默认为检索中国专利，若检索国外及中国港、澳、台地区专利需要先选定美国、日本、英国、德国、瑞士、中国香港、中国澳门、欧洲专利局、世界知识产权组织的链接。如图 6-4 所示。

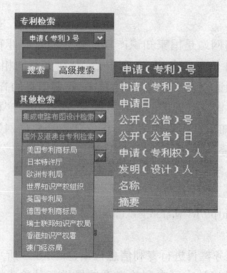

图 6-4　简单检索界面

2. 高级检索

高级检索页面提供 16 个检索字段及三个专利种类的选择项。检索时，可根据需要选择相应的专利类型，然后在相应字段中输入信息。检索词可以使用逻辑符号（AND、OR、NOT）组配，也可以使用截词符号进行单字符截断或者多字符截断。其中"?"用于单字符结算，"%"用于多字符结算，如图 6-5 所示。

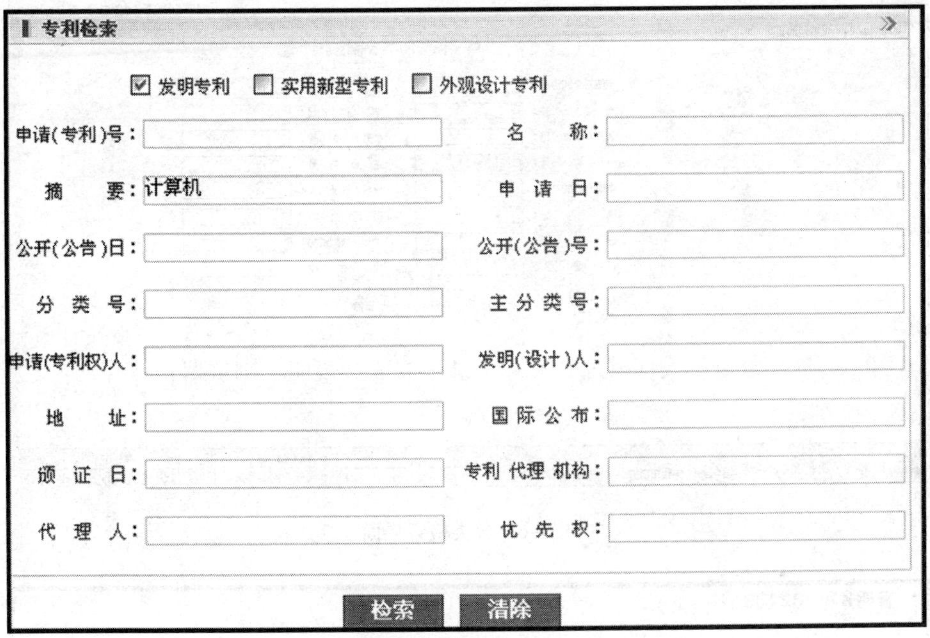

图 6-5 高级检索界面

3. IPC 分类检索

高级检索页面中，选择右上角的"IPC 分类检索"，即可进入 IPC 分类检索页面。根据左侧的 IPC 分类表，可以按照 IPC 分类的部、大类、小类、大组、小组逐级选择相应的分类号，同时"分类号"字段的输入框中将出现相应的类号，可直接使用该分类号进行检索，还可以与其他信息进行逻辑组合检索（见图 6-6）。

4. 检索结果的显示

快速检索和高级检索的检索结果页面上方显示结果的条数，分别由发明、实用新型和外观设计组成。每页最多显示 20 条记录，每一条记录均有序号、申请号和专利名称，如图 6-7 所示。点击检索结果列表中的某一申请号或专利名称，均可查看专利的详细著录数据。点击"申请公开说明书"或"审定授权说明书"，可查看或者下载中国专利文献的官方出版文本。

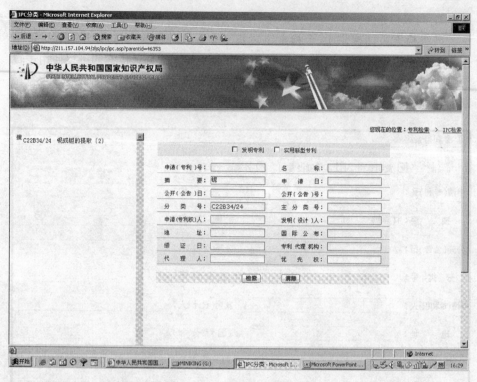

图 6-6　分类检索界面

＊ 发明专利 (32139)条

序号	申请号	专利名称
1	02110495.6	大棚蔬菜专家施肥系统
2	01119750.1	用于长距离中心枢转灌溉系统的校直控制器
3	02125642.X	运动心电图中T波交替的检测方法及其装置
4	01119000.0	体外冲击波碎石机定位控制系统和方法
5	02132522.7	全自控高精度晶体线切割机
6	02138730.3	一种列车安全监控系统
7	01118246.6	高温超导电缆绕制机
8	02125546.6	油井动液面闭环控制系统
9	01118260.1	测量锅炉燃烧辐射能及温度场并控制燃烧的方法及其系统
10	02104001.X	汽车超载自动识别检测系统及方法

图 6-7　检索结果界面

（四）专利法律状态检索

专利法律状态检索是指对一项专利或专利申请当前所处的状态进行的检索，其目的是了解专利申请是否授权，授权专利是否有效，专利权人是否变更，以及与专利法律状态相关的信息。通常通过专利法律状态检索所获得的信息包括：专利权有效、专利权有效期届满、专利申请尚未授权、专利申请撤回、专利申请被驳回、专利权终止、专利权无效和专利权转移等。国家知识产权局网站可以检索中国自1985 年 9 月 10 日以来的专利文献的法律状态。在主页（http://www.sipo.gov.cn/sipo/）上，选择图标"法律状态查询"，即可进入到法律状态查询页面。该法律状态查询页面提供三个检索入口：申请（专利）号、法律状态公告日、法律状态。用户可以根据已有的信息或需要进行查询。因为中国专利文献每周周三出版及更新，所以使用"法律状态公告日"进行特定日期的检索时，输入的日期必须是每周的周三。该网站提供的法律状态信息仅供公众参考，确切的法律状态应以国家知识产权局专利登记簿的记载为准。

二、欧洲专利局网站专利检索

（一）概述

自 1998 年开始，欧洲专利局在 Internet 网上建立了 esp@cenet 数据检索系统。建立 esp@cenet 数据检索系统的主要目的是使用户便捷、有效地获取免费的专利信息资源，提高整个国际社会获取专利信息的意识。欧洲专利局网站还提供一些专利信息，如专利公报、INPADOC 数据库信息及专利文献的修正等。欧洲专利局的检索界面可以使用英文、德文、法文和日文（注：日文仅在 esp@cenet 数据检索系统中使用）四种语言。

（二）收录范围

从 1998 年中旬开始，esp@cenet 用户能够检索欧洲专利组织任何成员国、欧洲专利局和世界知识产权组织公开的专利的题录数据。esp@cenet 数据检索系统中收录每个国家的数据范围不同，数据类型也不同。数据类型包括：题录数据，文摘、文本式的说明书及权利要求，扫描图像存储的专利说明书的首页、附图、权利要求及全文。esp@cenet 数据检索系统包含以下数据库：

（1）WIPO-esp@cenet 专利数据库。收录最近 24 个月公布的 PCT 申请的著录数据。

（2）EP-esp@cenet 专利数据库。收录最近 24 个月公布的欧洲专利申请的著录数据。

（3）Worldwide 专利数据库。截至 2006 年 11 月，收录 80 多个国家的 5 600 万件专利的著录项目。其中的 2 980 万件有发明名称，2 890 万件有 ECLA 分类号，

1 800万件有英文摘要。它以 PCT 最低文献量为基础。

（三）进入方法

直接进入，网址：http://ep.espacenet.com/。

（四）专利检索

提供4种检索方式，分别为：Quick Search（快速检索）、Advanced Search（高级检索）、Number Search（号码检索）和 Classification Search（分类检索）。如图 6-8 所示。

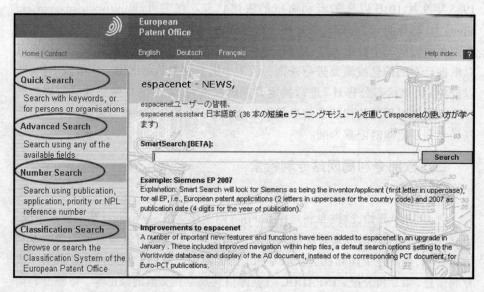

图 6-8　欧洲专利局网站检索方式界面

1. 快速检索

本页面设置一个数据库选择项（三个数据库：Worldwide、EP-esp@cenet、WIPO-esp@cenet），默认数据库为 Worldwide；两种检索类型选项，可以选取在发明名称或摘要中输入关键词进行检索，也可以选取使用发明人或申请人的名字进行检索；一个检索术语输入项（不区分英文大小写）。如图 6-9 所示。

2. 高级检索

本页面设置一个数据库选择项（三个数据库：Worldwide、EP-esp@cenet、WIPO- esp@cenet），默认数据库为 Worldwide。注意：如果选择 EP-esp@cenet 或 WIPO-esp@cenet 数据库，则"Keyword(s) in title or abstract"（发明名称或摘要中的关键词）和"European Classification（ECLA）"（欧洲分类）字段不能使用，如图 6-10 所示。

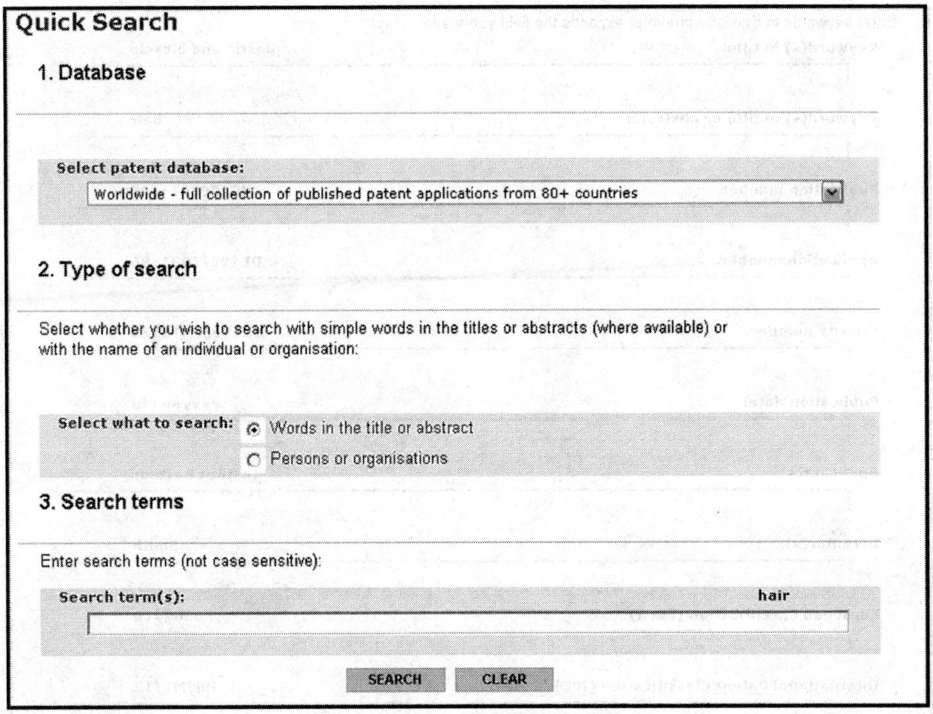

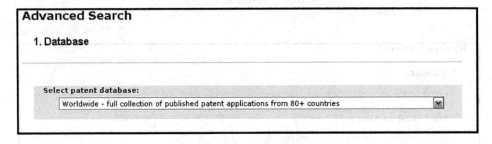

图 6-9　快速检索界面

图 6-10　高级检索数据库选择界面

　　高级检索页面设置了 10 种检索入口：发明名称中的关键词、发明名称或摘要中的关键词、ECLA 分类号、IPC 分类号、申请号、公开号、公开日、优先权号、申请人、发明人。可根据已知条件进行逻辑组配检索，如图 6-11 所示。

　　3. 号码检索

　　本页面设置一个数据库选择项（三个数据库：Worldwide，EP-esp@cenet，WIPO- esp@cenet），默认数据库为 Worldwide；一个号码输入项，可以进行公开号、申请号或优先权号的输入。如图 6-12 所示。

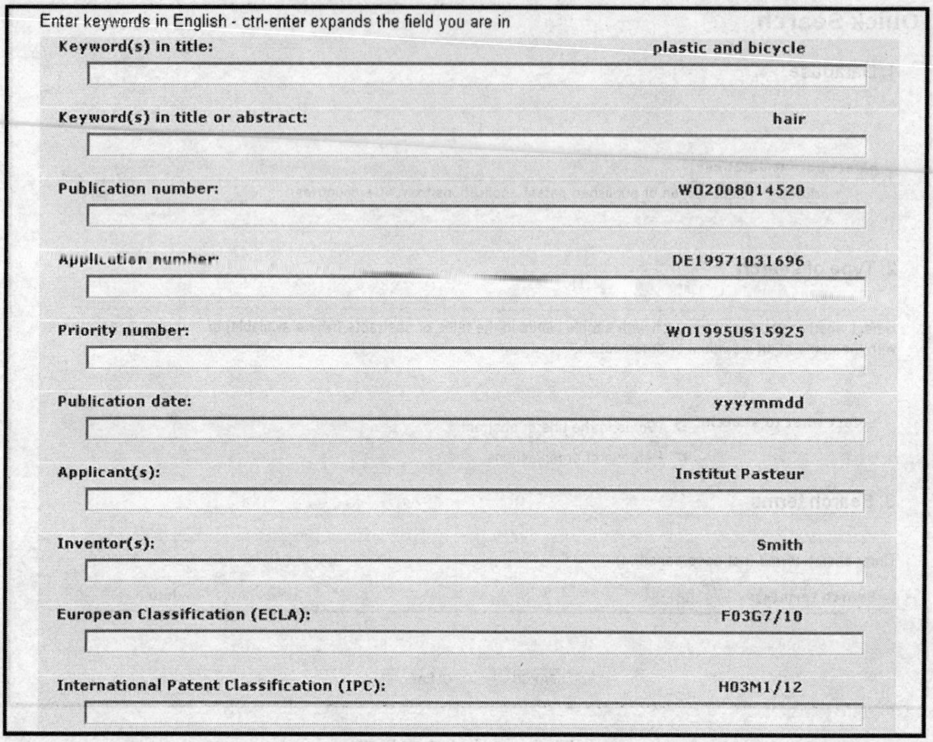

Enter keywords in English - ctrl-enter expands the field you are in

Keyword(s) in title:　　　　　　　　　　　　　　　　　　　plastic and bicycle

Keyword(s) in title or abstract:　　　　　　　　　　　　　　　　hair

Publication number:　　　　　　　　　　　　　　　　　WO2008014520

Application number:　　　　　　　　　　　　　　　　　DE19971031696

Priority number:　　　　　　　　　　　　　　　　　　WO1995US15925

Publication date:　　　　　　　　　　　　　　　　　　yyyymmdd

Applicant(s):　　　　　　　　　　　　　　　　　　　　Institut Pasteur

Inventor(s):　　　　　　　　　　　　　　　　　　　　　　Smith

European Classification (ECLA):　　　　　　　　　　　　　F03G7/10

International Patent Classification (IPC):　　　　　　　　　H03M1/12

图 6-11　高级检索入口界面

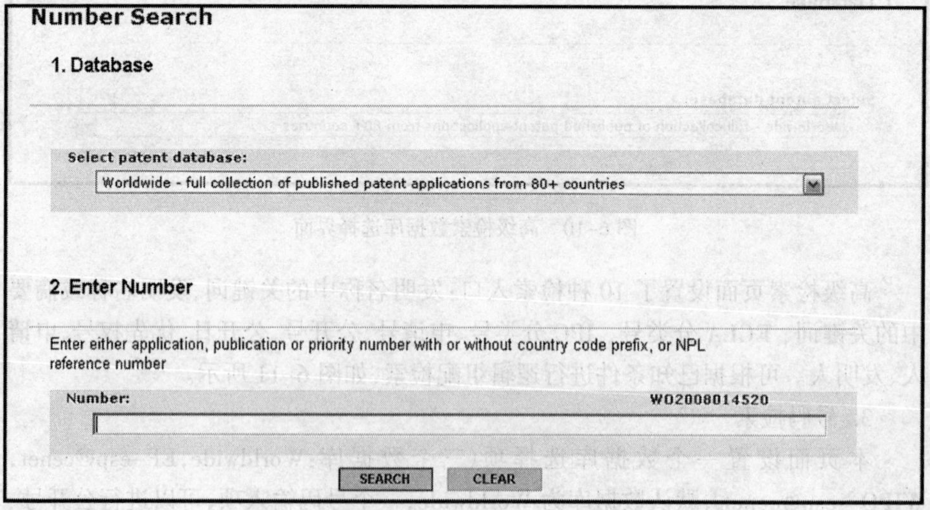

Number Search

1. Database

Select patent database:

Worldwide - full collection of published patent applications from 80+ countries

2. Enter Number

Enter either application, publication or priority number with or without country code prefix, or NPL reference number

Number:　　　　　　　　　　　　　　　　　　　　　WO2008014520

SEARCH　　CLEAR

图 6-12　号码检索界面

4. 分类检索

欧洲专利局可以使用欧洲分类（ECLA）检索专利。分类检索页面列出了欧洲分类的 8 个部（与 IPC 相同），用户可以浏览欧洲专利局的分类系统，也可以直接在输入框中输入检索项进行分类查询。通过两种方式进行检索：输入关键词查找相应的分类号；对某个分类号进行文字描述。如图 6-13 所示。

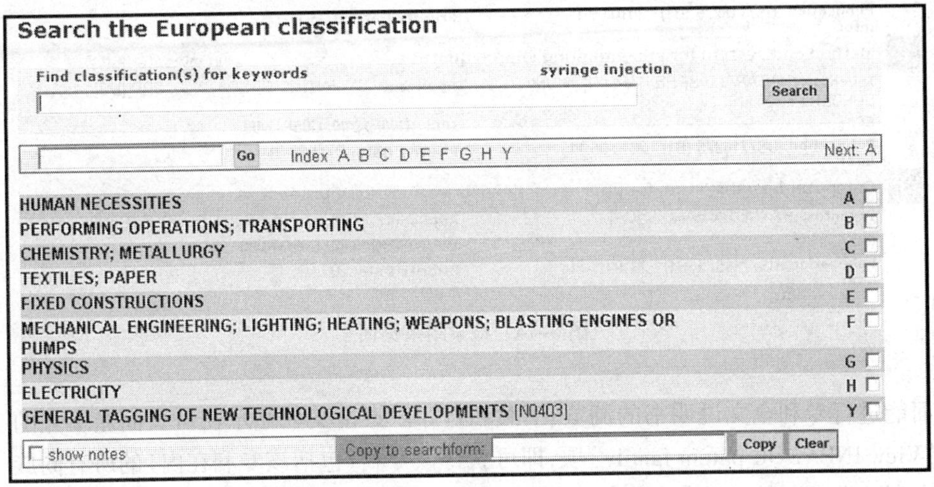

图 6-13　分类检索页面

（五）检索结果显示

检索完毕，系统在窗口显示的检索结果主要有：检索结果列表、使用的数据库及与检索式相匹配的检索结果记录数。检索结果列表页面一次最多显示 20 件专利文献，通过跳转键可以显示更多文献，而用户一次检索只能提取的最大文献量为 500 件。检索结果列表是按照专利文献号（包括国别代码）递减次序排列的。检索结果列表中仅能显示发明名称、公开信息、申请人、发明人和 IPC 分类号。右上角的"Refine Search"，表示可以进行进一步的检索。如图 6-14 所示。

从检索结果列表中选取任一篇文献，将打开文献显示窗口，该窗口显示所选取文献的信息包括：题录数据或著录项目（Bibliographic data）、文本形式的说明书（Description）、权利要求书（Claims）、说明书附图（Mosaics）、扫描图像原始全文说明书（Original document）、INPADOC 法律状态（INPADOC legal status）及查找该专利的同族专利入口（View INPADOC patent family）等。esp@cenet 数据检索系统检索结果中的所有专利文献均会有一篇参考文献（Reference Document）。如右侧上方的"Also published as"，显示该专利申请的相同专利，可浏览 PDF 格式的文本。点击文献显示窗口中的"Original document"，即可查看图像格式的专利全文，该页

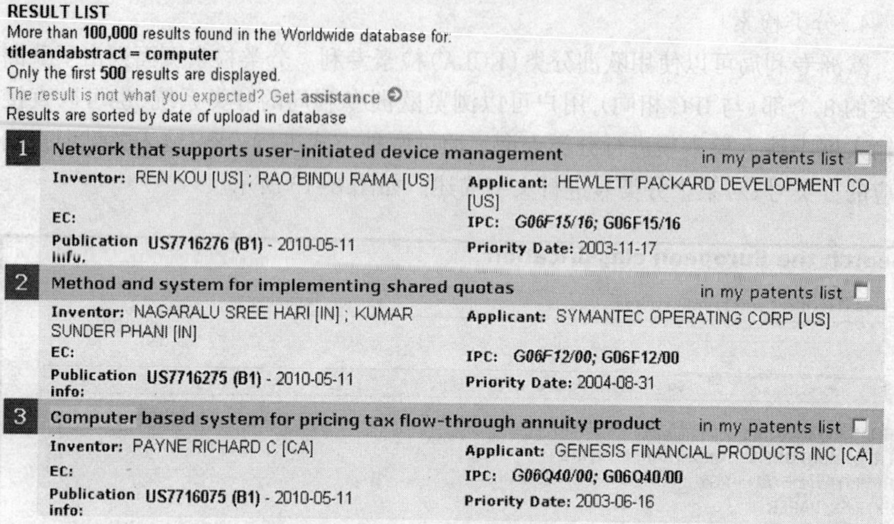

RESULT LIST
More than **100,000** results found in the Worldwide database for:
titleandabstract = computer
Only the first **500** results are displayed.
The result is not what you expected? Get assistance ⊙
Results are sorted by date of upload in database

| 1 | Network that supports user-initiated device management | in my patents list ☐ |

Inventor: REN KOU [US] ; RAO BINDU RAMA [US]	Applicant: HEWLETT PACKARD DEVELOPMENT CO [US]
EC:	IPC: *G06F15/16*; G06F15/16
Publication US7716276 (B1) - 2010-05-11 info.	Priority Date: 2003-11-17

| 2 | Method and system for implementing shared quotas | in my patents list ☐ |

Inventor: NAGARALU SREE HARI [IN] ; KUMAR SUNDER PHANI [IN]	Applicant: SYMANTEC OPERATING CORP [US]
EC:	IPC: *G06F12/00*; G06F12/00
Publication US7716275 (B1) - 2010-05-11 info:	Priority Date: 2004-08-31

| 3 | Computer based system for pricing tax flow-through annuity product | in my patents list ☐ |

Inventor: PAYNE RICHARD C [CA]	Applicant: GENESIS FINANCIAL PRODUCTS INC [CA]
EC:	IPC: *G06Q40/00*; G06Q40/00
Publication US7716075 (B1) - 2010-05-11 info:	Priority Date: 2003-06-16

图 6-14　检索结果页面

面能进行专利全文说明书的浏览、下载和打印。点击文献显示窗口页面左下方的 "View INPADOC patent family" 项,即可获得该专利(包括该专利在内)的所有同族专利。点击文献显示窗口右上方的 "INPADOC legal status" 项,即可获得该专利的法律状态信息列表。点击页面左下角的 "view list of citing documents",可以查看该专利的引用情况。任何情况下,使用 esp@cenet 数据检索系统都可以在专利列表中存储文献。选中 "In my patents list" 项后的框,即可存储该件文献。

三、美国专利商标局网站检索

（一）概述

美国专利商标局网站是美国专利商标局建立的政府性官方网站,该网站向公众提供全方位的专利信息服务。美国专利商标局已将 1790 年以来的美国各种专利的数据通过其政府网站免费提供给全世界的读者查询。该网站针对不同信息用户设置了专利授权数据库、专利申请公布数据库、法律状态检索、专利权转移检索、专利基因序列表检索、撤回专利检索、延长专利保护期检索、专利公报检索及专利分类等。数据内容每周更新一次。

（二）专利数据库简介

1. 专利授权数据库

美国专利授权数据库收录了 1790 年至最近一周美国专利商标局公布的全部授权专利文献。该检索系统中包含的专利文献种类有:发明专利、设计专利、植物专利、再公告专利、防卫性公告和依法注册的发明。其中,1790 年至 1975 年的数据只有图像型全文(Full-Image),可检索的字段只有 3 个:专利号、美国专利分类号和授权日期;1976 年 1 月 1 日以后的数据除了图像型全文外,还包括可检索的授权专利基本著录项目、文摘和文本型的专利全文(Full-Text)数据,可通过 31 个字段进行检索。每种专利文献的收集范围如表 6-1 所示。

表 6-1 美国专利文献收集范围

专利文献种类	1790—1975	1976—现在
发明专利	X1–X11 280 1–3 930 270	3 930 271—当前
设计专利	D1–D242 880	D242 583—
植物专利	PP1–PP4 000	PP3 987—当前
再公告专利	RX1–RX125 RE1–RE29 094	RE28 671—当前
防卫性公告	T885 019–T941 025	T942 001—T999 003 T100 001—T109 201
依法注册的发明		H1—当前

2. 专利申请公布数据库

可供用户从 23 种检索入口检索 2001 年 3 月 15 日以来公布的美国专利申请公布文献,同时提供文本型和扫描图像型全文美国专利申请公布说明书,可供公众进行美国专利申请公布的全文检索及浏览。专利申请公布说明书的起始号为20010000001。

3. 专利分类检索数据库

可供用户检索最新版本的美国专利分类表中的相关主题的分类号,并直接浏览该类号下所属专利文献全文。

(三)进入方法

美国专利商标局政府网站的网址为 http://www.uspto.gov/。进行专利检索时,点击左上角的"Patents",并点击"Patents"下的选项"Search Patents",可进入"Patent Electronic Business Center"(专利电子商务中心)的"Patent Full-Text and Full-Page Image Databases"(专利全文或专利全文图像数据库)(网址:http://www.uspto.gov/patft/index.html)。检索入口有专利授权数据库(Issued Patents)、专利申请公布数据库(Published Applications)、专利法律状态检索(Patent Application Information Retrieval)、专利权转移检索(Patent Assignment Database)及分类检索(Tools to Help in Searching by Patent Classification)等(见图 6-15、图 6-16)。

图 6-15　美国专利商标局政府网站主页

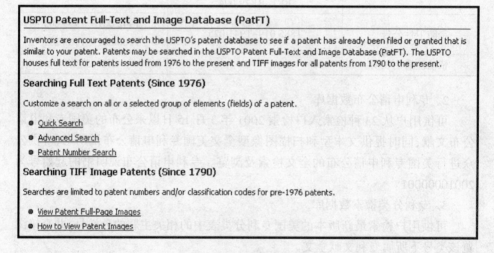

图 6-16　检索方式页面

（四）专利授权数据库检索

专利授权数据库收录自 1790 年以来美国专利商标局公布的授权信息。授权专利数据库含有三种检索方式：快速检索（Quick Search）、高级检索（Advanced Search）、专利号检索（Patent Number Search）。

1. 快速检索

快速检索提供两个检索入口：Term 1 和 Term 2。与两个检索入口对应的是两个相应检索字段选项：Field 1 和 Field 2。在快速检索的两个检索字段（Field 1、Field 2）之间有一个布尔逻辑运算符选项。在检索字段"Field 2"下方有一个年代选择项（Select years）。所有选项均可以展开一个下拉式菜单,供用户根据检索需求选择所需的特定检索字段和检索年代,并在两个检索字段之间用布尔逻辑运算符来构造一个完整的检索式。如图 6-17 所示。

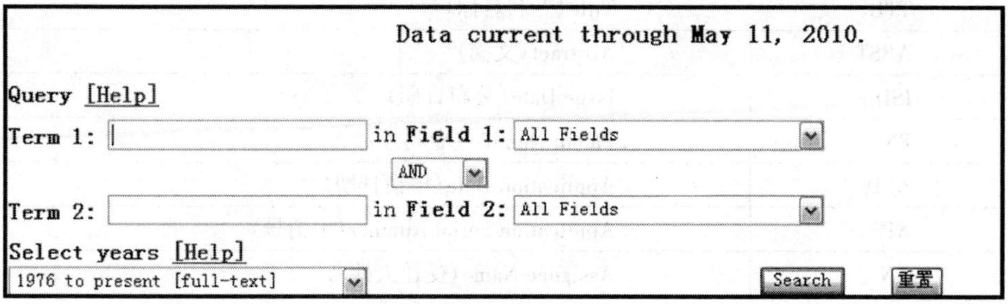

Data current through May 11, 2010.

Query [Help]

Term 1: [_____]   in **Field 1:** [All Fields ▼]

　　　　　　　　　　[AND ▼]

Term 2: [_____]   in **Field 2:** [All Fields ▼]

Select years [Help]

[1976 to present [full-text] ▼]   [Search] [重置]

图 6-17　快速检索页面

2. 高级检索

在高级检索界面上,有一个供输入检索表达式的文本框 Query,一个供选取检索的年代范围的选项（1976 年至今的美国授权专利的全文文本和 1790 年至今的整个数据库内的授权专利）,下面的字段框内有 31 个可供检索的字段,包括“Field Code”（字段代码）和“Field Name”（字段名）的对照表。点击“Field Name”（字段名）可以查看该字段的解释及具体信息的输入方式。检索的表示方法为:检索字段代码/检索项字符串。如图 6-18 所示。

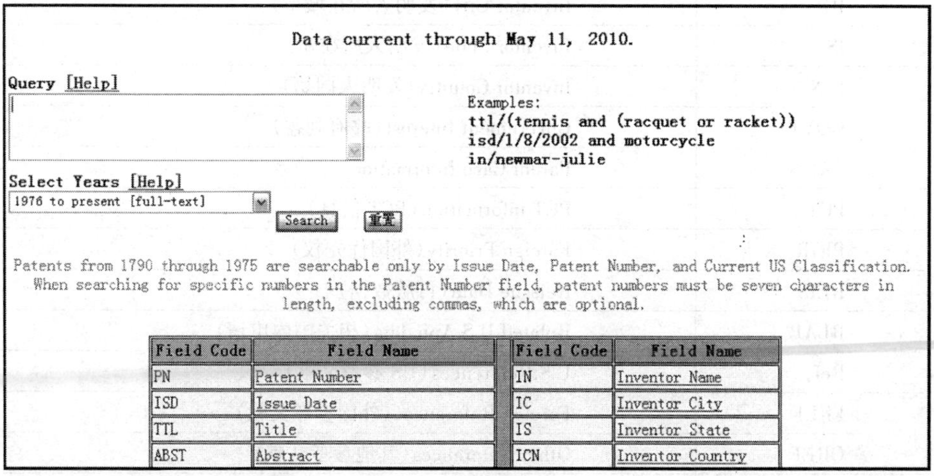

Data current through May 11, 2010.

Query [Help]

[|]

Examples:
ttl/(tennis and (racquet or racket))
isd/1/8/2002 and motorcycle
in/newmar-julie

Select Years [Help]

[1976 to present [full-text] ▼]

[Search] [重置]

Patents from 1790 through 1975 are searchable only by Issue Date, Patent Number, and Current US Classification. When searching for specific numbers in the Patent Number field, patent numbers must be seven characters in length, excluding commas, which are optional.

Field Code	Field Name	Field Code	Field Name
PN	Patent Number	IN	Inventor Name
ISD	Issue Date	IC	Inventor City
TTL	Title	IS	Inventor State
ABST	Abstract	ICN	Inventor Country

图 6-18　高级检索页面

高级检索可以利用的 31 个检索字段的字段代码及字段名称,如表 6-2 所示。

表 6-2　美国专利检索字段名称代码表

字段代码	字段名称
TTL	Title(专利名称)
ABST	Abstract(文摘)
ISD	Issue Date(公布日期)
PN	Patent Number(专利号)
APD	Application Date(申请日期)
APN	Application Serial Number(申请号)
AN	Assignee Name(受让人姓名)
AC	Assignee City(受让人所在城市)
AS	Assignee State(受让人所在州)
ACN	Assignee Country(受让人国籍)
ICL	International Classification(国际专利分类)
CLAS	Current U.S. Classification(当前美国分类)
EXP	Primary Examiner(主要审查员)
EXA	Assistant Examiner(助理审查员)
SPEC	Description/Specification(说明书)
APT	Application Type(申请类型)
IN	Inventor Name(发明人姓名)
IC	Inventor City(发明人所在城市)
IS	Inventor State(发明人所在州)
ICN	Inventor Country(发明人国籍)
GOVT	Government Interest(政府利益)
PARN	Parent Case Information
PCT	PCT information(PCT 信息)
PRIR	Foreign Priority(外国优先权)
REIS	Reissue Data(再版数据)
RLAP	Related U.S.App.data(相关国内申请)
Ref	U.S.References(US 参考文献)
FREF	Foreign References(外国参考文献)
OREF	Other References(其他参考文献)
LREP	Attorney or Agent(律师或代理人)
ACLM	Claim(s)(权利要求)

3. 专利号检索

在专利号检索界面上,只设有一个专利号检索入口输入框,将已知的专利号在输入框中直接输入进行检索即可。如图 6–19 所示。

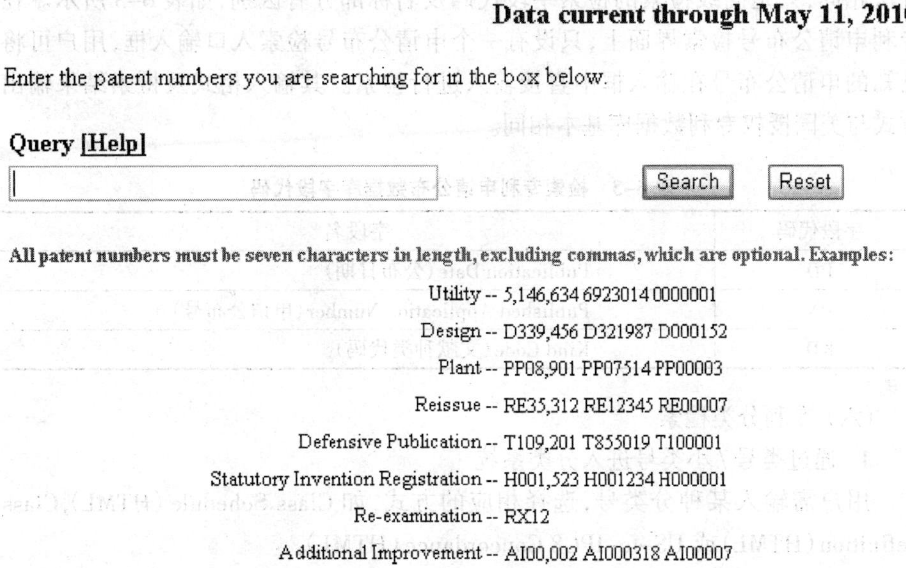

Data current through May 11, 2010.

Enter the patent numbers you are searching for in the box below.

Query [Help]

| | Search | Reset |

All patent numbers must be seven characters in length, excluding commas, which are optional. Examples:

Utility -- 5,146,634 6923014 0000001

Design -- D339,456 D321987 D000152

Plant -- PP08,901 PP07514 PP00003

Reissue -- RE35,312 RE12345 RE00007

Defensive Publication -- T109,201 T855019 T100001

Statutory Invention Registration -- H001,523 H001234 H000001

Re-examination -- RX12

Additional Improvement -- AI00,002 AI000318 AI00007

图 6–19　专利号检索页面

具体的输入格式可以通过点击"Field Name"(字段名)查看。

4. 检索结果输出。

美国授权专利检索库设置了三种检索结果显示:检索结果列表(包括专利号及专利名称)、文本型专利全文显示(包括题录数据、文摘、权利要求书及说明书)和图像型专利说明书全文显示。在检索结果列表显示界面,检索结果中的记录排序是按照专利文献公布日期由后到前的顺序排列,即最新公布的专利文献排在前面。显示页面一次只能显示 50 条,点击"Next 50 Hits"按钮可以继续浏览。专利号之前的符号"T"表明该文献有专利全文文本(Full–Text)。点击专利号或专利名称,显示该专利的文本型专利全文。页面上方红色按钮的用途:"Home"表示返回检索主页;"Quick, Advanced, Pat Number"表示返回这三种检索方式的入口;"Help"表示查看全文数据库的帮助信息;"Bottom"表示直接显示该页面的最下方;"Images"表示显示该文件的图像格式文本。

点击"Images"(图像)的超链接按钮,可进入图像型专利全文页。

(五)专利申请公布数据库检索

专利申请公布数据库中收录自 2001 年 3 月 15 日以来美国公布的专利申请

数据。美国专利申请公布检索系统也提供三种检索方式：快速检索、高级检索和专利申请公布号检索。

快速检索和高级检索与美国授权专利数据库的快速检索和高级检索的检索方法相同，只是高级检索的检索字段代码及名称部分有区别，如表6-3所示。在专利申请公布号检索界面上，只设有一个申请公布号检索入口输入框，用户可将已知的申请公布号在输入框中直接输入进行检索。其输入格式及检索结果输出方式与美国授权专利数据库基本相同。

表6-3　检索专利申请公布数据库字段代码

字段代码	字段名
PD	Publication Date（公布日期）
PN	Published Application Number（申请公布号）
KD	Kind Code（文献种类代码）

（六）专利分类检索

1. 通过类号/小类号进入分类系统

用户需输入某种分类号，选择相应的方式，如 Class Schedule（HTML），Class Definition（HTML）或 US-to-IPC8 Concordance（HTML）。

2. 键入关键词，查找对应的分类号

页面上方有几个按钮，我们经常用到的有 Class Number & Titles（类号/类名）、Class Number Only（仅有类号）和 Index to the U.S. Patent Classification（USPC）System（美国专利分类的索引系统）。检索结果中，类号前面的红色字母"P"可与专利检索数据库进行链接，结果显示该类号或类号/小类号下的美国专利文献数目，并可查看每一件文献的全文文本。

四、其他专利检索网站

（一）世界知识产权组织网站

1. 概述

世界知识产权组织官方网站提供了可供检索的网上免费数据库，通过该数据库可以检索 PCT 申请公开、工业品外观设计、商标和版权的相关数据。该检索系统提供四种检索方式：简单检索（Simple Search）、高级检索（Advanced Search）、结构化检索（Structured Search）和浏览每周公布的专利文献（Browsed by Week）。点击"Options"可以进行四种检索方式的切换。

2. 进入方法

直接进入网址：http://www.wipo.int/portal/index.html.en。

3. 简单检索

简单检索方式仅提供一个检索输入框,在输入框输入检索的内容(可以在任何字段中进行检索)即可。简单检索还可以实现多个词汇的检索,在检索输入框内输入多个检索词汇,在词汇与词汇之间以空格间隔。在检索输入框下方的下拉列表中可以选择所输入的多个词汇之间的关系,分别是:"All of these words"检索得到的文献必须包含全部输入的检索词汇;"Any of these words"检索得到的文献包含任何一个输入的检索词汇;"This exact phrase"输入的多个词汇作为一个短语进行检索。

4. 高级检索

高级检索页面允许在输入框内输入复杂的检索式。检索输入格式:字段代码/字段内容。可以通过点击右侧"SHORTCUTS"目录下的"Field codes"按钮进入检索字段说明显示页面。在高级检索页面可以通过逻辑算符和括号构建复杂的布尔逻辑表达式来进行检索。在检索式中如果包含多种运算符号:有括号时,括号中内容优先;没有括号时,依据从左到右的顺序进行检索。

5. 结构化检索

在结构化检索模式下,可供选择的检索字段共有 28 个,检索输入窗口有 12 个。检索时,首先选择检索的字段,在右侧检索输入窗口输入检索内容,最后在左侧下拉窗口选择各个检索字段之间的逻辑关系。在结构化检索模式下,检索内容的输入不区分大小写,短语检索以半角格式的""进行限制,支持右截词符检索、邻词检索和布尔逻辑表达式检索。同样,结构化检索模式也支持检索结果显示方式的设定。

6. 检索结果显示

检索结果列表页面上,显示该检索命中的文献数量,提示本页面仅显示前 25 件专利文献记录。点击"next 25 records"可以显示另外 25 件专利文献记录。下方"Refine Search"按钮右侧显示检索内容,在此处也可输入检索内容,回车进行检索,输入规则同主页面显示。按钮"Start At"右侧输入框可以输入一个数字,显示结果从输入的数字记录开始。在显示结果列表状态下,点击文献的国际公开号和标题,即可进入该文献详细信息显示页面。页面上部还有一组按钮,可以依次显示著录项目数据、文本格式说明书、文本格式权利要求书、进入国家阶段的情况、相关的通报以及国际初审报告、国际检索报告等文献。

(二)日本特许厅网站专利检索

1. 概述

日本专利局将自 1885 年以来公布的所有日本专利、实用新型和外观设计电子文献及检索系统通过其网站上的工业产权数字图书馆(IPDL)在互联网上免费提供给全世界的读者。该工业产权数字图书馆被设计成英文版(PAJ)和日文版两种文字的版面。作为工业产权数字图书馆(Industrial Property Digital Library,IPDL)的工业产权信息数据,英文版网页上只有日本专利、实用新型和商标数据,日文版网页上还包括外观设计数据。

2. 进入方法

输入网址 http://www.jpo.go.jp/ 进入日本特许厅的英文主页面后,页面右上方存在专利的类型有 Patents(专利)、Utility Models(实用新型)和 Trademarks(商标)。选择相应的专利类型进入其检索库。如,选择"Patents",点击页面下方的"Industrial Property Digital Library"(IPDL)即可进入到日本工业产权数字图书馆(网址:http://www.ipdl.inpit.go.jp/homepg_e.ipdl)中。点击右上角的"To Jafontese Page"可完成英文界面与日文界面的转换。本书仅介绍英文界面的使用方法。

3. 专利检索

在英文界面,日本专利局工业产权数字图书馆主页中央有四个与数据库检索相关的主栏目,各主栏目下又有不同数量的子栏目。专利与实用新型主栏目下的 5 个子栏目均为与专利检索相关的数据库,数据库内容下的 6 个子栏目均为对专利、实用新型和商标各数据库内容的介绍。日本专利英文文摘数据库(Patent Abstracts of Jafont, PAJ)是自 1976 年以来的日本公布的专利申请著录项目与文摘(含主图)的英文数据库,每月更新一次。PAJ 检索页面提供两种检索方式:全文检索(Text Search)和号码检索(Number Search)。

(1) 全文检索(Text Search)。进入 PAJ 的"Text Search"检索界面,该界面设有 3 组检索式输入窗口:"Applicant, Title of Invention, Abstract"(申请人、发明名称、文摘)、"Data of Publication of Application"(申请公布日期)和"IPC"(国际专利分类号)。输入相应的检索式即可。

(2) 号码检索(Number Search)提供 4 种号码选项:"Application number"(申请号), "Publication number"(公布号), "Patent number"(专利号)和"Number of appeal against examiner's decision of rejection"(审查员驳回决定诉讼案号)。输入相应号码后,可直接检索。

4. 检索结果显示

检索结果以列表的方式显示,按照公开号的高低进行排序,一页显示 50 条记录。列表信息含有序号、公布号和专利名称。点击相应的公布号,显示该篇专利的英文文摘。其页面上方有 Menu、Search、Index、Detail、Jafontese、Next 等按钮,可供读者依次进行检索页面的跳转、回到原始检索页面、回到索引界面、进入 Detail 栏、进入日文图像全文界面和浏览下一篇文献。查看该文献的详细信息,选择"Detail"。该页面中,可以分别浏览该专利文献的英文权利要求书、英文说明书、英文背景技术等。该数据库中的英文文本是由机器翻译而成,语句可能存在某些缺陷,仅供参考。

(三) 德温特专利创新索引

德温特专利创新索引(Derwent Innovations Index,DII)是建立在 ISI Web of Knowledge 检索平台上的专利信息数据库。DII 集成了著名的德温特世界专利索引(Derwent World Patents Index,WPI)及德温特专利引文索引(Derwent Patent Citation Index,PCI)中的记录,检索功能强大,是查找全世界范围内发明专利的有力工具。目前 DII 收录来自世界 43 个专利机构发布的专利文献,数据可回溯至 1963 年,且每周更新。目前该数据库收录德国(DE)、美国(US)、英国(UK)、日本(JP)、欧洲专利局(EP)、世界知识产权组织(WIPO),4 个国家及 2 个组织的专利全文内容。

DII 数据库中收录的每一篇专利文献的标题和摘要都经 Derwent 技术专家用通俗语言,按照技术人员常用词汇及行文习惯用英文重新编写,充分揭示专利的技术内容。这有利于使用者通过关键词途径全面准确地检索到所需信息,并有助于读者阅读理解专利的技术内容。DII 系统提供独特的被引专利检索以及与 ISI Web of Science 期刊论文的双向链接,通过专利及科学论文之间的引用关系,揭示基础研究与技术创新之间的互动与联系。采用 DII 系统检索,可以在关键词字段构造复杂的检索式,在检索式中除可使用逻辑算符外还可使用邻近算符,最多可以使用 50 个检索词,实现复杂而精确的检索。DII 除具有上述特点外,还可以通过专利权人代码有效检索到特定机构的专利;利用德温特登记号获取同族专利信息;提供通过化学结构进行检索的途径。检索结果页面显示主要附图,利于快速理解专利内容,可方便地批量下载专利文献著录信息及摘要、主要附图等数据,这些均显示了专业检索系统的优势。DII 也存在某些不足,例如:不能通过申请日期、公布日期等时间途径检索专利文献。DII 仅收录发明专利文献,不收录实用新型等类型的专利文献。

第六节 专利文献利用案例

一、技术创新的两种模式

(一) 率先创新

率先创新是指依靠自身能力完成创新的过程,率先实现技术的商品化和市场开拓,向市场推出全新的产品或率先使用全新工艺的一种创新行为。美国每年在研发方面的公共和私人投资总额超过 2 500 亿美元,占世界研发总投入的 50%。

(二) 模仿创新

模仿创新是指以市场为导向,充分运用专利的公开制度,以率先者的创新思路和行为为榜样,以其开创的产品为示范,吸取其成功的经验和失败的教训,通过消化吸收掌握率先者的核心技术,并在此基础上进行完善,开发出富有竞争力的新产品,并参与竞争的一种渐进性创新活动。日本、韩国对技术引进与消化吸收创新的费用投入比分别是 1∶8、1∶5,而中国仅为 1∶0.8。模仿创新的步骤一般是:

1. 全面综合分析

全面检索本技术领域的专利信息,对本行业技术、竞争对手、市场现状、宏观经济等情况进行综合分析,结合自身创新能力制定创新战略。

2. 重点技术研究

对本技术领域的技术发展进程、最新发展动态、市场占有范围、竞争对手技术优势及专利技术的法律状态进行重点技术研究,确立研发方向。

3. 核心技术选择

针对研发方向中的核心技术进行研究,优选出有重要价值的关键专利文献进行组合分析,择其优点确立研发项目。

4. 有效仿制

利用有效仿制对研发项目中的专利技术进行消化吸收,在技术开发的过程中取得自主知识产权形成后发优势。有效仿制是指在规避侵权的前提下,以市场为导向,充分利用专利制度的公开功能和效力范围,进行富有成效的快速仿制,并进一步取得自主知识产权,形成后发优势的一种技术创新模式。有效仿制的程序为:针对研发项目核心技术中优选出的专利文献进行侵权检索:①如不侵权,直接消化吸收;②如侵权,避开其保护范围或以现有技术替代;③在消化吸收的过程中,通过技术开发进一步创新,申报专利,取得自主知识产权,形成后发优势。

二、技术创新案例:某公司进行风冷式冰箱的研发过程

(一) 进行重点技术研究

该公司在平时对专利技术跟踪检索过程中,通过定题检索,发现风冷式冰箱技术的申请量、申请厂家呈上升趋势。

(1) 分析预测:风冷式冰箱将成为冰箱市场的主流产品。

(2) 确定研发方向:开发风冷式冰箱。

(二) 核心技术选择

利用各种专利数据库,检索有关冰箱风道的各国专利,检索出各种技术解决方案,总结为三种类型,优选出关键文献进行组合比较确立研发项目。

（1）风扇：一个或多个。

（2）送风面：一面或多面。

（3）风道内的设置：有或无。

（三）进行有效仿制

在规避侵权的前提下，公司通过消化吸收，重新进行了创新，设计方案为：采用一个风扇三面送风，风道内设置自动风量调节阀门。这一方案吸收了现有专利技术的优点，而整体方案又与各专利不同。人们利用对现有专利技术的跟踪借鉴，可形象地比喻为"站在巨人的肩膀上"，成为比巨人还要高的创新者。

第七节　标准文献检索

一、标准文献的作用与特点

（一）概述

1. 标准的定义

根据国家标准 GB 3935.1-83 的描述，标准是指为重复性事物和概念所作的统一规定。它以科学、技术和实践经验的综合成果为基础，经有关方面协商一致，由主管机关批准，以特定形式发布，作为共同遵守的准则和依据。如：QB/T 2741-2005 是我国的一项关于学生公寓多功能家具的标准，规定了学生公寓多功能家具的术语、定义和符号、分类、要求、试验方法、检验规则和使用说明、包装、贮存、运输。

2. 标准文献的作用

（1）通过标准文献可了解各国经济政策、技术政策、生产水平、资源状况和标准水平。

（2）在科研、工程设计、工业生产、企业管理、技术转让、商品流通中，采用标准化的概念、术语、符号、公式、量值、频率等有助于克服技术交流的障碍。

（3）国内外先进的标准可为推广研究、改进新产品、提高新工艺和技术水平提供依据。

（4）标准文献是鉴定工程质量、校验产品、控制指标和统一试验方法的技术依据。

（5）可以简化设计、缩短时间、节省人力、减少不必要的试验、计算。

（6）标准文献能够保证质量、减少成本。

（7）进口设备可按标准文献进行装备、维修，配制某些零件。

（8）标准文献有利于企业或生产机构经营管理活动的统一化、制度化、科学化和文明化。

（二）标准文献的分类

1．按使用范围划分

（1）国际标准：由国际标准化组织制定，并公开发布的标准是国际标准。如国际标准化组织（ISO）标准、国际电工委员会（IEC）标准。

（2）区域标准：由某一区域标准或标准组织制定，并公开发布的标准。如全欧标准（EN）。

（3）国家标准：由国家标准化团体制定并公开发布的标准。如中国国家标准（GB）、美国国家标准（ANSI）。

（4）行业标准：由行业标准化团体或机构改革标准，发布在某行业的范围内统一实施的标准是行业标准，又称为团体标准。如美国石油学会标准（API）。

（5）地方标准：由一个国家的地方部门制定并公开发布的标准。如北京市建设委员会的标准。

（6）企业标准：有些国家又称公司标准，是由企事业单位自行制定、发布的标准，也是对企业范围内需要协调，统一的技术要求，管理要求和工作要求所制定的标准。如美国波音飞机公司标准（BAC）。

2．根据标准实施的强制程度划分

（1）强制标准：具有法律性质的必须遵守的标准。

（2）暂行标准：指内容不够成熟，尚有待在使用实践中进一步修订、完善的标准。

（3）推荐性标准：是制定和发布标准的机构建议优先遵循的标准。

（三）标准文献的特点

（1）标准文献具有规范性，其编写具有统一的格式要求。

（2）标准文献描述详尽、可靠，具有法律效力，数量庞大，发展迅速。

（3）标准文献具有很强的时效性，其内容会随着技术进步和社会发展而作出修改，新修改的标准将代替原有标准，而少数则会被废止。因此标准文献经常进行更新。

（4）标准文献交叉重复、相互引用。企业标准、行业标准及国家标准之间没有级别关系，经常交叉重复或相互引用。

（四）标准文献检索途径

标准文献可通过标准号、中文标题（关键词）、英文标题（关键词）、分类号、发布日期、发布单位、实施日期、采用关系、被替代标准等途径检索。

二、国内标准检索

（一）概述

中国 1956 年开始制定标准,1978 年 5 月国家标准总局成立,9 月中国以中国标准化协会名义申请加入 ISO。《中华人民共和国标准化法》将我国标准分为四级：国家标准、行业标准、地方标准、企业标准。1984 年制定了《中国标准文献分类法》（CCS），设有 24 个大类,一级主类的设置以专业划分为主,二级类目设置采取非严格等级制的列类方法;一级分类由 24 类组成,每个大类有 100 个二级类目;一级分类由单个拉丁字母组成,二级分类由双数字组成。24 个大类是 A 综合;B 农业、林业;C 医药、卫生、劳动保护;D 矿业;E 石油;F 能源、核技术;G 化工;H 冶金;J 机械;K 电工;L 电子元器件与信息技术;M 通信、广播;N 仪器、仪表;P 工程建设;Q 建材;R 公路、水路运输;S 铁路;T 车辆;U 船舶;V 航空、航天;W 纺织;X 食品;Y 轻工、文化与生活用品;Z 环境保护。标准代号由"标准代号 + 顺序号 + 批准年代"构成。

（二）国家标准代号

（1）GB——强制性国家标准,例如 GB 19298-2003 为瓶(桶)装饮用水卫生标准。

（2）GB/T——推荐性国家标准,例如 GB/T 20163-2006 为中国档案机读目录格式标准。

（3）GB/Z——中华人民共和国国家标准化指导性技术文件,例如 GB/Z 17976-2000 为信息技术开放系统互连命名与编址指导标准。

（三）行业标准

标准代号用该行业主管部门名称的汉语拼音字母首字母表示,如机械行业标准为 JB;轻工业行业标准为 QB。

（四）地方标准

由 DB 加上省域或市域编号再加上专业类号及顺序号和标准颁布年组成。

（1）DB+*:中华人民共和国强制性地方标准代号。

（2）DB+*/T:中华人民共和国推荐性地方标准代号。如:DB23/T 120-2001 为黑龙江省民用建筑节能设计标准实施细则（采暖居住建筑部分）。

（五）企业标准

企业标准规定以 Q 为分子,以企业名称的代码为分母表示。如 Q/(GZ)JINO 1-2006 为广州金诺电子科技有限公司 2006 年颁布《氙气前照灯(HID)镇流器》企业标准。

（六）网络检索系统工具

1. 万方科技信息子系统的标准数据库

可以检索国家标准、国际标准、行业标准、建设标准、中国台湾标准等,总计 16

个数据库,20 多万个数据,其中中国国家标准数据库包含了国家发布的全部标准。检索时可以在全部标准库中进行检索。也可以选择特定标准库进行检索。检索途径有标准名称、标准号、主题词等,可以进行逻辑组配,不能查看全文。万方标准全文数据库提供中华人民共和国强制性国家标准(GB)、中华人民共和国推荐性国家标准(GB/T)、中华人民共和国指导性技术文件全文信息(GB/Z),以及行业标准、地方标准和部分企业标准。

2. 中国标准服务网(http://www.cssn.net.cn/index.jsp)

是国家级标准信息服务门户,是世界标准服务网(www.wssn.net.cn)的中国站点,是国内查询各种国内外标准内容最齐全的网站。

中国标准服务网提供中国国家标准、中国行业标准、地方标准、国际标准、国外标准、国外学(协)标准、技术法规、标准化期刊等的检索。注册后,可查基本信息,全文需要付费。检索网页提供 8 种检索途径,如图 6-20 所示。在数据框中填入相应数据,即可获得检索结果。

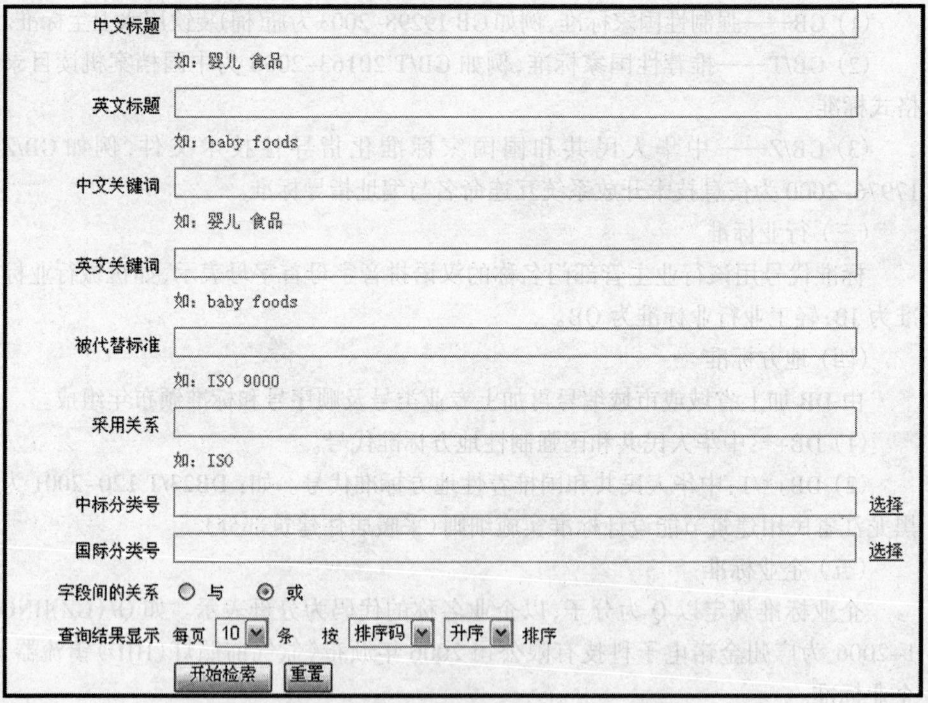

中文标题	
	如:婴儿 食品
英文标题	
	如:baby foods
中文关键词	
	如:婴儿 食品
英文关键词	
	如:baby foods
被代替标准	
	如:ISO 9000
采用关系	
	如:ISO
中标分类号	选择
国际分类号	选择
字段间的关系	○ 与 ⊙ 或
查询结果显示	每页 10 ▾ 条 按 排序码 ▾ 升序 ▾ 排序
	[开始检索] [重置]

图 6-20   中国标准服务网检索页面

3. 国家标准化管理委员会(http://www.sac.gov.cn/templet/default/)

是我国标准化工作的管理机构,其网站提供有关标准的各种信息,可以进行标准目录的检索,检索结果可以看到标准的题录信息。可以免费阅读国家强制性标准,并查询中国国家标准的废止、代替状态。ISO 标准目录、IEC 标准目录、国家建筑标准目录等。需要注册,才能下载检索结果。检索界面如图 6-21 所示。

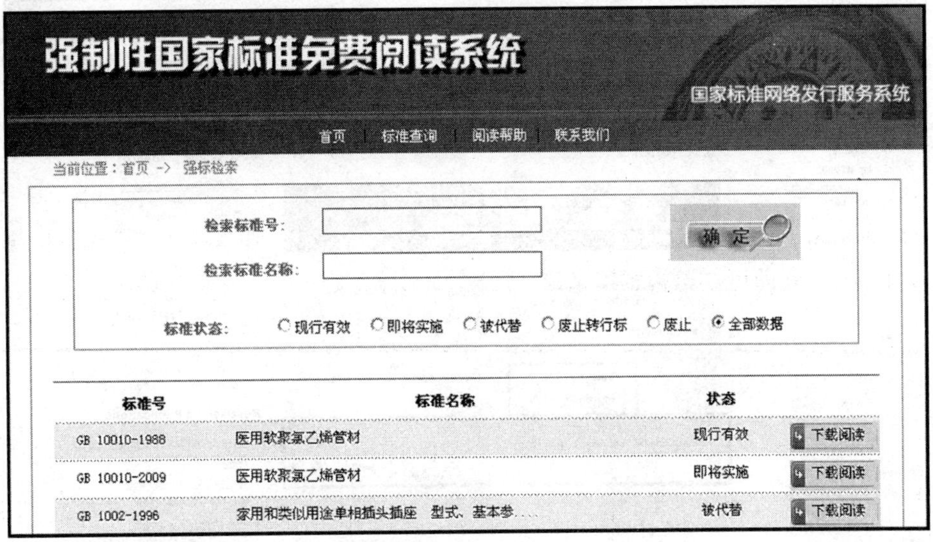

图 6-21 国家标准化管理委员会网站标准阅读页面

三、国际标准检索

(一) 概述

国际标准包括国际标准化组织(ISO)和国际电工委员会(IEC)制定的标准及其国际标准化组织认可的其他 27 个国际组织制定的一些标准。国际标准文献采用国际标准分类法(ICS)分类。国际标准分类法是一个等级分类法,包含三个级别,第一级包含 40 个标准化专业领域,各专业又细分为 407 个组(二级类),407 个二级类中的 134 个又被进一步细分为 896 个分组(三级类)。国际标准号采用"标准代号 + 顺序号 + 年份"组成。

(二) 国际标准化组织(ISO)及其标准文献检索

国际标准化组织(International Standards Organization,ISO)是世界上最大最权威的非政府标准化组织,在国际标准化中占主导地位。其活动主要是制定除电工领域以外的国际标准,协调世界范围内的标准化工作。中国于 1978 年加入

ISO。ISO 标准号基本由"ISO+ 顺序号 + 年号"组成,如 ISO 20506:2005 。检索国际标准化组织颁布的标准文献从网址 http://www.iso.org 直接进入。如图 6-22 所示。

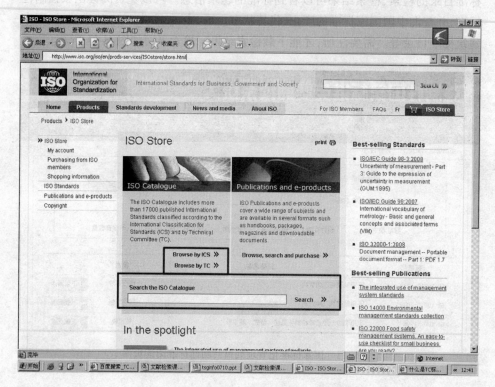

图 6-22　国际标准化组织(ISO)网站检索页面

在检索框中输入检索条件可以查询或浏览 ISO 标准目录,查看基本信息,下载全文需要收费。ISO 在国内的销售代理是中国质量技术监督局(CSBTS)。

（三）国际电工委员会（The International Electrotechnical Commission,IEC)标准文献检索

IEC 成立于 1906 年,是世界上最早的国际性电工标准化机构。IEC 负责有关电工、电子领域的国际标准化工作,其他领域则由 ISO 负责。我国于 1957 年加入该组织。IEC 标准号用"IEC+ 顺序号 + 制定年代"表示。如 IEC 61223-2-5(-1994)。检索国际电工委员会 IEC 的标准文献可以从网址 http://www.iec.ch 进入,下载全文需要付费。检索页面如图 6-23 所示。其中快速检索直接键入 IEC 号码或标准名称;全文检索支持 *、AND、OR 进行逻辑组配;综合检索,可选择标准组织、限定日期等多种检索限定条件。

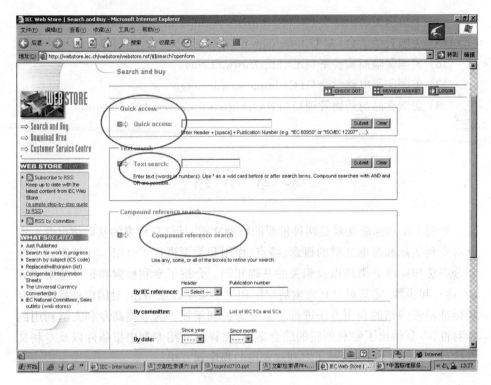

图 6-23 国际电工委员会 IEC 标准文献检索页面

（四）其他国际标准检索站点

（1）美国标准（http://www.nssn.org）。

（2）英国标准（http://www.bsi.org.uk）。

（3）日本标准（http://www.jsa.or.jp）。

（4）德国标准（DIN）（http://www2.din.de）。

（5）法国标准（NF）（http://www.afnor.fr）。

（6）美国土木工程师学会（ASCE），http://www.asce.org。

（7）美国机械工程师协会（ASME），http://www.asme.org。

（8）美国试验与材料协会（ASTM），http://www.astm.org。

（9）美国电子电气工程师学会（IEEE），http://www.ieee.org。

（10）英国电子电气工程师学会（IEE），http://www.theiet.org。

（11）德国电气工程师协会（VDE），http://www.vde-verlag.de。

（12）美国机动车工程师协会（SAE），http://www.sae.org。

（13）美国电信工业协会（TIA），http://www.tiaonline.org。

(14) 美国全国防火协会(NFPA),http://www.nfpa.org。

(15) 美国石油学会(API),http://api-ec.api.org。

(16) 美国保险商实验室(UL),http://www.ul.com。

(17) 美国印刷电路学会(IPC),http://www.ipc.org。

(18) 美国食品与药物管理局(FDA),http://www.accessdata.fda.gov。

本 章 小 结

专利文献和标准文献是两种重要的特种文献,是信息检索的基础情报源。本章对专利文献和标准文献的概念、特点、作用和类型进行了介绍。详细阐述了专利分类法和标准分类法以及相关的基础知识。介绍了专利检索和标准检索的方法、途径和步骤,尤其对专利检索的作用和类型做了详细阐述,对国内外重要的专利标准检索网站的利用方法进行了系统分析和阐述。为了提高专利文献利用的针对性,本章给出了专利创新的综合案例,在详细介绍专利申报条件以及专利文件撰写的基础上,系统总结了专利权获得的程序和方法。

复习思考题

1. 我国专利法保护的发明创造分为几种?

2. 授予专利权的条件有哪些?

3. 申请专利的发明创造在哪些情况下不丧失其新颖性?

4. 专利法中明确规定不授予专利权的申请包括哪些?

5. 职务发明与非职务发明的区别是什么?

6. 如何申请专利,以及如何撰写有关文件?

7. 专利保护的期限为多长时间?

8. 自拟主题,利用《中国专利数据库》、《美国专利数据库》检索并下载一份专利文献,包括专利说明书和权利要求书,说明各项基本内容(专利人、申请人、公开日、公告日、同等专利等)。

9. 撰写一套专利申报文件,并尝试向国家知识产权局申报一项专利。

10. 结合自己的专业检索中外标准文献各一份。

11. 简述专利检索的类型和主要站点。

第七章　考研留学就业信息检索

第一节　考研信息检索

应对研究生考试,已成为考研者备受关注的问题。本节我们主要探讨考研信息怎样收集以及如何利用网上丰富的考研信息资源等相关问题。

一、考研信息种类

按照考研信息的透明程度可将考研信息分为公开信息、半公开信息等。公开信息指通过各种渠道公开传播的信息,包括国家的考研政策、招生单位的特殊规定、专业目录、各单位招生简章、考研辅导机构的辅导信息等,考生可以通过各种渠道查询获取这些信息。半公开信息是指不对外公开宣布但又不需保密的信息。例如,录取名额中公费生与自费生的比例、保送生所占录取总数的比例、专业课程的考试要求和复习教材的版本等。招生单位一般不会向社会发布这些信息,需要对此感兴趣的考生自行查询。在考研信息当中,有四类信息对考生的报考、复习和录取非常关键,即招生专业目录、公共课考试内容与题型、专业课考试内容与题型、录取调剂信息。

（一）招生专业目录

专业目录是考生报考的依据,也是全部复习计划的依据。由于近几年高校改革力度加大,专业调整频繁,专业名称也有许多变化,因此,考生需要加以注意,应及时与招生单位联系,索取或购买招生目录,最终确定自己的报考方向。

（二）公共课考试内容与题型

这里的公共课指的是全国统考的科目,包括政治、英语、俄语、日语和数学。

（三）专业课考试内容与题型

就一般情况而言,招生院校在专业课方面基本上没有书面的复习提纲可以提供给考生,而且有关政策禁止招生单位给考生划定考试范围。但是,在某一学科的教学过程中,的确存在不同的院校和教师对学科的理解角度和侧重点不同的问题,教材的选用也不尽相同。

（四）录取调剂信息

对于考分很高或很低的考生而言,录取调剂信息可能用处不大,但对于那些分数刚刚达到录取线、处于录取边缘的人来讲,如果提前一天得知某个招生单位的调剂信息,情况就会有预想不到的变化,个人的命运也可能会因此而发生很大的改变。

那么,上述的这些信息应该到哪里去收集呢?这个问题确实困扰着许多考生。收集考研信息的渠道必须多样化,而且要在不同的渠道收集不同的信息。常见的收集渠道有:第一,报刊、电视等大众媒体。这些媒体的传播内容是公开的考研信息,如国家有关研究生招生、考试的政策等。第二,招生单位。招生单位包括报考院校的研招办、院系以及一些相关教师等。由于招生单位是专业命题和最终录取的裁决者,他们给出的录取以及名额分配等方面的信息显然是最具权威性的。第三,网上考研信息资源的检索。这是我们要重点讨论的问题。

二、课题分析和检索策略的制定

针对考研这样一个信息获取的目标,我们可以按照信息检索的程序逐次推进。在实施信息检索的时候,必须注意解决如下几个方面的问题。

(一) 进行检索目标的分析

就一般情况而言,信息检索的第一步就是要明确检索的主题以及该主题涵盖的范围。我们检索的主题是"考研信息",其检索范围包括:语种范围、时间范围和文献类型范围等。检索范围的确定可以使检索具有较强的目的性和指向性。

(二) 选择检索系统

选择相关数据库,确定搜索引擎,并确定在待检数据库中的检索途径,以便编制适合所选数据库的检索策略。

(三) 确定检索策略

检索策略主要是把提问的主题概念转换成适合于系统的检索词,完成用户检索需求由概念表达到计算机系统所能接受的检索标识转换。检索策略构成的关键是正确地选词和配备相关的逻辑符。然后拟出检索表达式并编排具体的检索程序。检索式是检索策略的具体体现,是机器可执行的检索方案,它将检索词组合起来,正确表达它们之间的关系,如逻辑关系、位置关系。相关的关键词主要有以下几个:"考研指南"、"考研信息收集"、"考研专栏"等。为了提高检索效率,应适时采用高级检索,以便缩小查找文件的范围。

三、检索信息的方法

(一) 利用搜索引擎

网络上的考研信息主要有招生专业目录、录取调剂信息、所报考的学校的分数线等信息。要检索以上信息资源,只要在比较有名的搜索引擎中输入相应的关键字即可,如用"百度"中的标题检索则效果更好,其检索步骤是:单击百度中的

"高级检索",出现如图7-1所示的页面。输入关键字"考研信息",再在"关键词位置"选项中选择"仅网页的标题中",这样就可以进行标题检索。如果不这样处理的话,搜索到的网页可能会过多。这样虽然不能保证查全率,但是对于一般的检索要求来说,这些信息就足够了。单击"百度"按钮,会出现如图7-2的页面,在百度的输入框内出现以下提示,即考研信息。

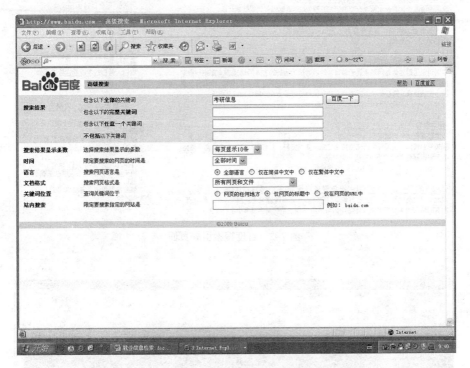

图7-1 百度搜索引擎页面

（二）直接登录学校的研究生院或研究生处查找所需要的信息

信息检索要明确所检索的资源在哪里,而不能漫无目的地查找。我们可以选择以下几条途径。

（1）直接用HTTP,键入所报考学校的网址。

（2）可以登录所查学校的BBS论坛,获取一些有用的信息。其步骤是在URL中键入bbs.sdjzu.edu.cn,然后查找相关的"我要考研"等,如图7-3所示。

（三）检索考研文件信息

检索考研文件信息,比较有名的是北京大学的天网搜索。进入天网搜索首页（见图7-4）,默认是搜索网页,将其设为搜索文件,在输入框内输入"考研",得到的结果,如图7-5所示。

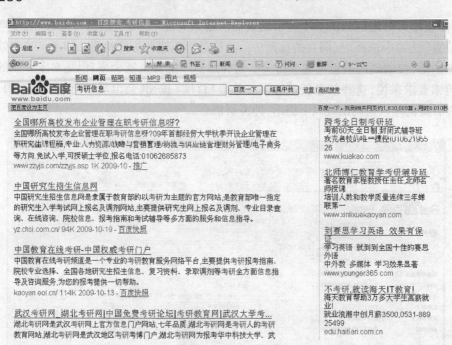

图 7-2　百度搜索引擎页面

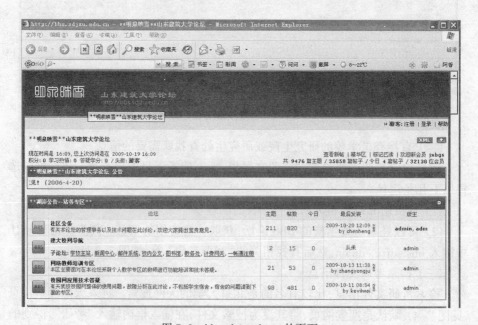

图 7-3　bbs.sdzju.edu.cn 的页面

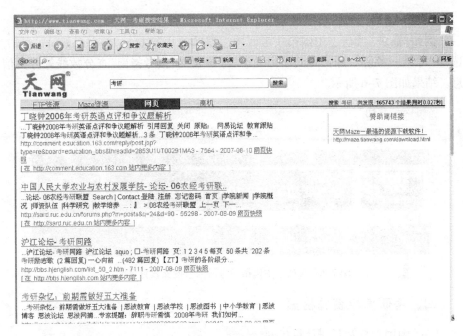

图 7-4　天网搜索首页

图 7-5　北大天网搜索结果

（四）对考研信息做分类检索

例如，登录"考研_中国第一考研网_搜狐教育"（http://learning.sohu.com），选择"考试—考研"，即可得到研招动态、考研大纲、报考指南、查分数线等分类信息。结果如图 7-6 所示。

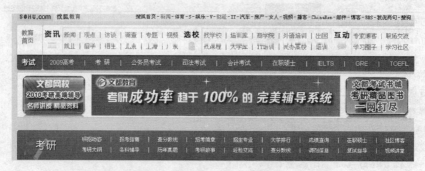

图 7-6　考研_中国第一考研网_搜狐教育页面

四、考研信息资源检索

（一）中国教育和科研计算机网

中国教育和科研计算机网（China Education and Research Network，CERNET）是由国家投资建设，教育部负责管理，清华大学等高等学校承担建设和运行的全国性学术计算机互联网络，是全国最大的公益性计算机互联网络。其主页地址是：http://www.edu.cn，界面如图 7-7 所示。

图 7-7　CERNET 的主页

（1）标题栏有中国教育、教育资源、科研发展、教育信息化、CERNET、教育博客、教育在线、教育服务等。其中中国教育在线包括考研、留学、研究生报考参考系统等 11 个专题。

（2）检索途径　CERNET 提供分类和主题两种检索途径。①分类途径。选择标题栏的"教育资源"，如图 7-8 所示，按照类目划分若干项目，选择要检索的类目，层层单击即可。②主题途径。在检索窗口输入关键词，可检索站内文献信息，如键入"考研"，单击"检索"，即可得到有关考研的全部信息。

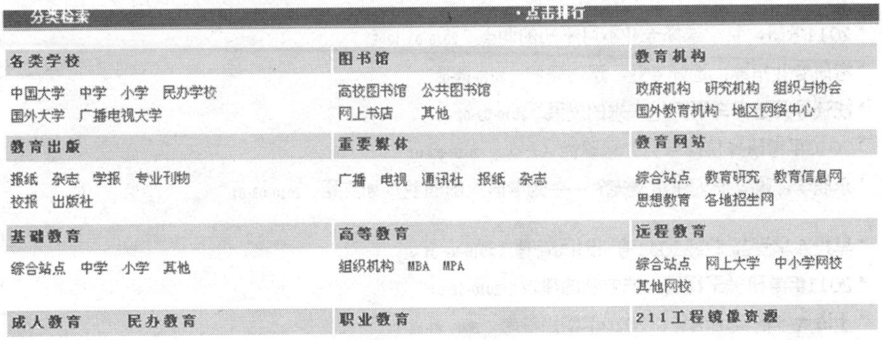

分类检索		· 点击排行	
各类学校	**图书馆**	**教育机构**
中国大学　中学　小学　民办学校 国外大学　广播电视大学	高校图书馆　公共图书馆 网上书店　其他	政府机构　研究机构　组织与协会 国外教育机构　地区网络中心
教育出版	**重要媒体**	**教育网站**
报纸　杂志　学报　专业刊物 校报　出版社	广播　电视　通讯社　报纸　杂志	综合站点　教育研究　教育信息网 思想教育　各地招生网
基础教育	**高等教育**	**远程教育**
综合站点　中学　小学　其他	组织机构　MBA　MPA	综合站点　网上大学　中小学网校 其他网校
成人教育　　民办教育	**职业教育**	**211工程镜像资源**

图 7-8　分类检索界面

（二）考研加油站

考研加油站（http://www.kaoyan.com）是中国最早建立的考研类网站，如图 7-9所示。随着考研人数的逐年增多，考研加油站也聚集了大量考研人群，并逐步发展成为一个以考研论坛为核心的考研信息平台。该网站栏目划分很细致，内容比较全面，更重要的是更新速度较快。想查找最新考研信息的考生最好来这里"加油"。

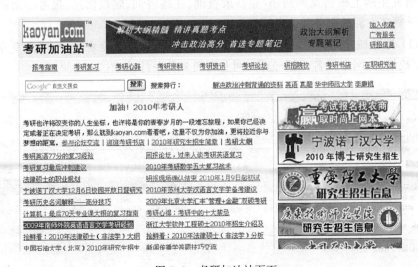

图 7-9　考研加油站页面

(1) 标题栏介绍。标题栏有报考指南、考研复习、考验心路、考研资料、考研资讯、考研论坛、研招院校、考研书店、在职研究生 9 个栏目。

(2) 检索途径。考研加油站提供主题检索途径，如选择标题栏的“报考指南”，即可得到有关详尽的考研指导性信息，如图 7-10 所示。

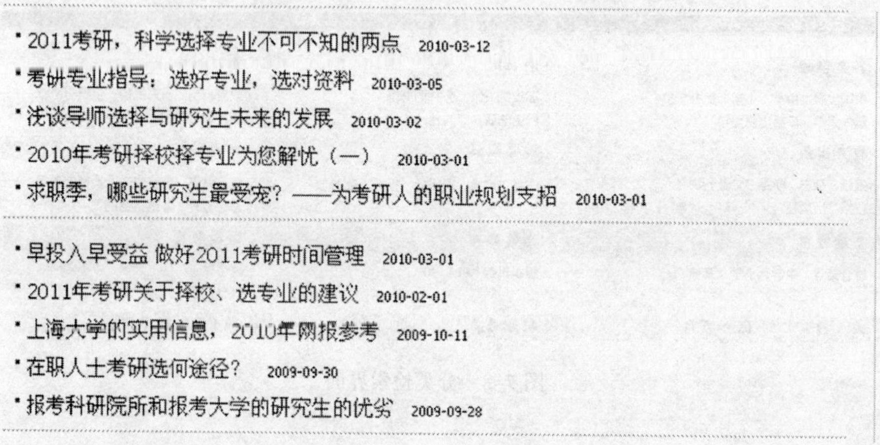

· 2011考研，科学选择专业不可不知的两点 2010-03-12
· 考研专业指导：选好专业，选对资料 2010-03-05
· 浅谈导师选择与研究生未来的发展 2010-03-02
· 2010年考研择校择专业为您解忧（一） 2010-03-01
· 求职季，哪些研究生最受宠？——为考研人的职业规划支招 2010-03-01
· 早投入早受益 做好2011考研时间管理 2010-03-01
· 2011年考研关于择校、选专业的建议 2010-02-01
· 上海大学的实用信息，2010年网报参考 2009-10-11
· 在职人士考研选何途径？ 2009-09-30
· 报考科研院所和报考大学的研究生的优劣 2009-09-28

图 7-10　分类检索页面

(三) 中国研究生招生信息网

中国研究生招生信息网(http://yz.chsi.com.cn)是隶属于教育部的以考研为主题的官方网站，是教育部唯一指定的研究生入学考试网上报名及调剂网站，主要提供研究生网上报名及调剂、专业目录查询、在线咨询、院校信息、报考指南和考试辅导等多方面的服务和信息指导。

(1) 标题栏介绍。标题栏有信息公告、考研资讯、硕士专业目录、博士专业目录、院校信息、网上报名、网上公告、网上调剂 8 个栏目，如图 7-11 所示。

中国研究生招生信息网
首页
信息公告
考研资讯
硕士专业目录
博士专业目录
院校信息
网上报名
网报公告
网上调剂

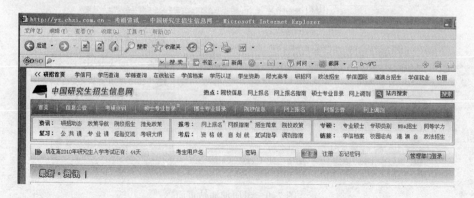

图 7-11　中国研究生招生信息网主页

（2）考研资讯。点击考研资讯中"推免政策"，即可显示全国 31 个省市高校考研推免政策，如图 7-12 所示。

全国高校推荐免试研究生政策汇总

北 京	北京大学	中国人民大学	清华大学	北京交通大学	北京工业大学	北京航空航天大学	北京理工大学	北京科技大学
	北京化工大学	北京工商大学	北京邮电大学	中国农业大学	北京林业大学	首都医科大学	北京中医药大学	北京师范大学
	首都师范大学	北京外国语大学	北京语言大学	中国传媒大学	中央财经大学	对外经济贸易大学	外交学院	国际关系学院
	北京体育大学	中央音乐学院	中国音乐学院	北京电影学院	中央民族大学	中央美术学院	中国政法大学	北京协和医院
	中国矿业大学	中国石油大学	中国地质大学	首都经济贸易大学	华北电力大学	中共中央党校	中国铁道科学研究院	北京物资学院
天 津	南开大学	天津大学	天津科技大学	天津工业大学	天津师范大学	天津财经大学	天津外国语学院	天津医科大学
河 北	河北大学	河北工程大学	华北煤炭医学院	华北电力大学（保定）	河北工业大学	河北农业大学	河北医科大学	河北师范大学
	燕山大学	河北经贸大学						
河 南	华北水利水电学院	河南理工大学	郑州大学	河南农业大学	河南大学	河南师范大学		

图 7-12　推免政策汇总

（四）中国考研网

考研网（http://www.China.kaoyan.com）是考生最经常光顾的网站之一（见图 7-13）。该网站提供的复习指导最新最全，公共课复习的专题指导也很有特色。

图 7-13　中国考研网主页

（1）标题栏介绍。标题栏有教育新闻、院校信息、招生简章、考研指南、复习指导、我的考研 6 个栏目。

（2）检索途径。提供分类检索（见图 7-14）和主题检索途径。

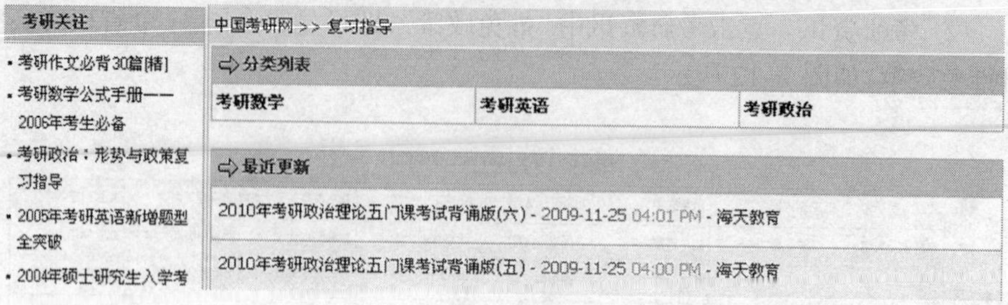

考研关注	中国考研网 >> 复习指导		
·考研作文必背30篇[精]	🔷 分类列表		
·考研数学公式手册——2006年考生必备	**考研数学**	**考研英语**	**考研政治**
·考研政治：形势与政策复习指导	🔷 最近更新		
·2005年考研英语新增题型全突破	2010年考研政治理论五门课考试背诵版(六) - 2009-11-25 04:01 PM - 海天教育		
·2004年硕士研究生入学考	2010年考研政治理论五门课考试背诵版(五) - 2009-11-25 04:00 PM - 海天教育		

图 7-14　分类检索页面

（五）经管人

经管人(http://www.jingguanren.com/)以全面指导经济类考研为特色(见图7-15)。这里提供报考院校经管类考研专业课复习资料,包括各年的试题、复习笔记、课程讲义、视频课件等,网站还开辟了推荐版面,介绍名校经管类专业的招生简章、专业目录、参考书目、最新动态、经验心得等内容。在经管人网站还可以搜索到关于经管类专业课的复习建议和考试时应该注意的一些细节问题,这些都具有一定的参考价值。

图 7-15　经管人主页

（六）其他考研类网站

1. 法律硕士在线法律培训网站(http://www.fashuo.net/)

该网站包括法律硕士联考全真模拟题库、法律硕士联考名师辅导全程课堂录音、法律硕士联考资料。

2. 教育在线考研(http://kaoyan.eol.net)

这是一个专业的考研教育服务网络平台,主要提供考研报考指南、院校专业选择、全国各地研究生招生信息、复习资料、录取调剂等考研全方面信息指导及咨询服务。

3. 考研教育网

网址是 http://www.cnedu.cn/index.htm。

4. 考研搜索(http://so.kyzhi.com)

这是一个专注于考研信息检索的搜索引擎,帮助考生更容易、更及时、更准确地获取在考研全程中需要的资讯、资料、调剂及分数线等信息。

总之,在进行本主题检索的时候,最重要的是选择合适的搜索引擎并利用关键字和词进行搜索。对网络查询经验不足或者无法明确地用词语表达清楚自己信息需求的用户,可以使用门户网站的分类目录,根据门户网站列出的目录一层一层地往下查找,也可得到较为满意的结果,但搜索引擎对于查询特定主题的信息非常有效,其检索效率、查全率、查准率是其他检索方式所不能比拟的。在使用搜索引擎时,要充分利用各搜索引擎的功能,如特定关键词检索、短语检索、字段检索等。同时要注意根据检索的目的和要求合理地选择搜索引擎。

第二节　留学信息检索

当今社会,教育全球化已成为趋势,留学成为越来越多中国家庭的选择,国外的优质教育资源成为争抢的对象。而在海归就业形势也不容乐观的背景下,如何做到学有所成,最终实现学以致用,选择"高附加值"的留学方案就显得很重要。本节着重介绍留学信息检索。

一、国家留学网

国家留学网(http://www.csc.edu.cn)即国家留学基金管理委员会网站。基金委的宗旨是,根据国家法律、法规和有关方针政策,负责中国公民出国留学和外国公民来华留学的组织、资助、管理,如图 7-16 所示。

图 7-16　国家留学网网站

（1）标题栏介绍。标题栏有出国留学、来华留学、交流与合作和信息平台等六个栏目。

（2）检索途径。提供主题检索途径，如图7-17。

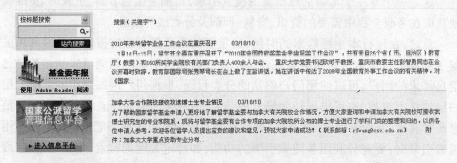

图7-17　主题检索页面

二、留学网

留学网（http://liuxue.net）是国内最大的留学门户网站，提供最新、最全、最热的留学资讯，涵盖美国、加拿大、英国、澳大利亚、韩国、日本等留学国家的情况（见图7-18）。

图7-18　留学网主页

（1）标题栏介绍。标题栏有留学新闻、院校、申请、考试、咨询五个栏目。

（2）检索途径。检索途径分为分类检索和主题检索两个途径。

① 分类检索设有留学预警、讲座信息、专家答疑、院校排名、签证指南、奖学

金、异域生活等内容,权威、专业、及时地提供留学资讯等内容。如点击"留学申请"栏目,即可出现申请最新动态、专题报道等栏目,如图7-19所示。

② 主题检索:在主页的检索框中直接输入能表达检索含义的词式词组,就可以查到相关资料。

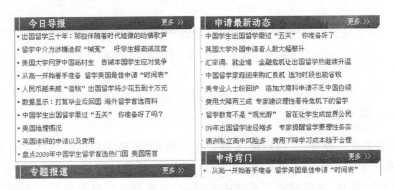

图7-19 留学申请检索结果

三、滴答网

滴答网(http://studyaborad.tigtag.com)是最早、影响力最大的专业留学移民网站,是众多出国网友心目中的第一品牌(见图7-20)。该网为用户提供各类出国相关信息,包括留学、移民、海外生活就业、语言培训、考试指导、文书写作、院校资料等,内容客观准确、全面及时,深受用户信赖。滴答网的社区是国内人气最旺的出国社区,设有论坛、博客、相册、交友、活动看板、结伴同行等各种服务。

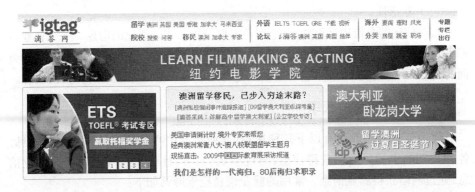

图7-20 滴答网主页

四、留学专搜

留学专搜(http://www.zhuansoo.com)是专注于留学的搜索引擎。为留学人群提供留学信息查询,留学问题解疑以及讨论与交友的专业系统的留学搜索平台。

第三节　就业信息检索

一、关于就业信息

大学生求职择业,不仅取决于整个社会的政治、经济状况以及自身的能力素养,也取决于是否拥有适用的就业信息。可以说,就业信息是求职择业的基础,谁能及早获取信息,谁就获得了求职的主动权,可见就业信息在毕业生求职就业过程中起到十分重要的作用。就业信息具有以下几种特性:

(一)需求的周期性

就业信息需求具有一定的周期性,每年的2—7月份是就业信息需求的旺季。根据就业信息需求的周期性特点,在每次信息高潮到来之前,信息需求者应在思想上和行动上做好准备,以便在求职中处于主动地位。

(二)时效性

就业信息的时效性特别强,对用户来说,错过了信息资料的最佳获取时间,就错过了机会。一般来说,当年就业信息资料只在当年特定的时间内发挥作用,过期的就业信息其参考价值会大打折扣,甚至变得毫无价值。

(三)专指性

就业信息的专指程度很高,每个用户需要特指的而非泛化的信息。一个就业目标不明确的用户,他需要了解的是招聘单位概况、职位名称、职位要求、招聘人数等方面的信息。用户选定目标后,急需了解的是有关求职心理、求职技巧等方面的信息。

二、就业信息的获取

就业信息的获取可有以下几种途径:就业指导中心就业信息网发布的信息,各种类型的供需见面会获得信息,通过参观、实习、社会实践等活动获取就业信息,通过网络获得就业信息。常用的就业信息检索网站如下:

(一)全国高校毕业生就业网络联盟

全国高校毕业生就业网络联盟(http://www.ncss.org.cn/wllm/)由教育部、人事部、劳动和社会保障部、国家发展与改革委员会以及国务院国有资产监督管理委员会五部委 2006 年联合发起成立的,是联合各大行业部门、主要用人单位和知名高校,通过采用网络技术搭建的平台,形成跨多个部门、面向全社会的更高层次的供需双向网络服务平台。

该联盟联合有关行业部门、用人单位和高等院校,积极完善我国大学生就业供求信息发布制度和网上联合招聘制度。联盟建立了网上求职信息搜索引擎并推动网上视频面试系统的建设和应用,逐步实现毕业生就业网上初选功能,从而减少中间环节,降低毕业生的求职成本和企业的招聘成本。同时,该联盟每年还举办四场网络招聘会,实现就业资源信息的深度共享。

目前联盟企业会员已达 200 多家,包括央企、大型民营企业、部属事业单位以及大型人才网站等。联盟经常开展不同形式的网上招聘和推介活动,以满足不同地域、不同行业毕业生的就业需求和企业的招聘需求,实现供需信息最大程度的共享,如图 7-21 所示。

图 7-21　http://www.ncss.org.cn/wllm/ 主页

(二) 新职业

新职业(http://www.ncss.org.cn/)是全国大学生就业公共服务立体化平台,是中国高校毕业生就业服务信息网的升级和拓展,由教育部举办,为大学生就业和用人单位招聘提供信息服务。

其主页设有专场招聘会、双选自助厅、招聘导航台、创业新天地、职业训练营、就业气象站等栏目,随时公布国家有关就业政策法规、就业新闻与动态、最新招聘信息等(见图 7-22)。可进行“本网职位搜索”与“全网职位搜索”。

图 7-22 新职业主页面

（三）综合性门户网站

许多综合性门户网站都设有招聘类专栏。如搜狐的首页有"求职"、"哪些公司在招人"等栏目（见图 7-23）。

（四）中华英才网

中华英才网（ChinaHR.com）成立于 1997 年，始终是国内领先的招聘网站，Monster Morldwide 是全球领先的在线招聘服务公司，2008 年中华英才网与 Monster 达成深度战略合作，正式成为 Monster 全球招聘网站成员。

中华英才网面向雇主提供在线招聘服务及全面招聘解决方案，为企业提供中国及全球各行业的合适候选人，具备有竞争力的招聘效果；面向求职者个人提供免费的招聘信息、满意的职位搜索匹配和个性化的在线职业指导服务。中华英才网是一个互动的招聘网站，有中、英文两种版本。来源信息的权威性强。该网主页见图 7-24。

该网站的特色是求职者可按照主页提供的搜索栏目来找到合适的职业，如按照职位类别、工作地点和行业类别进行搜索。如图 7-25 所示。

（五）中国人才热线

中国人才热线（http://www.cjol.com/）是由深圳西部人力资源市场创造和培育的国内最早的人才网站之一。该网站于 1997 年 10 月由"西部人才网"更名而来。1998 年 6 月由深圳西部人力资源市场发起成立 CJOL.com 项目运营公司——深圳市希捷尔人力资源有限公司，并首创国内网上人才市场会员制收费模式。2000

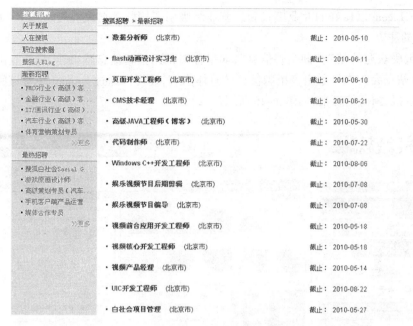

图 7-23 搜狐的招聘首页

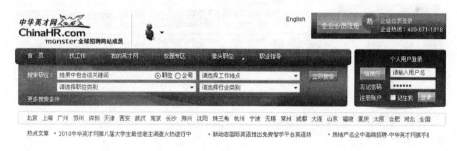

图 7-24 中华英才网主页

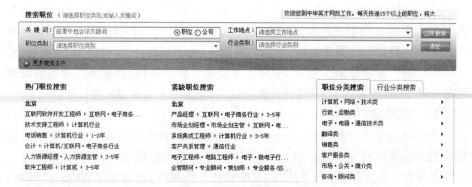

图 7-25 中华英才网搜索职位主页

年 CJOL.com 以良好的商业模式和经营业绩吸引了国际著名风险投资基金(美国 IDG)的注资。

最受欢迎的是"查询招聘信息",如果你对某条招聘信息感兴趣,只要点击一下,该站点会为你显示出该招聘信息的具体内容,还可以通过 E-mail 免费订阅人才信息报、招聘信息报,如图 7-26 所示。

图 7-26 中国人才热线主页

(六) 其他的综合性人才网站

1. 南方人才网

南方人才网(http://www.job168.com/market/)即中国南方人才市场,20 世纪 90 年代中期就已建立,由国家人力资源和社会保障部与广州市人民政府合办,是最早获人事部批准组建的国家级区域性人才市场之一。中国南方人才市场一直专注于人力资源管理服务领域,包括人事代理、人才招聘、人才租赁、人才网站、猎头、人才测评、毕业生就业服务、国际人才交流等服务项目,覆盖了人力资源管理的各个环节,已经形成了多层次的、全方位的、完善的人力资源服务体系。

2. 中国研究生人才网

中国研究生人才网(http://www.91student.com/)是中国首家教育部直属高校联合发起组建的研究生就业服务信息网络,全国最大的硕士、博士研究生人才交流服务平台,全国高层次人才招聘、求职服务首选网络,已为全国 80 余万以(硕/博士)研究生为主体的高层次人才提供了就业服务,为全国 10 万余家用人单位提供了优质的人才服务,也为美国 LHP Software 等海外用人单位提供了博士后人才引进等服务。目前,网站已拥有全国 800 余所高校、科研院所和 100 余所海外机构的人才资源信息,已建立了专业的人才寻访网络和人才资源管理体系。

网站提供有"211 工程"院校招聘信息与政府网站链接、人才招聘网站链接,为用户了解更多招聘信息,提供了很多便利条件。

3. 其他就业信息源

除以上几种主要的就业信息来源渠道外,教育、科研、工商业、专业协会和各地热线等网站往往提供本领域或本地的人才供求信息。如 job36 行业招聘网(http://www.job36.com/)提供电力、旅游、教育、IT、建筑、化工、汽车、环境、物流、保险、外贸、机械等行业招聘信息,汇聚业内知名企业,及时提供行业资讯,一些加盟的大公司、大企业,可直接链接过去。

本 章 小 结

考研、留学、就业都是当今大学生关注的热点问题,其中的关键就是获取大量的信息,掌握翔实的第一手资料。通过网络传递的信息是大学生考研、留学、就业指导工作信息化最显著的特点和最重要的内容,不仅丰富了信息的种类和数量,而且彻底改变了以往的传递方式,在很大程度上弥补了眼下所需信息不足及渠道不畅的缺陷,也减少了人为的"信息壁垒",提高了运行效率,降低了成本。

本章主要介绍了考研、留学、就业信息的网络检索,提供了一些信息量大、管理比较规范的综合网站、门户网站,并对其检索方法做了简单介绍。在考研篇中,重点介绍了中国教育和科研计算机网、考研加油站、中国研究生招生信息网、中国考研网等网站。在留学篇中,重点介绍了国家留学网、留学网、滴答网等网站。在就业篇中,重点介绍了全国高校毕业生就业网络联盟、新职业、中华英才网、中国人才热线等网站。

复习思考题

1. 考研信息有哪些种类? 如何获取?

2. 搜索留学指南可以上哪些网站?

3. 如何根据自己的就业需求有针对性地检索就业信息?

第八章　信息检索与创新

第一节　检索与创新概述

创新,简单地说就是利用已存在的自然资源或社会要素创造新的矛盾共同体的人类行为,或者可以认为是对旧有的一切所进行的替代、覆盖。"创新"的概念国内学术界公认来源于熊比特的创新理论,特指英文是"innovation",有别于"创造"(英文为 creation)和"发明"(英文为 invention)。

一、创新的概念

当前国际社会对于"创新(innovation)"的定义较多,比较权威的是 2000 年联合国经合组织(OECD)在《学习型经济中的城市与区域发展》报告中提出:"创新的含义比发明创造更为深刻,它必须考虑在经济上的运用,实现其潜在的经济价值。只有当发明创造引入到经济领域,它才成为创新。"美国国家竞争力委员会2004 年向政府提交的"创新美国"计划中提出:"创新是把感悟和技术转化为能够创造新的市值、驱动经济增长和提高生活标准的新的产品、新的过程与方法和新的服务。"这就确认了"创新"在社会经济发展中极其重要的地位和作用。有鉴于此,当前我们的创新战略应当重点突出推进 innovation。作为 innovation 的创新,实际上是一个实现创造发明潜在的经济和社会价值的过程。

国内外许多人,都曾阐述了他们对创新的理解。江泽民同志曾说过:"创新是一个民族进步的灵魂,是国家兴旺发达的不竭动力。"郎加明在《创新的奥秘》一书中提到:"对于创新来说,方法就是新的世界,最重要的不是知识,而是思路。"哈佛大学校长普西说:"一个人是否具有创新能力,是'一流人才'和'三流人才'之间的分水岭。"钱学森谈到中国的教育问题时曾说:"现在中国没有完全发展起来,一个重要原因是没有一所大学能够按照培养科学技术发明创造人才的模式去办学,没有自己独特的创新的东西,老是冒不出杰出人才。这是很大的问题。"

总之,有创新,人类才能进步;有创新,社会才得以发展。创新活动的开展衍生出创新组织的形成。创新型组织,是指组织的创新能力和创新意识较强,能够源源不断地进行技术创新、组织创新、管理创新等一系列创新活动。

二、创新组织网站

世界各国的创新组织,涵盖了教育领域、经济商业领域及政府领域,为创新的发展提供了很好的平台。比较有代表性的创新组织网站有北大创新研究院,如图 8-1 所示;斯坦福大学创新中心,如图 8-2 所示;创新工场,如图 8-3 所示;中国政府创新网,如图 8-4 所示。

图 8-1　北大创新研究院

通过网络信息检索可以得到许多与创新相关的知识。文献信息检索利用的过程,是一个求知、求真、求新的学习过程,知识积累过程,也是研究与创新过程。判断创新与否离不开检索,检索的最终目的即完成创新。检索与创新两者相辅相成,互为因果。掌握了良好的检索技能,便能为创新活动的开展打下良好的基础。

图 8-2　斯坦福大学创新中心

图 8-3　创新工场

图 8-4 中国政府创新网

第二节 创 新 思 维

思维,是一种复杂的心理现象,是人脑的一种能力,是人脑对客观事物概括的、间接的反映。创新思维是指对事物间的联系进行前所未有的思考,从而创造出新事物的思维方式,是一切具有崭新内容的思维形式的总和。一切需要创新的活动都离不开思考,离不开创新思维。可以说,创新思维是一切创新活动的开始。通过百度可以检索到关于创新思维的网页约 10 100 000 篇(检索时间 2010 年 4月 20 日),如图 8-5 所示。

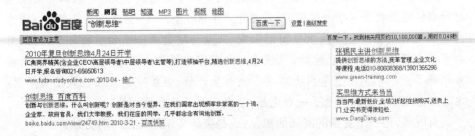

图 8-5 百度搜索"创新思维"

一、突破思维定势

创新思维的产生需要有一个前提,那就是克服长久禁锢于我们思维中的固定模式,即思维定势。思维定势对常规思考是有利的,能缩短思考的时间,提高思考的质量和成功率。但是思维定势不利于创新思考。各个领域里有很多经过深入研究最后导致获得了重大成果的现象,其实早就有人遇到过,为什么总是只有极个别的人才会去注意、重视和研究呢? 一个重要原因就是一般人难以摆脱思维定势的束缚。通过百度检索的"思维定势"网页约 4 530 000 篇,如图 8-6 所示。关于思维定势的例子如下。

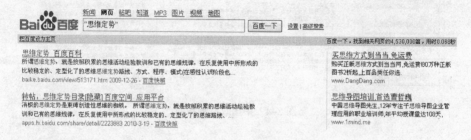

图 8-6　百度搜索"思维定势"页面

[例 8-1]　物理学家福尔顿曾用新的测量方法测量固体氦的热导率,但结果比按照以往方法计算的数字高 500 倍,他感到这个差距太大,害怕被人耻笑,因此他没有公布自己的测量结果,也没有进一步进行研究。没过多久,美国的一个年轻科学家,在实验过程中也测出了同样的结果并将结果公布出来,很快在科技界引起了广泛关注,赢得了人们的肯定和赞誉。

在我们的思维中经常会有意无意地遵从权威人士的想法,习惯于引证权威的观点,一旦发现与权威相违背的观点或理论,便想当然地认为必错无疑,这就是我们思维的权威型思维误区。

[例 8-2]　关于《中国制造》的创造力,有一个著名的笑话:一家国外的肥皂生产商始终困扰于一个小问题,就是每生产 1 000 个产品,生产线上总存在一两个没装肥皂的空盒。生产线供应商思来想去,最终安装了一个新监测环节,用射灯去照每个肥皂,如果出现空的,机械手会自动将它捡走。不过要安装这个新功能太昂贵了。一家中国肥皂商也购买了这种生产线,但解决的办法让人匪夷所思:他们在生产线的出货口放了一台电扇,空盒一下子就会被吹掉!

有时候,把一个复杂的问题简单化,也是突破传统思维的一种方法。

[例 8-3]　有一位思维学家用以下的题目对 100 人进行了测试:一位公安局

长常在茶馆里和一位老先生下棋。这时,跑来一个小孩,着急地对公安局长说:"你爸爸和我爸爸吵起来了。"老先生问:"这孩子是你的什么人?"公安局长回答道:"我儿子。"请问这两个吵架的人与公安局局长是什么关系?

相信大多数人需要花一些时间思考,这是因为在一般人的思维中,公安局长都是男性,以此为前提,那么这个问题就得不到合理的答案。其实,只要转换一下思维,公安局长为女性,答案便一目了然。

突破思维定势,我们就需要做到超越理论、超越习惯和经验,解放思想,实事求是,打破常规,与时俱进。

二、创新思维分类

(一)发散思维

美国心理学家吉尔福(J.P.Guiford)说:"人的创造力主要依靠发散思维,它是创造性思维的主要成分。"发散思维是指在思维过程中,充分发挥想象力,由一点向四面八方想开去,通过知识、观念、信息的重新组合,找出更多、更新的可能答案、设想或解决办法。它是开放性的思维,是从已知领域中探索未知领域,从而达到创新创造的目的。

在百度搜索中输入关键词"发散思维"检索的相关网页约 5 260 000 篇(检索时间 2011 年 11 月 14 日),如图 8-7 所示,由此可见发散思维的重要地位。图 8-8 给出了由一个圆引起的发散图形。

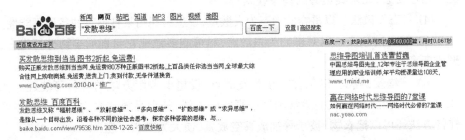

图 8-7   百度检索"收敛思维"页面

1. 发散思维一般方法

(1)材料发散法。用各种不同的材料来替代某个物品的原有材料,设想它的多种用途。例如,洗衣粉原本种类单一,但利用发散思维可根据清洗对象的不同,通过改变原有洗衣粉的成分,有针对性的使用,这就有了专门的羊毛制品、羽绒服、棉制品等多种类别的洗衣粉、洗衣液。通过检索,可以进一步了解材料发散的案例及思维形式。

图 8-8　由一个圆引起的发散图形

（2）功能发散法。从某事物的功能出发，设想获得该功能的各种可能性。例如，夏天降暑，我们可以用电风扇通过加快体液蒸发来降温，还可以通过空调机降低室内温度的方法；利用功能发散思维不难想到：把两者的降温方式相结合，便产生了"空调扇"。

（3）结构发散法。以某事物的结构为发散点，设想出利用该结构的各种可能性。利用三角形结构的稳定性，通过发散思维，可以存在于很多领域。如照相机的三角形支架、北京奥运会的鸟巢建筑等。

（4）形态发散法。以事物的形态为发散点，设想出利用某种形态的各种可能性。

（5）组合发散法。以某事物为发散点，尽可能多地把它与别的事物进行组合，形成新事物。

（6）方法发散法。以某种方法为发散点，设想出利用方法的各种可能性。例如，为了给食品保鲜，我们通常利用抽真空的方法，把食品放在真空袋中。利用同样的方法还可以把衣物、被子等抽成真空放置，便大大节省了空间。

（7）因果发散法。以某个事物发展的结果为发散点，推测出造成该结果的各种原因，或者由原因推测出可能产生的各种结果。

2. 发散思维示例

许多极富创意的解决方法都是来自于换一个角度想问题，甚至于最尖端的科学发明也是如此。所以爱因斯坦说："把一个旧的问题从新的角度来看是需要创意的想象力，这成就了科学上真正的进步。"

［**例 8-4**］　麦克是一家大公司的高级主管，他面临一个两难的境地：一方面，他非常喜欢自己的工作；另一方面，他非常讨厌他的老板。在经过慎重思考之后，

他决定去猎头公司重新谋职。回到家中,妻子告诉他应把正在面对的问题完全颠倒过来看——不仅要跟你以往看这问题的角度不同,也要和其他人看这问题的角度不同。这给了麦克以启发,一个大胆的创意在他脑中浮现。

第二天,他又来到猎头公司,这次他请公司替他的老板找工作。不久,他的老板接到了猎头公司打来的电话,请他去别的公司高就。这件事最美妙的地方就在于老板接受了新的工作,结果他目前的位置就空了出来,麦克申请了这个位置,于是他就坐上了以前他的老板的位置。

(二) 收敛思维

收敛思维又称集中思维、辐集思维、求同思维、聚敛思维,它的特点是以某个思考对象为中心,尽可能运用已有的经验和知识,将各种信息重新进行组织,从不同的方面和角度,将思维集中指向这个中心点,从而达到解决问题的目的。如果说,发散思维是"由一到多"的话,那么,收敛思维则是"由多到一"。当然在集中到中心点的过程中也要注意吸收其他思维的优点和长处。在百度搜索中输入关键词"收敛思维"检索的相关网页约 2 202 000 篇(检索时间 2011 年 11 月 14 日)。

洗衣机的发明就是一个收敛思维的过程,首先围绕"洗"这个关键问题,列出各种各样的洗涤方法,如用洗衣板搓洗、用刷子刷洗、用棒槌敲打、在河中漂洗、用流水冲洗、用脚踩洗等,然后再进行收敛思维,对各种洗涤方法进行分析和综合,充分吸收各种方法的优点,结合现有的技术条件,制订出设计方案,然后再不断改进,最终成功了。

收敛思维是相对于发散思维而言的,发散思维所取得的多种答案,只有经过收敛思维的综合、比较、集中、求同、选择,才能加以确定。收敛思维的形式和示例如下:

1. 目标确定法

平时我们碰到的大量问题都比较明确,很容易找到问题的关键,只要采用适当的方法,问题便能迎刃而解。但有时,一个问题并不是非常明确,很容易产生似是而非的感觉,把人们引入歧途。这个方法要求我们首先要正确地确定搜寻的目标,进行认真的观察并作出判断,找出其中关键的现象,围绕目标进行收敛思维。

2. 求同思维法

如果有一种现象在不同的场合反复发生,而在各场合中只有一个条件是相同的,那么这个条件就是这种现象的原因,寻找这个条件的思维方法就叫求同思维法。

[例8-5] 在日本大阪南部有一处著名的温泉,四周是景色宜人的青山翠谷。来这里观光的顾客总想泡一泡温泉浴,又想坐空中缆车观赏峰峦美景。但是由于时间关系,往往两者不可兼得。如何解决这个问题呢?温泉饭店的经理召开全体

员工会议集思广益,经过反复讨论,终于从两种旅游服务项目中找到它们的结合点:一边泡温泉浴,一边观赏美景。于是饭店推出了一项创意服务:"空中浴池"。其实就是把温泉澡池装在电缆车上,让它们在崇山峻岭中来回滑行,客人既能够怡然自得地泡在温泉里,又能饱览美景。这项创意引起了游客的极大兴趣,星期天和节假日经常"人满为患"。

在上述事例中,人们通常很难把"温泉澡"与"电缆车"联系在一起,更不可能找到它们的共同点或结合点。然而,当人们根据实际需要,从"求同"视角出发,把不同事物联系在一起寻找它们的相同点或结合点,就会产生出人意料的新创意。

[例8-6] 减肥是许多肥胖者期望的事情。然而,不少肥胖者既想减肥,又不想委屈自己的嘴,还懒得参加体育运动,怎么办?有人基于"胖"从口入的原因,从防止胖子吃高脂肪和高糖食物的想法出发,硬是将减肥与喷雾这两个相距甚远的事物联系在一起,创意设计出"减肥喷雾器"。这种用具从各种美食中吸取香味并储存起来,使用时打开阀门,通过喷嘴将香味射至胖子的舌面上,几分钟后,胖子就会产生一种解馋的感觉而食欲大减,从而达到减肥的目的。

上述成功的创意事例的共同特点,就是巧妙地运用了"求同思维"。

3. 求异思维法

如果一种现象在第一场合出现,第二场合不出现,而这两个场合中只有一个条件不同,这一条件就是现象的原因。寻找这一条件,就是求异思维法。

[例8-7] 某锁具公司推出一种新型锁,为了提升新产品的影响力,老板决定从广告宣传入手,经过研究发现,几乎所有的"锁具"广告都有雷同。于是,他想出一个与众不同、别出心裁的"广告",在锁具的外包装上承诺:"不用钥匙打开锁者奖励10万元"。果然,这个广告引起到了"轰动"效应,使这款新锁销量大增。

这里,店主采用了与众不同的广告形式,其实就是"同中求异":一是自己的产品与其他产品相比有它的特异性;二是这个广告形式与众多广告形式相比有特异性。

4. 聚焦法

聚焦法就是围绕问题进行反复思考,使原有的思维浓缩、聚拢,形成思维的纵向深度和强大的穿透力,最终达到质的飞跃,顺利解决问题。

例如,隐形飞机的制造是难度比较大的问题。它是一个多目标聚焦的结果:要制造一种使敌方雷达测不到、红外及热辐射仪追踪不到的飞机,就需要分别做到雷达隐身、红外隐身、可见光隐身、声波隐身等多个目标,每个目标中还有许多小目标。分别聚焦各个目标,最终制成隐身飞机。

(三) 想象思维

想象是人脑对原有的感知形象进行加工改造,形成新形象的心理过程,是一种非逻辑思维方式。人的想象力是创新性思维的核心和创造的基础。世界著名的浪漫主义文学大师——雨果,赞誉它是"人类思维中最美丽的花朵"。一个人一旦失去想象力,则创造力就随之枯竭。爱因斯坦说过:"想象力比知识更重要,因为知识是有限的,而想象力概括着世界的一切,并且是知识的源泉。"想象思维有再造想象思维和创造想象思维之分。

再造想象思维是指主体在经验记忆的基础上,在头脑中再现客观事物的表象;创造想象思维则不仅再现现成事物,而且创造出全新的形象。文学创作中的艺术想象属于创造性想象,是形象思维的主要形式,存在于整个过程之中。即作家根据一定的指导思想,调动自己积累的生活经验,进行创造性的加工,进而形成新的完整的艺术形象。

(四)联想思维

通过思路的连接把看似"毫不相干"的事件(或事项)联系起来,从而达到新的成果的思维过程。联想思维是发散思维的重要表现形式。一般而言,我们把联想思维看成是创新思维的重要组成部分,联想思维的成果就是创造性的发现或发明。当然联想不是瞎想、乱想,要使想象的过程中有逻辑的必然性。

被誉为科学幻想小说之父的著名作家凡尔纳有着不同寻常的联想能力。在他的科幻作品中所描述的潜水艇、雷达、导弹、直升机等,是当时还没有出现过的事物,现在都成为事实。特别令人吃惊的是他曾预言,在美国的佛罗里达将设立火箭发射站,并发射飞往月球的火箭。在一个世纪后,美国真的在佛罗里达发射了第一艘载人宇宙飞船。联想思维的类型与示例如下:

(1)接近联想,指时间上或空间上的接近都可能引起不同事物之间的联想。比如,当你遇到大学老师时,就可能联想到他过去讲课的情景。

(2)相似联想,是指由外形、性质、意义上的相似引起的联想。如由照片联想到本人等。

[例8-8] 钓鱼钓出食品冷冻法

1940年,美国皮革商巴察在出售了自己的食品冷冻法专利后得到了数万美元。这完全得益于他的钓鱼爱好。巴察经常在结了冰的海上凿洞钓鱼。从海水中钓起的鱼放在冰上立即被冻得硬邦邦的。当几天后食用这些冻鱼时,巴察发现只要鱼身上的冰不溶化,鱼味就不变。根据这一发现,巴察着手试验将肉和蔬菜冰冻起来,结果发现同样的方法也能保持新鲜。后来又经过反复试验,他进一步发现:冰冻的速度和方法不同,会影响食品冰冻后的味道和保鲜程度。经过不断地摸索,巴察成功地发明了食物冰冻法并申请了专利。

(3)对比联想,是由事物间完全对立或存在某种差异而引起的联想。其突出的特征就是背逆性、挑战性、批判性。

（4）因果联想，是指由于两个事物存在因果关系而引起的联想。这种联想往往是双向的，既可以由起因想到结果，也可以由结果想到起因。

[例8-9]　海带与味精

"海带"和"味精"两者看似毫不相干，如何联系在一起呢？ 这里有一个故事：日本一化学教授叫池田菊苗，在回家喝汤时忽觉味道格外鲜美，于是细心地用勺在碗里搅动了几下，发现汤里除了几片黄瓜，还有一点海带。他以科学家特有的机敏和兴趣，对海带进行了详细化学分析。经过半年时间的研究，他发现海带中含有一种物质——谷氨酸钠，并给它取了一个雅致的名字——味精。后来他又进一步发明了用小麦、脱脂大豆为原料提取谷氨酸钠的办法，为味精的工厂化生产开拓了广阔的前景。

由发现"鲜美"的结果，去追溯其原因，这就是因果联想产生的创新。

（五）灵感思维

灵感思维是在无意识的情况下产生的一种突发性的创造性思维活动。我国著名科学家钱学森说过："如果把逻辑思维视为抽象思维，把非逻辑思维视为形象思维或直感，那么灵感思维就是顿悟，它实际上是形象思维的特例。""特别是人类揭示大自然奥秘的每一项意义重大的科学突破、推动历史向前发展的重大技术发明、耐人寻味的文学艺术瑰宝，以及开拓宇宙观、探索微观领域的各种假说等等，都无不与灵感思维相关。"灵感的出现常常带给人们渴求已久的智慧的闪光，人们往往依靠这种非逻辑思维方式，特别是用"灵感"去认识、去创作，在未知领域里发现新的知识点，形成追寻创新知识的道路，从而进一步丰富和发展人类的知识宝库。

从心理的角度来看，灵感产生的过程是这样的：当一个人长时间地思考着某个问题得不到解决而去干别的事情的时候，特别是去从事某项轻松愉快的活动的时候，人们的显思维就不再去思考这一问题了，但是潜思维开始启动或者继续思考。激发灵感的渠道主要有以下几种：

1. 自发灵感

自发灵感是指在对某个问题已进行较长时间的思考，百思不得其解，思考问题的某种答案或启示，有可能某一时刻在头脑中突然闪现。

日本的富田惠子就是由一个自发的灵感为自己创造了财富。有一次她为朋友代养了几盆花。由于缺乏养花的经验，很好的几盆花全都被糟蹋了。这事使她常常思考如何能使不会养花者也可以把花养好呢？一天，她头脑里突然冒出了一个想法：把泥土、花种和肥料装在一个罐里，搞一种"花罐头"。人们买了这种花罐头，只要打开罐头盖，每天浇点水，就能开出各种鲜艳的花朵来。经过一番研制，这种花罐头终于被制造出来。由于其简单方便，一上市就销量很好。富田惠子当年就盈利 2 000 万日元,不久就成了一个拥有不少资产的企业家。

2. 诱发灵感

诱发灵感是指思考者根据自身生理、爱好、习惯等方面的特点,采取某种方式或选择某种场合,有意识地促使所思考的某种答案或启示在头脑中出现。例如,李白酒后作诗,借用了酒精的作用,使大脑处于创作的兴奋点,便能诱发出绝美的诗句。

3. 触发灵感

触发灵感是指在对某个问题已进行了较长时间思考的执著探索,这时在接触某些相关或不相关的事物时,这些事物就有可能成为"媒介物"或"导火线",引发思考问题的某种答案或启示在头脑中突然闪现。我国古语云:"水尝无华,相荡乃成涟漪;石本无火,相击而后发光。"就是讲的这个道理。

4. 逼发灵感

逼发灵感是指,在紧急情况下,不可惊慌失措,要镇静思考,以谋求对策。情急能生智,解决面临问题的某种答案或启示,就有可能在头脑中突然闪现。千百年来脍炙人口的《七步诗》:"煮豆燃豆萁,豆在釜中泣,本是同根生,相煎何太急!"就是逼发灵感的结果。

逼发灵感的产生有时是临时性、偶然性的。有这样一个例子:1904 年在圣路易斯举办世界博览会,一个小贩出售薄奶蛋饼,另一小贩用小盘子出售冰淇淋。一天,卖冰淇淋的小摊把小盘子用完了,在情急无奈之下突然灵机一动,能否把奶蛋饼代替小盘子盛冰淇淋呢?一试果然行,这竟成了至今仍风行于世的一种美味可口的食品。

创新思维是一种习惯,我们要在突破思维定势的基础上,运用新的认识方法、新的思维视角、新的实践手段,去开拓新的认知领域,取得新的认识成果。

第三节 创 新 技 法

创新技法,即是创新创造学家根据创新创造思维发展规律,总结出的创新创造发明的一些原理、技巧和方法。这些方法还可以在其他创新创造过程中加以借鉴使用,提高人们的创新创造力和创造成果的实现率。

总结创新创造活动中所具有的一些技巧、方法,并不是从创新创造学诞生之后才开始的。相反,正是前人总结出许多有关创新创造发明的技巧和方法,才促使创新创造学这门学科产生。

自 20 世纪初开始发明创造技法研究以来,国外已有 300 多种方法问世,我国也有几十种方法研究成功。但是其中最常用的不过 10 余种,如组合技法、形态分析法、设问法、移植法、列举法等。

对于一个科技工作者或是经营管理者来说,充分发挥创造性思维,掌握和熟练地运用创新创造技法是很重要的。各种创新创造技法内容很丰富,有些技法个人可以使用,有些技法是在发挥集体智慧的情况下运用才会更加生辉。常用的创新技法有以下几种:

一、组合技法

组合技法是指从两种或两种以上事物或产品中抽取合适的要素重新组织,构成新事物或新产品的创新技法。组合创新是很重要的创新方法。日本创造学家菊池诚博士说过:"我认为搞发明有两条路,第一条是全新的发现,第二条是把已知其原理的事实进行组合。"近年来也有人曾经预言,"组合"代表着技术发展的趋势。总的来说,组合是任意的,各种各样的事物要素都可以进行组合。

(1) 成对组合,是组合法中最基本的类型。它是将两种不同的技术因素组合在一起的发明方法。

(2) 功能组合,是组合法中最常用的类型。它是将两种不同的功能组合在一起的发明方法。"功能组合"百度检索找到相关网页约 7 820 000 篇(图 8-9)。如图 8-10、图 8-11 所示,沙发床和多功能螺丝刀等都采用了功能组合。

图 8-9　百度检索"功能组合"页面

图 8-10　折叠沙发床

图 8-11　多功能工具

（3）材料组合，是将不同特性的材料重新组合起来，而获得新材料、新功能。如诺贝尔为了使稍一震动就爆炸的液体硝酸甘油做成固体易运输的炸药，而将液体硝酸甘油和硅藻土混在一起。

（4）用品组合，是将不同的用品组合在一件物品上。如图 8-12、图 8-13、图 8-14 所示的几个用品组合的例子。

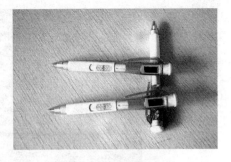

图 8-12　带电子表的笔

图 8-13　带收音机、温度计的应急灯

图 8-14　多功能刀

（5）机器组合。如某厂用灰浆搅拌机搅拌灰浆时需加入麻刀，由于麻刀成团，需预先抽打疏松后方能加入搅拌机。为使灰浆与麻刀搅拌均匀且节省人力，他们把弹棉机的有关机构与搅拌机结合，先弹开麻刀，再用风力吹入搅拌机，收到了较好的效果。"机器组合"在百度检索可以找到相关网页约 35 500 篇。

（6）原理组合。如在音响设备上加上麦克风的功能出现了卡拉 OK 机；彩电设备中加上录放装置产生了录像机；洗衣机中插入了甩干装置，出现了全自动漂洗与甩干的功能等。"原理组合"百度检索找到相关网页约 28 200 篇。

（7）辐射组合，是以一种新技术或令人感兴趣的技术为中心，同多方面的传统技术结合起来，形成技术辐射，从而导致多种技术创新的发明创造方法。用通俗的话说，就是把新技术或令人感兴趣的技术进一步地开发应用。这也是新技术推广的一个普遍规律。"辐射组合"百度检索找到相关网页约 35 700 篇。辐射组合的中心点是新技术，若把这个中心点改为一项具有明显优点的、人们所喜爱的特征，也可以考虑用辐射组合来开发产品。以家用电器为例，由于电进入家庭，由电的辐射组合，现已发展了众多的家用电器，如电视机、电冰箱、全自动洗衣机、空调机、电炉、电饭煲、洗碗机、电热毯、抽油烟机、电烤箱、电取暖器、电子游戏机、电吹风等。图 8-15 给出了用组合方法创造的水陆两用自行车。

图 8-15　组合方法产生水陆的两用自行车

[例 8-10] 多功能儿童座椅。大多数儿童座椅由钢架制成,这使得它们在运输和储藏过程中显得笨重麻烦。新式的儿童座椅包括一个可折叠式的把手,虽然可以将座椅变成摇篮,但主要目的不在于此。多功能儿童座椅包括一个折叠靠背,可以将靠背与座位折叠在一起方便储藏,或者可以将靠背放平组成婴儿的轻便小床,如图 8-16 所示。座椅底下和靠背后都用挂钩固

图 8-16　组合方法产生的多功能儿童车

定,在车前车后还设置安全带以确保儿童安全。多功能儿童座椅底座有一个带凹槽的支撑结构,允许座椅套置在轮架上或者摇椅架上,这些配件与多功能儿童座椅一起配套出售。

[例 8-11] 精确书签。读者在合上书本之前常常将书签(通常是矩形的纸片或者布料)夹于最后阅读页面中,这有助于他下次阅读时快速找到正确的页面继续阅读。精确书签可以精确到最后的阅读段落。当阅读到一定阶段,将这种书签别在书页顶端,然后把指示条滑到最后阅读行,合上书本。下次再重新打开书本时,就能找到精确的段落继续阅读了。如图 8-17 所示。

[例 8-12] 套杯花草茶。套杯花草茶是杯和茶配套组合。花草茶叶被放置

图 8-17 组合方法产生的精确书签　　　　图 8-18 组合方法产生的套杯

于塑料杯底座中心的凸起槽中,由一张滤纸衬底的滤茶网盖在茶叶上面,并固定在槽沿上。一张标明花草茶种类品牌的标签将槽整个密封住,标签特意突出一小块以便于掀开然后开水冲泡。一旦花草茶喝完,便可以将整个塑料杯连同槽中的茶叶一并扔掉。如图 8-18 所示。

二、形态分析法

形态分析法是瑞典天文物理学家卜茨维基于 1942 年提出的,它的基本理论是:一个事物的新颖程度与相关程度成反比,事物(观念、要素)越不相关,创造性程度越高,即易产生更新的事物。

该法的做法是:将发明课题分解为若干相互独立的基本因素,找出实现每个因素功能所要求的可能的技术手段或形态,然后加以排列组合得到多种解决问题的方案,最后筛选出最优方案。例如,要设计一种火车站运货的机动车。根据对此车的功能要求和现有的技术条件,可以把问题分解为驱动方式、制动方式和轮子数量三个基本因素。对每个因素列出几种可能的形态。如驱动方式有柴油机、蓄电池;制动方式有电磁制动、脚踏制动、手控制动;轮子数量有三轮、四轮、六轮,则组合后得到的总方案数为 $2 \times 3 \times 3 = 18$ 种。然后筛选出可行方案或最佳方案。"形态分析法"百度检索找到相关网页约 33 100 篇,如图 8-19 所示。

图 8-19 百度检索"形态分析法"页面

形态分析组合的一般步骤：

(1) 确定发明对象。准确表述所要解决的课题,包括该课题所要达到的目的及属于何类技术系统等。

(2) 基本因素分析。即确定发明对象的主要组成部分(基本因素),编制形态特征表。确定的基本因素在功能上应是相对独立的,在数量上应以 3 个为宜,数量太少,会使系统过大,使下步工作难度增加;数量太多,组合时过于繁杂很不方便。

(3) 形态分析。要揭示每一形态特征的可能变量(技术手段),应充分发挥横向思维能力,尽可能列出无论是本专业领域的还是其他专业领域的所有具有这种功能特征的各种技术手段。

(4) 形态组合。根据对发明对象的总体功能要求,分别把各因素的各形态一一加以排列组合,以获得所有可能的组合设想。

(5) 评价选择最合理的具体方案。选出少数较好的设想后,通过进一步具体化,最后选出最佳方案。

应用形态分析进行新品策划,具有系统求解的特点。只要能把现有科技成果提供的技术手段全部罗列,就可以把现存的可能方案"一网打尽",这是形态分析方法的突出优点。但同时也为此法的应用带来了操作上的困难,突出的表现在如何在数目庞大的组合中筛选出可行的新品方案。如果选择不当,就可能使组合过程的辛苦付之东流。

三、设问法

我们在进行创新活动之前,经常是在观察、了解原有产品或行为的基础上、通过设问,进而一步一步实现的。常用的方法有以下几种类型。

(一) 5W2H 分析法

5W2H 分析法又叫七何分析法,是第二次世界大战中美国陆军兵器修理部首创。简单、方便,易于理解、使用,富有启发意义,广泛用于企业管理和技术活动,对于决策和执行性的活动措施也非常有帮助,也有助于弥补考虑问题的疏漏。发明者用五个以 W 开头的英语单词和两个以 H 开头的英语单词进行设问,发现解决问题的线索,寻找发明思路,进行设计构思,从而作出新的发明项目,这就叫做5W2H 设问法。

提出疑问对于发现问题及解决问题是极其重要的。创造力高的人,都具有善于提问题的能力。众所周知,提出一个好的问题,就意味着问题解决了一半。提问题的技巧高,可以发挥人的想象力。相反,有些问题提出来,反而挫伤我们的想象力。发明者在设计新产品时,常常提出:为什么(Why),做什么(What),何人做

(Who),何时(When),何地(Where),如何(How),多少(How much)。

在发明设计中,对问题不敏感,看不出毛病是与平时不善于提问有密切关系的。对一个问题追根究底,有可能发现新的知识和新的疑问。所以从根本上说,学会发明首先要学会提问,善于提问。5W2H法的应用程序如下:

1. 检查原产品的合理性

为什么(Why)?为什么采用这个方式?为什么用这种颜色?为什么要做成这个形状?为什么采用机器代替人力?为什么产品的制造要经过这么多环节?

做什么(What)?条件是什么?哪一部分工作要做?目的是什么?重点是什么?与什么有关系?功能是什么?规范是什么?工作对象是什么?

何人做(Who)?谁来办最方便?谁会生产?谁可以办?谁是顾客?谁被忽略了?谁是决策人?

何时(When)?何时要完成?何时安装?何时销售?何时是最佳营业时间?何时工作人员容易疲劳?何时产量最高?何时完成最合时宜?需要几天才算合理?

何地(Where)?何地最适宜某物生长?何处生产最经济?从何处买?还有什么地方可以作销售点?安装在什么地方最合适?何地有资源?

如何(How)?怎样做省力?怎样做最快?怎样做效率最高?怎样改进?怎样得到?怎样避免失败?怎样求发展?怎样增加销路?怎样达到效率?怎样使产品更加美观?怎样使产品用起来方便?

多少(How much)?功能指标达到多少?销售多少?成本多少?输出功率多少?效率多高?尺寸多少?重量多少?

2. 找出主要优缺点

如果现行的做法或产品经过七个问题的审核已无懈可击,便可认为这一做法或产品可取。如果七个问题中有一个答复不能令人满意,则表示这方面有改进余地。如果哪方面的答复有独创的优点,则可以扩大产品这方面的效用。

3. 决定设计新产品

克服原产品的缺点,扩大原产品独特优点的效用。

(二)奥斯本核检表法

奥斯本核检表法是奥斯本提出来的一种创造方法。即根据需要解决的问题,或创造的对象列出有关问题,一个一个地核对、讨论,从中找到解决问题的方法或创造的设想。下面我们介绍奥斯本核检目录法九个方面的提问。

(1)能否他用。现有的事物有无其他用途;保持不变能否扩大用途;稍加改变有无其他用途。

(2)能否借用。现有的事物能否借用别的经验;能否模仿别的东西;过去有无类似的发明创造创新；现有成果能否引入其他创新性设想。

（3）能否改变。现有事物能否做些改变？如形状、颜色、声音、味道、式样、花色、品种，改变后效果如何？如一支铅笔本来是圆形的，变成六角形，就成了不易滚落地的铅笔；在包装盒上戳个小孔，就有了防潮功能，成了防潮盒。

（4）能否扩大。现有事物可否扩大应用范围；能否增加使用功能；能否添加零部件；能否扩大或增加高度、强度、寿命、价值。

（5）能否缩小。现有事物能否减少、缩小或省略某些部分；能否浓缩化；能否微型化；能否短点、轻点、压缩、分割、简略。

（6）能否代用。现有事物能否用其他材料、元件；能否用其他原理、方法、工艺；能否用其他结构、动力、设备。

（7）能否调整。能否调整已知布局；能否调整既定程序；能否调整日程计划；能否调整规格；能否调整因果关系。

（8）能否颠倒。能否从相反方向考虑；作用能否颠倒；位置（上下、正反）能否颠倒。

（9）能否组合。现有事物能否组合；能否原理组合、方案组合、功能组合。

这是一种具有较强启发创新思维的方法，因为它强制人去思考，有利于突破一些人不愿提问题或不善于提问题的心理障碍。

提问，尤其是提出有创见的新问题本身就是一种创新。它又是一种多向发散的思考，使人的思维角度、思维目标更丰富。另外核检思考还提供了创新活动最基本的思路，可以使创新者尽快集中精力，朝提示的目标方向去构想、去创造、去创新。

[例 8-13] 手风琴内置麦克风

大多数乐器可以通过放置麦克风来采取声样并在舞台上现场扩音。然而手风琴的音频对于普通麦克风来说太高，容易使扩音的音律失真。

采用核检表法设计，将手风琴内置麦克风植入于一块覆盖着橡皮层的泡沫层之中，放置在手风琴金字塔尖的排钉架上，然后用胶带将钉架与泡沫橡皮层结合的边缘封闭起来，这样一来就在橡皮层和钉架之间形成一个密封的空间，有助于降低手风琴的高调，便于通过麦克风采取合适的声样。如图 8-20 所示。

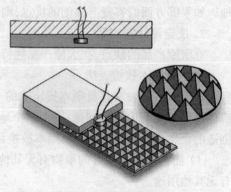

图 8-20　手风琴内置麦克风

四、移植法

移植法是将某个学科领域中已经发现的原理、技术和方法，移植、应用或渗透到其他技术领域中去，用以创造新事物的创新方法。移植法也称渗透法。从思维的角度看，移植法可以说是一种侧向思维方法。移植法分为原理移植、方法移植、功能移植、结构移植。

(一) 原理移植

原理移植是将某种原理向新的领域类推或外延。不同领域的事物总是有或多或少的相通之处，其原理的运用也可相互借用。例如，根据海豚对声波的吸收原理，创造出舰船上使用的声呐；设计师将香水喷雾器的工作原理移植到汽车发动机化油器上。

(二) 方法移植

方法移植是将已经有的技术、手段或解决问题的途径应用到其他新的领域。例如，美国俄勒冈州立大学体育教授威廉·德尔曼发现用传统的带有一排排小方块凹凸铁板压出来的饼不但好吃，而且很有弹性。他便仿照做饼的方法，将凹凸的小方块压制在橡胶鞋底上，穿上走路非常舒服。经过改造，发展成为今日著名的"耐克"运动鞋。

(三) 功能移植

功能移植是将此事物的功能为其他事物所用。许多物品都有一种已为人知的主要功能，但还有其他许多功能可以开发利用。例如，美国人贾德森发明了具有开合功能的拉链，人们将其应用在衣服、箱包的开合上非常方便。武汉市第六医院张应天大夫成功地将普通衣用拉链移植到了病人的肚皮上。他在三例重症急性胰腺炎病人腹部切口装上普通衣用拉链，间隔一到二天定期拉开拉链，直接观察病灶，清除坏死组织和有害渗液，直至完全清除坏死组织后再拆除拉链、缝合切口。这一措施减少了感染并避免了多次手术。

(四) 结构移植

结构移植是将某种事物的结构形式或结构特征移入另一事物。比如，有人把滚动轴承的结构移植到机床导轨上，使常见的滑动摩擦导轨成为滚动摩擦导轨。这种导轨与普通滑动导轨相比，具有牵引力小、运动灵敏度高、定位精度高、维修方便（只需更换滚动体）等优点。

五、列举法

列举法是把与创新对象有关的方面——列举出来，进行详细分析，然后探讨改进的方法。列举法是最常用的也是最基本的创新技法。

（一）特征列举法

特征列举法是根据事物的特征或属性，将问题化整为零，以便产生创新设想的创新技法。例如，想要创新一台电风扇，若笼统地寻求创新整台电风扇的设想，恐怕不知从何下手；如果将电风扇分解成各种要素，如扇叶、立柱、网罩、电动机及速度、风量等，然后再分别逐个地分析、研究改进办法，则是一种有效地促进创造性思考的方法。以自行车为例运用特性列举法创新可以采用以下程序。

（1）确定研究对象：自行车。

（2）特征列举如下。

名词性特征：车架、车座、车把、车圈、车带、车筐；

动词性特征：坐、蹬、握、放、推、抬；

形容词性特征：软的（车座）、三角形的（车架）、弯的（车把）、带颜色的（车外漆）、圆的（车圈）等。

（3）提出创新设想、引出新方案。新设想包括：将车后座变成可折叠的架子，方便载大型物品；将车座改成充气式的，增加舒适程度，并且车座内可存放雨衣，以备不时之需；车把可内置收音机；车筐里增加手电筒，利用车轮的摩擦发电用来照明等。

（二）缺点列举法

缺点列举法是通过挖掘产品缺点而进行创新的技法，即尽可能找出某产品的缺点，然后围绕缺点进行改进。缺点列举法的操作程序为：

（1）确定对象，做好心理准备。"金无足赤，人无完人"，事物都有缺点，用"显微镜"去观察。

（2）尽量列举"对象"的缺点、不足，可用智力激励法，也可展开调查。

（3）将所有缺点整理归类，找出有改进价值的缺点即突破口。

（4）针对缺点进行分析、改进，创造理想完善的新事物。

［例8-14］　下面以空调为例对缺点列举法加以说明。

（1）确定研究对象：空调。

（2）可通过检索搜集现有的缺点，进行总结：使用氟利昂造成环境污染；使用空调使室内空气流通性不好；空调机内过滤网易积灰尘，对人体造成不良影响等。见图8-21百度检索"空调缺点"页面。

图8-21　百度检索"空调缺点"页面

(3) 提出改进创新方案。开发不用氟利昂的新型空调,现已有无氟环保冷媒为其主要环保替代品,它不会破坏臭氧层,更环保;在热量的吸收和释放过程中热交换效率更高,更节能。空调机设有空气对流装置及自动清洗装置便可解决上述其他缺点。

(三) 希望点列举法

希望点列举法是指通过提出对产品的希望作为创新的出发点寻找创新的目标的一种创新技法。希望点列举法的操作程序为:

(1) 确定研究对象。

(2) 提出希望点。

(3) 提出创新方案。

现在,市场上许多新产品都是根据人们的"希望"研制出来的。例如,人们希望茶杯在冬天能保温,在夏天能隔热,就发明了一种保温杯。人们希望有一种能在暗处书写的笔,就发明了内装一节五号电池,既可照明又可书写的"光笔"。在研制一种新的服装时,人们提出的希望有:不要钮扣、冬暖夏凉、免洗免熨、可变花色、两面都可以穿、重量轻、肥瘦都可以穿、脱下来可作提物袋等。现在,这些愿望大多数都在日常生活中实现了。

创新技法是用来指导人们进行创新活动的手段,在实际应用过程中,多种技法可以组合交叉在一起灵活使用。我们通过网络检索提高认识、开拓思路,为创新的成功打下良好的基础。

第四节 创 新 工 具

创新工具的主要作用就是:当我们利用创新思维和创新方法提出一些新想法、新思路时,需要通过创新工具的检索来判断验证是否为"创新",也就是判断新颖性,并且还可以利用这些工具所检索到的信息激发我们创新思路的开拓和创新过程的丰富,使创新成果更有意义。在本书中,创新工具主要指各种中外文信息检索专用的数据库。这部分内容可以参阅第 2 章至第 6 章的内容。

一、检索专利常用的网站

判断产品是否"新",最简单有效的方法就是搜索是否已有此产品被申请过专利。检索国内专利常用的网站有:国家知识产权局网站、soopat 网站、百度专利搜索网站等。把关键词输入搜索框中,便可以找到与之相关的已有专利。还可以进入"高级搜索"界面有针对性地搜索专利类型。另外,soopat 网站还提供了进行专利分析的功能,根据时间、领域等不同的类别对所检索的关键词专利进行数据的分析比较,可以让读者更直观地了解搜索对象的发展形势。检索国外及其他地区专利常用的网站有:国家知识产权局网站、soopat 专利检索网站、百度专利搜索、美国专利商标局网站、欧洲专利局网站、世界知识产权组织网站、香港知识产权署网站等,具体检索方法参见第 6 章的讲述。

二、图书论文检索工具

许多创新产品或方法没有被申请专利,但是已通过论文或是书籍等形式出现了,这些形式的信息检索可以通过相应的文献检索系统完成。常用的有读秀学术搜索、超星数字图书馆、万方数据资源系统、维普信息检索资源系统、中国知网、中国科技论文在线等。这些检索工具的使用方法见第 3 章的讲述。创新工具为我们提供了丰富的资源信息,能够实现更快捷有效的检索过程。在网络信息中能够了解学习世界各地的最新创新成果,为创新活动的开展提供了很好的平台。

第五节 创 新 步 骤

创新成果的产生过程因人而异,通过分析总结得出,大多数成功的创新过程一般可按照下面四个步骤来进行:提出创意,判断创新,完成创造,实现创效(保护成果)。创新活动不应仅仅限于头脑中的想象,还应用它来实现提高效率、降低成本、节约能源、推广应用,这才是创新的意义所在,也是它在社会不断进步中发挥重要作用的体现。完成一项创新需要经过的四个步骤具体如下。

一、提出创意

爱因斯坦说过:"提出一个问题往往比解决一个更重要。因为解决问题也许仅是一个数学上或实验上的技能而已,而提出新的问题,却需要有创造性的想象力,而且标志着科学的真正进步。"可见,创意的提出是进行创新的第一步,也是最关键一步。

美国麻省理工大学的研究表明:成功的创意构思大多数来自企业外部。我们来看一个例子:在科学仪器领域的技术创新中,用户创新占 77%,制造商创新占 23%;在半导体和印刷电路板制造工艺创新中,用户创新占 67%,制造商创新占 21%;在铲车技术创新中,用户创新占 6%,制造商创新占 94%;在工程塑料技术创新中,用户创新占 10%,制造商创新占 90%;在塑料添加剂技术创新中,用户创新占 8%,制造商创新占 92%;以氮气和氧气为原料的设备创新中,用户创新占 42%,制造商创新占 17%,氮、氧气供应商的创新占 33%;以热塑料为原料的设备创新中,用户创新占 43%,制造商创新占 14%,热塑料供应商创新占 36%;在电力终端设备的创新中,与联结端子相关的产品创新有 83% 是联结端子供应商完成的。

由此可见,产品的发展是伴随着大量的创新活动一步步完成的。提出一个创意可以利用我们前面讲到的主要创新思维和创新技法去探索和发现。按创意的产生过程,我们可以把它分为主动创意和被动创意两个方面。主动创意主要是指人们主观上期望对某个产品进行改进或对某个方法进行更新,并且通过各种途径来达到目的,这种方法一般出现在生产厂家或研究机构;被动创意是指在生产或生活过程中,当人们受到现有方式的阻碍而被动想去对其进行完善,此类创意主要集中在产品用户或消费群体中。

在主动创意中,"关键词"法非常可行,我们按这个思路来完成创新过程。

首先,我们要找到一个关键词,如"定时"。在百度中搜索得到约 1 亿篇相关网页,1 000 多万张相关图片(2011 年 11 月 14 日查得),在读秀图书网、论文数据库网站及国内外专利查询网站中也可得到包含关键词的信息,如图 8-22~ 图 8-29 所示。

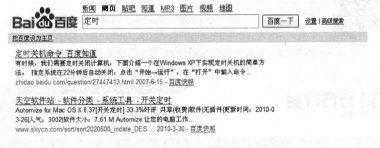

图 8-22　百度搜索"定时"相关网页页面

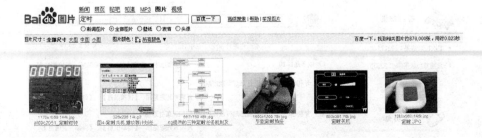

图 8-23　百度搜索"定时"相关图片页面

图 8-24　读秀搜索"定时"图书页面

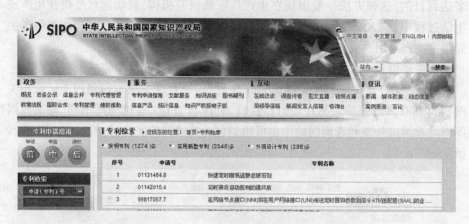

图 8-25　国家知识产权局检索"定时"相关专利页面

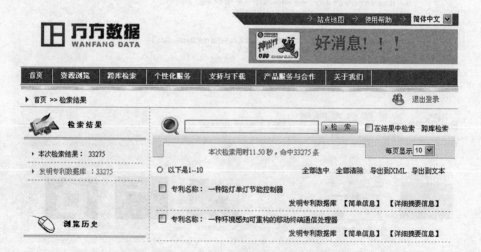

图 8-26　万方数据检索"定时"相关信息页面

图 8-27　soopat 搜索"定时"相关专利页面

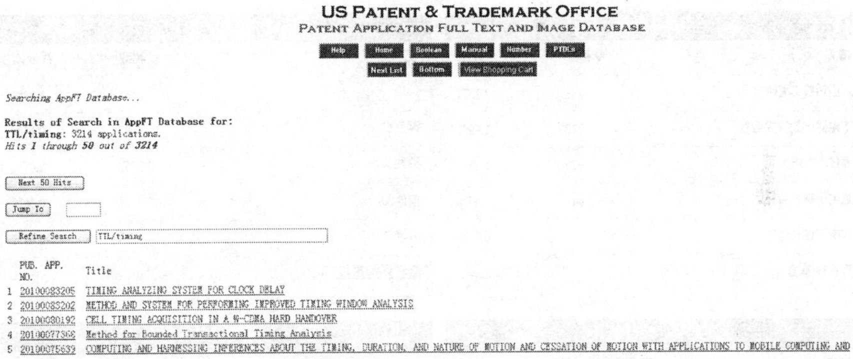

US PATENT & TRADEMARK OFFICE
PATENT APPLICATION FULL TEXT AND IMAGE DATABASE

Searching AppFT Database...

Results of Search in AppFT Database for:
TTL/timing: 3214 applications.
Hits 1 through 50 out of 3214

Next 50 Hits

Jump To

Refine Search | TTL/timing

PUB. APP.
NO.　　Title
1　20100083205　TIMING ANALYZING SYSTEM FOR CLOCK DELAY
2　20100083202　METHOD AND SYSTEM FOR PERFORMING IMPROVED TIMING WINDOW ANALYSIS
3　20100080192　CELL TIMING ACQUISITION IN A W-CDMA HARD HANDOVER
4　20100077566　Method for Bounded Transactional Timing Analysis
5　20100075639　COMPUTING AND HARNESSING INFERENCES ABOUT THE TIMING, DURATION, AND NATURE OF MOTION AND CESSATION OF MOTION WITH APPLICATIONS TO MOBILE COMPUTING AND

图 8-28　美国知识产权局检索"定时"相关专利页面

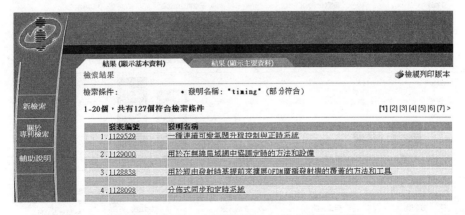

图 8-29　香港知识产权署检索"定时"相关专利页面

　　要进行关于定时的创新活动,我们可以从搜索到的信息中对现有的此类专利或产品有更详尽的了解,尤其可以利用 soopat 网站,对"定时"的已有专利进行分析(见图 8-30),通过时间、行业、专利类型等方面的信息比较,选择自己感兴趣或创新空间更大的方向,进行下一步创意的实现。

"定时"的专利分析报告

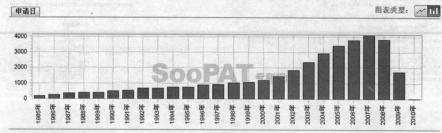

申请人统计				发明人统计		
申请人	专利数	百分比		发明人	专利数	百分比
中兴通讯股份有限公司	833	2.13%			165	0.21%
松下电器产业株式会社	778	1.99%		谭启仁	83	0.11%
华为技术有限公司	675	1.72%		孙利云	52	0.07%
三星电子株式会社	647	1.65%		亚伯AS	44	0.06%
日本电气株式会社	356	0.91%		方家立	39	0.05%
查看详细报告				查看详细报告		

分类号：按部统计			外观设计分类	
分类号	百分比		分类号	百分比
H 电学	13257(32.57%)		10-03 其他计时仪器	498(74.66%)
G 物理	10972(26.96%)		13-03 配电和控制设备	67(10.04%)
A 人类生活必需	5470(13.44%)		10-05 检验、安全和试验用…	17(2.55%)
F 机械工程、照明、加热、…	4227(10.39%)		07-02 用于烹调的设备、用…	9(1.35%)
B 作业、运输	3220(7.91%)		23-04 通风和空调设备	8(1.20%)

发明和实用新型				图表类型：

专利数	申请人数	发明人数	大组数	当前总百分比
35272	**18895**	**59211**	**3834**	**100.00%**
占百分比：98.14%	平均专利数：1.87件	平均专利数：0.60件	平均专利数：9.20件	

	分类号部	专利数	百分比	
1.	H 电学	13257		13257(32.57%)
2.	G 物理	10972		10972(26.96%)
3.	A 人类生活必需	5470		5470(13.44%)

图 8-30　soopat 中根据行业和类别等对"定时"专利分析报告的页面

二、判断创新

在阅读比较分析中,综合相关知识,提出新的想法、新的创意。例如,我们利用组合技法把"遥控"、"定时"和"豆浆机"进行组合,利用前文中提到的检索工具进一步检索是否已有此类产品。

在专利检索中得到的结果是"没有检索到相关专利"(见图8-31),说明"遥控定时豆浆机"这类产品还没有被申请专利。但是这并不表明这个产品不存在,因此还要进一步通过其他工具检索。在百度中我们找到了"智能定时遥控多功能豆浆机的系统设计"的文章(见图8-32),说明此项技术已存在。那么,我们能否认为此类产品就不是创新了呢? 通过分析判断,只要与已有方法和技术手段不同便也为创新。

打开"智能定时遥控多功能豆浆机的系统设计",我们可以看到其主程序流程图,如图8-33所示。

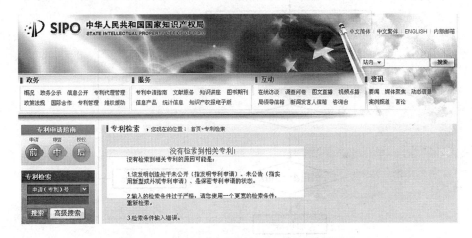

图 8-31 专利检索"遥控定时豆浆机"结果页面

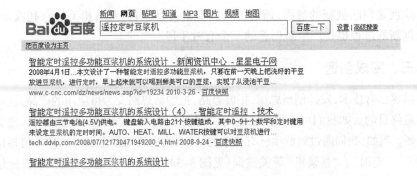

图 8-32 百度搜索"遥控定时豆浆机"页面

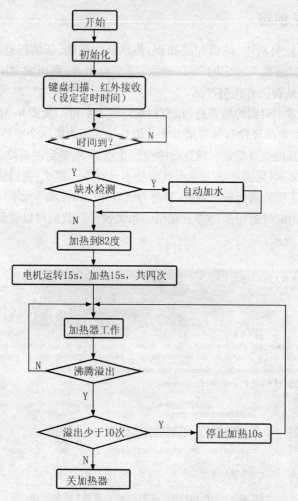

图 8-33　智能定时遥控多功能豆浆机的系统流程图

　　这就是判断创新的过程,通过工具的检索,找到与创意点相关的专利或知识。判断创新的过程也是产生新创意的一个有效手段。

三、完成创造

　　借鉴已有技术,发挥创新思维,拓展思路,把创新思路变为可应用的产品,这是创新的最终目的。如我们可以检索已有的关键技术,分析、比较、实践,再综合,便会有所创新。例如,我们通过对此项已有技术的认知,找出新的创意点,检索"手机短信"、"遥控"、"定时"、"豆浆机"等关键词(见图 8-34~ 图 8-40),最终完成"手机短信遥控定时豆浆机"产品的设计创意。并且再次通过上一步骤的判断,明确其为"创新"。

图 8-34 百度检索"定时技术"页面

图 8-35 百度检索"豆浆机技术"页面

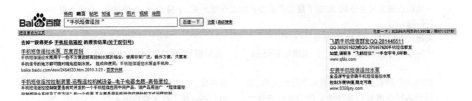

图 8-36 百度检索"手机短信遥控"页面

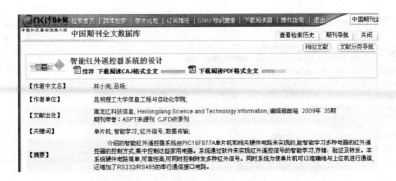

图 8-37 中国知网检索"遥控"技术论文界面

中国期刊全文数据库

查看检索历史 | 期刊导航 | 关闭

相似文献 | 相关研究机构 | 相关研究者 | 文献分类导航

基于TRIZ创新理论的家用小型豆浆机的改进设计

推荐 下载阅读CAJ格式全文 下载阅读PDF格式全文

【英文篇名】	Innovative Design of Domestic Small Soya-bean Milk Machine Based on TRIZ
【作者中文名】	李宝华; 洪尉尉; 朱亚东;
【作者英文名】	LI Bao-hua; HONG Wei-wei; ZHU Ya-dong (Zhejiang University of Technology; Zhejiang Hangzhou; 310014; China) ;
【作者单位】	浙江工业大学机械工程学院;
【文献出处】	中国制造业信息化, Manufacture Information Engineering of China, 编辑部邮箱 2009年 23期 期刊荣誉：ASPT来源刊 CJFD收录刊
【关键词】	豆浆机; TRIZ; 创新设计; 机构;
【英文关键词】	Soya-bean-milk Machine; TRIZ; Innovative Design; Agencies;
【摘要】	对家用小型豆浆机进行了结构、性能分析,在总结出其优缺点的基础上,通过使用TRIZ创新设计理论,将豆浆机的碎豆原理由原先的钝刀技术改进为双层研磨技术,并将外部杯体由不可分结构改进为可分结构,解决了现今产品存在的工作噪声大、不易清洗、杂质过多、适应人群不广等问题。

图 8-38 中国知网检索“豆浆机”创新设计论文页面

·应用研究· 李宝华 洪尉尉 朱亚东 基于TRIZ创新理论的家用小型豆浆机的改进设计 63

基于 TRIZ 创新理论的家用小型豆浆机的改进设计

李宝华,洪尉尉,朱亚东

(浙江工业大学 机械工程学院,浙江 杭州 310014)

摘要:对家用小型豆浆机进行了结构、性能分析,在总结出其优缺点的基础上,通过使用 TRIZ 创新设计理论,将豆浆机的碎豆原理由原先的钝刀技术改进为双层研磨技术,并将外部杯体由不可分结构改进为可分结构,解决了现今产品存在的工作噪声大、不易清洗、杂质过多、适应人群不广等问题。

关键词:豆浆机;TRIZ;创新设计;机构

中图分类号:TM925.59 文献标识码:A 文章编号:1672-1616(2009)23-0063-04

现代社会高节奏的生活以及高强度的工作,带给了现代人日益增长的高压力。随着社会的发展与进步,人们对自身的生活质量有了越来越高的要求。从21世纪开始,“便捷”与“健康”渐渐成为了水位线,使得现今产品的容积固定,因而一种豆浆机只能适用于特定数目的人群,即适用面不广。

针对以上的市场分析,主要从碎豆的原理上进行改进,将现今采用的钝刀技术改为研碎效果更

图 8-39 “豆浆机”创新设计论文摘取

中国期刊全文数据库

查看检索历史 | 期刊导航 | 关闭

相似文献 | 文献分类导航

一种基于手机短信(GSM)的路灯遥控系统设计

推荐 下载阅读CAJ格式全文 下载阅读PDF格式全文

【英文篇名】	A Remote Control System Design for Street Lamp Based on GSM Network
【作者中文名】	王福平;
【作者英文名】	(The Second Northwest Institute for Ethnic Minorities; Yinchuan 750021; China) Wang Fuping;
【作者单位】	西北第二民族学院;
【文献出处】	电气自动化, Electrical Automation, 编辑部邮箱 2007年 01期 期刊荣誉：
【关键词】	短消息; GSM 网络; PLC; 路灯控制;
【英文关键词】	mobile message; GSM network; PLC; control of street lamp;
【摘要】	介绍一种基于 GMS 网络手机短信遥控路灯的控制系统设计。该系统具有定时、定点(或移动)、随机对路灯或装饰灯进行远程遥控功能。用户可根据实际需求随时随地对路灯或装饰灯遥控,既达到了节能降耗的目的,又极大地提高了城市路灯的现代化管理水平。

图 8-40 中国知网检索“手机短信遥控”技术论文页面

四、实现创效

(一) 申请国家专利

申请国家专利以保护自己的创新成果。拥有了专利权,便对其发明创造享有独占性的制造、使用、销售和进出口其专利产品的权利。也就是说,其他任何单位或个人未经专利权人许可不得进行为生产、经营目的的制造、使用、销售、许诺销售和进出口其专利产品,使用其专利方法,否则,就是侵犯专利权。

(二) 撰写科技论文

通过撰写论文使创新成果得以展示并保护。论文是学术界了解现有技术的最广泛的一种形式,世界上许多伟大的科学家都是通过论文来发表自己的成果,使之公布于世的。因此,撰写科技论文能够实现与更多的高水平学者进行知识的交流与沟通,为创新技术的完善、改进提供更多机会。

(三) 参加科技大赛

国内现有的科技大赛有中国大学生创新设计大赛、中国科技创业计划大赛(见图8-41)、"挑战杯"全国大学生课外学术科技作品竞赛、青年科技创新竞赛、ADI中国大学创新设计竞赛等。通过信息检索,可以获得相关的赛事情况。参加此类科技竞赛,能为自己提供更多的学习机会。

图8-41 "中国科技创业计划大赛"页面

(四) 申请国家奖励和科技项目

通过申请奖励和项目,为创新活动提供资金支持,促进创新活动的发展。

(五) 公司生产应用

把创新成果的方法与技术,通过与企业的联合使之应用于生产领域,能够提高效率、节约成本、增加利润、完善产品质量。这是企业发展进步的有力支柱,是实现创新意义的根本所在。

第六节　创新案例

一、小发明创造大奇迹

1987 年,美国弗吉尼亚州的两个邮递员汤姆·科尔曼和比尔·施洛特,无意中看到一个小孩手里拿着一种发绿色亮光的荧光棒(见图 8-42),便寻思,这玩意能派什么用场呢?

图 8-42　荧光棒

这两个人通过发散联想,决定把棒棒糖放在荧光棒的顶端,这样光线就会穿过半透明的糖果,显现出一种奇幻的效果,而夜间则更加明显(见图 8-43)。主意一定,这哥俩就把他们的发光棒棒糖专利卖给了美国开普糖果公司。

这个发光棒棒糖才是奇迹的小开端,这两个邮递员继续往下想:棒棒糖舔起来很费劲,要解决这个问题,能不能带一个自动旋转的插架? 由电池驱动小马达,通过小齿轮减速可以转动糖果,这样吃起来方便还好

图 8-43　发光棒棒糖

玩。结果旋转棒棒糖获得了巨大的成功。通过超级市场以及自动售货机,在接下来的 6 年里(到 1999 年),这种小东西一共卖出了 6 000 万个。两人也得到了丰厚的回报(每个售价 2.99 美元)。

更大的奇迹还在后面。开普糖果公司的领导人约翰·奥舍在另外一家公司收购了开普后就离开了该公司,他开始寻找利用旋转马达能解决的新问题。在他组织了自己的团队后,一个偶然的机会,看到了市场上的电动牙刷价格都高达 50 多美元,因此销售量很小,于是他推想,为什么不用旋转棒棒糖的技术,花 5 美元来制造一只电动牙刷呢?

随后的结果就是目前美国日用品市场上最畅销的旋转牙刷诞生了,它甚至要比传统牙刷好卖,在 2000 年仅一年中,奥舍团队的公司就卖出了 1 000 万把这样的牙刷。保洁公司终于顶不住价格的压力,2001 年元月,决定收购这家小公司,具

体的价码是由宝洁首付预付款 1.65 亿美元,以奥舍为首的 3 个创始人在未来的 3 年内继续留在公司。

但宝洁公司提前 21 个月结束了它和奥舍等 3 人的合同,因为宝洁发现电动牙刷太好卖了,远远超出了他们的预期。 最后奥舍和他的两位搭档获得了 4.75 亿美元,这是一个令发明者头晕目眩的天文数字。

从小小的荧光棒到风靡全球的电动牙刷,这两个看似毫不相干的产品,却被这善于思考的兄弟俩紧密地联系在一起。不断地创新不仅仅使发明者积累了越来越多的财富,更为消费者提供了更加便捷的生活方式。

二、水龙头的故事

一个不起眼的水龙头,因为打破了"水一定向下流"的规则而可能改变世界。当这 200 套"上流"水龙头将进驻联合国大楼的消息传出时,姜立人因为这个发明在短短 3 年时间里实现销售收入 600 多万元,这项发明在未来还将给他带来不可预估的专利费。这位从小就着迷于发明和创新的"先锋"凭借"敢为人先"的勇气以及对世界环保趋势的洞察和把握,以"科技创富"先声夺人。上喷型水龙头发明见图 8-44。

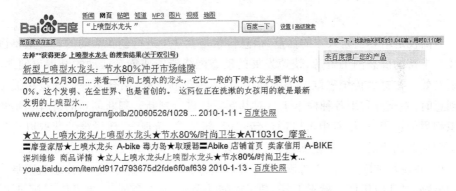

图 8-44 百度搜索"上喷型水龙头"页面

"在宇宙中,我们已知的东西如沧海一粟,无论你是谁,从这样的视角看科技大师,就不会觉得高不可攀。大师与常人的区别是,后者难以克服安于现状的惰性。最可惜的是,人的一生,对自己头脑的运用甚至连 1% 都不到,其余的 99% 都浪费掉了。"云南的姜立人成天琢磨的,就是余下那 99% 的大脑一旦开发会带来什么样的可能性。

2000 年的一天清晨,正在洗脸的姜立人忽然怔怔地站在洗面盆前,他发现洗脸时水向下流,很不方便使用。那么,在水龙头上打个孔,水就会向上喷出吗? 没错,水是喷了出来,可是由于水压的问题,姜立人被溅了一身。尽管如此,上喷出来的水还是激发了姜立人的灵感。一个月后,姜立人就开始申请新型上喷型水龙头的第一项专利(见图 8-45)。

经过了九个多月的艰辛历程,世界上第一只"上喷水洗面节水龙头"终于在 2001 年春天试制成功了。通过实验证明,上喷型水龙头比普通龙头节水 75% 以上。如果每人每天洗两次脸,那么一个三口之家每天就可以节约 30 升水。

图 8-45　喷水节水水龙头

2005 年 10 月,姜立人作为云南省唯一的获奖者,在人民大会堂拿下了由中国发明协会颁发的首届"发明创业奖"。

本 章 小 结

高校是培养创新人才的摇篮,信息检索是大学生进行创新活动的一个重要途径。丰富的静态图书资源、快速发展的动态网络资源使创新活动的开展更便捷、更有效。在打破传统思维定势的前提下,运用创新思维、结合多种创新技法提出创意时,要充分利用各种检索工具对其新颖性进行判断。判断创新的过程也是知识积累的过程,在检索中可以通过新知识、新技术、新观念、新思维的获取以达到实现创新的目的。有了创新成果,就有必要通过申请专利、发表论文等途径进行保护,并使其推广应用。"创新"是一种习惯,只要我们掌握了技巧,注意观察身边的事物,灵活应用信息检索工具,勤于动脑动手,"人人会创新、事事该创新、时时可创新、处处能创新"的理念便能实现。

复习思考题

1. 如何摆脱思维定势的影响而进行创新活动?

2. 思维训练:由一个曲别针,通过发散思维,你能想到什么?

3. 说出 5 种利用组合技法的创意。

4. 请列举一个关键词,按照创新活动的四个步骤完成一项创新。

第九章　数字信息资源综合利用

　　数字信息是用数字化的形式和载体记录人类科技文化知识、思想和实践活动的统称。它通常指以图书、报刊、科技报告、学位论文、专利和标准文件、机构和产品目录、产品样本、设计图纸、实物样品、档案为出版形式的各类数字化出版物，是在教学科研和工作生活中需要综合利用的主要信息源。本章在列出科研课题设计与实施程序的基础上，从信息利用的角度讲述数字信息收集整理及论文写作知识。

第一节　科研课题的设计与实施

　　进行科研课题设计，由于学科、研究内容等的不同，会有一些差异，但均应包括下述各项内容。

一、确定研究方向和立题

（一）选择研究方向

　　进行硬科学或软科学研究，也就是进行实用技术或管理科学研究的思想方法是大同小异的，只是研究目标及解决的问题不同。研究方向的正确选择不仅有利于科研课题投标中标，而且关系到其成果的实际价值，以及对人类的贡献等。选择科研方向的办法：首先是应根据自己平时工作中遇到的许多需要解决的难题进行排队，如实际工作中的技术攻关，提高服务质量，降低成本，市场调研，改革人事制度、分配制度等。这种方法选定的研究课题多具有实用性，如果研究者的素质高，亦可以从中选定具有方向性、宏观性的大课题。其次是从各种途径的信息中发现纵向或者横向研究课题。无论是通过第一种或是第二种方法选择的课题，为保证其新颖及其价值，课题组成员应当完成相关文献的综述，从综述中明确立题及其依据、内容和研究方法等。在此基础上，确定课题组的主攻方向及具体课题。课题负责人在确定课题时要结合自身素质、组内成员素质、单位条件、周边环境等方面综合考虑，才能确保开题成功。

（二）选题途径

选题的目的是根据工作需要,去检验证实一个尚未验证的设想,一般应该具有科学价值和实用价值。目前研究课题的来源主要有国家或部门的题目、单位或个人自选的题目。国家或部门的题目一般经过专家、学者反复讨论之后确定,这些课题是国家或部门急需解决的问题,承担者可以不为人力、物力、财力担忧;单位或个人的选题往往是结合本地区实际情况,积多年实践所获的资料和满足科学发展的需要中产生的。单位或个人的选题将丰富和活跃科研气氛,促进和提高学科水平。

（三）明确研究目的与意义

将研究的目的和意义描述清楚,不仅有利于通过论证,而且有利于中标,获取经费。描述上应阐述清楚为什么要立题、可解决什么样的问题,以及国内外同类研究的现状、存在的主要问题。这些描述的有力证据是参考文献。

（四）正确阐述立题依据

立题的依据是否充分,对于课题能否成立及能否被批准进行研究有举足轻重的作用。其描述的内容除了阐述现实中存在的问题及其危害外,主要是通过文献综述时所掌握到的:他人在这一研究领域发现了什么;该领域中哪些问题搞清楚了;该领域哪些问题有待研究。将自己研究的课题与国内外该领域的现状进行比较,以此说明立题的必要性。在进行文献综述时应当注意:

（1）多关注近期的主要期刊及与研究课题有关的文献。

（2）对发表时间久远及相关文献应区别选用,为了解该领域进展应当尽可能多地追溯查询,而在撰写论文时,为说明观点的新颖性宜选用一年以内的文献,最多是两年内的文献,否则,显得观点陈旧。

（3）与研究关系密切的参考文献宜复印存档,并且应当精读。

二、确定研究内容、目标和行动方案

通过立题,准备就哪些具体的东西进行详细研究介绍,亦可简要介绍,视具体情况而定。研究目标是要解决的关键问题。目标的描述应抓住核心问题,不要将在研究中可能解决的问题均写出。整个研究计划方案要包括以下几个方面。

（一）研究课题的特色

任何课题的研究都应具备其特色,否则就无研究的价值。特色就是研究的创新之所在,其描述方法就是将自己的研究和国内外同类研究进行比较,突出自己研究的课题是别人尚未研究或尚未解决的一些难题,以及研究出成果的价值等。

（二）预期结果和成果

预期的结果及成果与目标有所不同。预期结果可以描述将会如期获得的成功。

同时对研究中可能遇到的问题、难点等对研究结果带来的不利影响提出解决对策，或称之为方案。在描述成果时可以较详细介绍主要成果及附带将取得的成果等。

（三）研究方法和技术路线

这里的方法是指研究的程序而言，而路线则是指选定什么样的技术途径。在描述课题研究时，为了使课题的审批单位、参与论证的专家对研究能否达到预期目标进行分析，供研究组成员在研究中作为研究工作的依据，必须对课题研究的方法及技术路线加以阐述，包括研究方法、步骤、技术路线等。方法、路线的选择要根据课题特征进行选择，并且要描述具体，包括明确研究或实验对象、明确随机分组的方法（随机数字表、均衡下的随机等）、确定记录和照相及录像原则、观察人员应遵守的规定、对照组应有的可比性等。

（四）研究的安排及进度

这里的安排是指将科研中的各项工作条理化和程序化；进度则是指科研工作的速度，亦称时间表。描述时包括了研究中的分工协作及各项研究的步骤，研究是一步完成或分几步完成的时间安排，即完成整个研究，或每一步研究所需时间，并拟定完成的评定标准、负责人等，均应写清楚。

（五）研究工作的基础条件

一个科学研究工作是否具备了其基础条件，不仅影响研究工作的成败，更重要的是影响其能否中标。因为投资少而价值大的课题易中标，如在投标中研究基础设施、投资少的单位中标的机会多。描述研究的基础条件包括已具备的研究所需的设备；在研究中尚缺的必需设备解决办法，一般可考虑购买，即申请经费，计入科研课题中，或者协作，与有设备的单位联合或租用；课题组成员的素质，包括已完成或正在进行的研究，已获研究成果的级别、论文及专著等。

（六）经费预算及依据

这项工作必须认真地进行测算，在预算中应根据课题完成时间表，考虑物价上涨、货币贬值率等，否则，易导致研究中经费缺乏。经费包括：研究材料、购或租设备、工人工资、研究对象、考察、差旅、办公用品、协作、特别支出、印刷、检索复印、课题签订、专利申请、论文发表、成果宣传与推广等费用。如果课题拖延时间长，应计人民币汇率变化等。

（七）研究队伍

研究队伍包括课题主要负责人、一二助手，以及参与人员、协作人员。按照有关规定，列为课题研究的人员不宜太多。课题人员信息包括姓名、性别、年龄、职称、学历、学位、原专业、现专业、外语水平等。

（八）开题报告

在上述工作基础上写好开题报告和课题设计，请专家论证，并修改课题设计后定案。论证对保证研究课题的可靠性是极其重要的,因此,必须认真组织。论证工作应在单位领导及单位科研管理部门协助下进行,可请同行权威参与,并认真做好论证前的各项准备工作,包括回答课题涉及的任何问题。

（九）知识产权的保护

目前知识产权的保护已经受到广泛的重视,并颁布了专门的法律。而我国近年来为此引出的纠纷日渐增多,关于知识产权保护问题应该注意以下两点:

1. 申请专利

按照专利管理的有关规定,当你头脑中构想某一新的发明时,即可向专利局或委托上级科研管理部门代为办理专利申请手续。这样,即使你的发明创造泄密或成果公布后他人仿制,你可凭申请的专利证及有关法律获得保护。如你的发明创造未申请专利,当发明构思泄露后或他人同时进行相同的创造发明构想并抢先申请了专利时,你的发明就变成了他人的专利成果了。

2. 相对保密

在科研课题的成果未公布之前,对研究的方法、技术路线及研究资料应保密。否则,易造成纠纷。

三、组织课题研究的实施

研究课题经过论证认可后,没有特殊原因时,应该按设计要求实施。

（一）选择研究样本

研究设计的实施是科研课题工作的开始,但在实施中,必须严格遵守既定技术路线、方法、途径进行研究,并在实施中注意新的发现和某些欠缺的完善。研究者应该重视以下几点:①研究中的每一步的观察项目及要求、每一试验样本的结果都应具体详细。②样本量要结合课题确定其数量。③试验和调查中应重视新的所见,尊重新的所见。④结论来自试验和调查结果。⑤注重各项试验数据的科学性。⑥争取领导或机关、科室的支持及配合。

（二）设计调查表

调查表内容设计的依据由科研课题确定的,围绕研究课题进行资料收集工作。其注意点为:①根据研究课题,设计相应的表格(人户调查或个人调查表等)。②表格应反映研究课题所需的内容。③对特异性资料要遵循事先要求进行采集。

（三）实施调查及收集资料

管理科学的研究中,有许多问题涉及社会问题因而应十分注意其调查工作的艺术性,从而保证所获资料的可靠性、客观性、真实性、科学性等。

（四）处理原始资料

原始资料的处理包括检查、复核、检错等,当处理完后应录入计算机备用。资料处理具体方法:一是将资料进行分类;二是将获取资料的手段分类。在分类的基础上逐项进行统计处理,寻找出规律和结论。统计方法的处理有:①概率(p):解决观察现象发生的可能性及机会。②差异性:常用 t 检验、x^2 检验、F 检验等,解决两组结果有无可比性,即有无显著的差异性。③对原始资料处理中用均数 $\bar{x}$、标准差(s)、标准误差($\bar{s}x$)等。

(五)资料分析

根据研究内容与目的,对不同的资料按不同的要求分析。除了常用的描述性、对比性、因果性分析外,管理科学研究中还有成本效益、成本效果、综合评价结果、预测结果比较、人力资源利用等分析。通过分析,得出结论,指导工作。

(六)撰写论文

完成科研成果论文写作是科研工作的最后一步,缺少了这一步,科研工作是不完善的。写出论文就是将科研成果推向社会,让同行认可,发挥它应有的社会效益及价值,更好地为人类服务,使自身劳动获得社会及同行认可。其论文写作可参照本章第二节要求撰写。

(七)论文报告

可在该项目研究成果鉴定通过之后进行。经过成果鉴定之后,对论文进行必要的修改,而后向专业期刊投稿,并可将成果鉴定书的复印件附上。

第二节 数字信息的收集

数字信息收集是综合利用各种方法、途径获取数字信息的过程。在这一过程中,所运用的技能是信息收集者的计算机网络水平、信息检索能力和对新信息的敏锐洞察力和嗅觉。信息利用者只有综合运用信息收集与整理的技能和方法并且结合制定合理、有效的网络信息检索策略,才能切实提高网络信息收集的效率。

应该收集的信息包括直接信息、间接信息以及发展信息。直接信息是从科学实验、实地调查、科学观察记录下来的数据或事实。间接信息是人们通过学习、阅读书报刊以及利用广播电视和因特网等各种传播媒介所获得的信息。在网络环境下,间接信息主要通过信息检索收集并摘录他人实践和科研成果资料而获得。发展信息是在直接和间接信息的基础上,经过认真的分析、综合、研究后获得的新材料。收集信息资料是一项基础工作,通过信息收集可以熟悉研究课题的现状,并将为研究过程提供有益的借鉴信息。

一、数字信息的分级

网络环境下的数字信息对不同用户的使用价值(效用)不同,根据数字信息本身所具有的总体价格水平,可以划分为四个等级。

(一)免费数字信息

这类信息主要是社会公益性的信息,是对社会和人们具有普遍服务意义的信息,大约只占信息库数据量的 8% 左右。主要是一些信息服务商为了扩大本身的影响,从产生的社会效益上得到回报,推出的一些方便用户的信息,如在线免费软件、实时股市信息等。许多网络数据库为了提高数据的利用率,对目录、索引和文摘等二次文献数据库提供免费使用。一些以开放存取为目标的网站也提供免费信息。

(二)低资费数字信息

这类信息的采集、加工、整理、更新比较容易,花费也较少,是较为大众化的信息。这类信息约占信息库数据量的 10%~20%,只收取基本的服务费用,不追求利润,如一般性文章的全文检索信息。信息服务商推出这类信息一方面是为了提升信息服务的社会形象,另一方面也是为了提高市场的竞争力和占有率。

(三)标准资费数字信息

这类信息属于知识、经济、技术类信息,收费采用成本加利润的资费标准。这类信息的采集、加工、整理、更新等比较复杂,要花费一定的费用。同时信息的使用价值较高,提供的服务层次较深。这类信息约占信息库数据量的 60% 左右,是信息服务商的主要服务范围。网络数字信息大部分属于这一范畴。

(四)优质优价数字信息

这类信息是具有极高使用价值的专用信息,如重要的市场走向分析、网络畅销商品的情况调查、新产品新技术信息、专利技术以及其他独特的专门性信息等,是信息库中成本费用最高的一类信息,可为用户提供更深层次的服务。一条高价值的信息一旦被用户采用,将会给企业带来较高的利润,给用户带来较大的效益。

二、数字信息收集的基本要求

(一)及时

这是指迅速、灵敏地反映社会发展各方面的最新动态。由于信息的识别、记录、传递、反馈都要花费一定的时间,因此,信息流与物流之间一般会存在一个时滞。尽可能地减少信息流滞后于物流的时间,提高时效性,是网络数字化信息收集的主要目标之一。

(二)准确

这是指信息应真实地反映客观现实,失真度小。在网络环境下,由于信息供需双方不直接见面,因而准确的信息就显得尤为重要。准确的信息才可能导致正确的决策。信息失真,轻则会贻误科研经营机会,重则会造成重大的损失。

（三）适度

这是指提供信息要有针对性和目的性,不要无的放矢。没有信息,教学科研和经济活动就会完全处于一种盲目的状态。信息过多、过滥,也会使得人们无所适从。网络数字信息的检索必须目标明确,方法恰当,信息收集的范围和数量要适度。

（四）经济

追求经济效益是一切经济活动的中心,也是网络数字信息收集的原则。信息的及时性、准确性和适度性都要求建立在经济性基础之上。例如,国内用户在利用美国 Dialog 数据库检索信息时,一般先利用国内数据库查找,然后再利用 Dialog 的二次信息库,对目标信息比较明了时再连通 Dialog 相关数据库检索。最大限度地降低通信费用和数据库使用费。此外,提高经济性,还要注意使所获得的信息发挥最大的效用。

三、数字信息收集的基本技能

（一）提高网络信息收集协作性的技能

现在任何一项科学研究都离不开与同事进行合作。而目前许多互联网工具（比如搜索引擎）多数是为个人工作设立的。尽管人们通常会进行分工,但人们还是会常常发现我们在重复其他人检索过的工作,甚至没有发现别人已经知道的信息。2008 年 4 月底,微软在其网站上公布了协作检索（search together）工具来解决信息收集的分工协作问题。search together 需嵌入在 IE7.0 中,并且要求一个 Windows live ID 才能进行协作信息检索。目前 search together 具有以下功能。

1. 协作检索

安装了协作检索软件的用户在进行网络信息检索时,可以邀请其他人参加,围绕信息搜集目标进行分头搜索（split search）,将搜索到的结果自动分配给其他合作者,并用高亮的形式标记出每个合作者需要处理的条目。合作者可以分头研究搜索结果,而无须进行重复的工作。

2. 合作组检索历史查询

每一个合作项目组查询历史菜单上会显示所有的合作者,以及他们的搜索和查询记录,并用不同的图标表示他们当时选择的搜索方式。此功能的优点是避免用同一检索词多次检索,相互提醒修正检索策略,节省时间。

3. 评级与评论、在线交流

信息收集者可以对检索到的网页进行评价和书写评论,可以查看其他合作者浏览过的站点,并阅读他们有关这一站点的评论。search together 软件界面还包括一个即时交流窗口,合作者们可以方便地发表意见。合作者可以及时共享检索到的重要信息,新成员也可以直接查看以前共享的结果。

（二）提高网络信息收集及时性的技能

要保证研究的质量,及时获取和分析国内外最新的信息是非常重要的。大多数信息收集研究人员都有自己特定的长期追踪的方向和网站,过去通常利用收藏夹或者网络导航浏览这些网站,收集相关信息。但是由于时间和精力有限,难免会有所遗漏。现在有许多方法可以比较智能方便且及时地收集到最新信息。

1. 利用 RSS 阅读器进行信息定制

RSS 是英文 "really simple syndication" 的缩写。它是一种描述和同步网站内容的格式,是目前使用最广泛网络信息应用方式,中文翻译为 "聚合内容"。也有人称它为新闻源（News Feed）。利用 RSS 阅读器进行信息定制首先要选择安装一个 RSS 浏览器。现在也有不少相关的离线 RSS 阅读软件,著名的如周博通、看天下、鲜果、新浪点点通等;也有不少网站提供在线浏览,著名的有 Google reader、bloglines、抓虾等。安装 RSS 阅读器后,可以在网络上寻找提供阅读定制的网页,这些网页一般都设置一个按钮,名称是 RSS、XML、ATOM 或者其他。如图 9-1 所示的这些或者类似的按钮,就表示这个网站可以通过 RSS 订阅。只要把按钮指向

图 9-1　RSS 信息定制按钮

的地址复制粘贴到 RSS 浏览器或者点击按钮然后按照弹出的说明就能订阅。定制的未读网页会被着色,点击之后就可以在浏览器上看到更新的内容,同时可以选择浏览实际页面或者阅读下一个尚未阅读的网页。许多 RSS 阅读器都具有标记、共享添加备注和分类功能。

2. 利用电子邮件进行信息制定

现在国内外大型数据库和著名网站都进行电子邮箱信息定制和文献推送,根据用户填写的目标信息类别、主题和类型提供个性化的信息服务,信息收集要注意利用好这条渠道,以便及时获取最新信息。

3. 监视不提供订阅信息(RSS Feed)网站更新信息的方法

利用 RSS 接收最新信息是非常有效的方式,但是现在并不是所有的网站都提供更新信息的订阅。可以利用 http://page2rss.com 网站为任何网页生成一个 RSS,通过订阅这个 RSS 就可以知道网页是否有最新的更新以及更新的内容,使用方便简单;也可以利用 firefox 浏览器的 update scanner 插件判断为任何网页生成的 RSS 信息的重要程度。其优势在于当网页有更新时,会自动弹出提示窗口,并在原始网页上用不同的颜色突出显示更新内容,可以很清楚地看到更新信息所处的栏目以及在网页中的位置,比较明确地了解一条信息的重要程度。

(三) 网络信息搜索自动化技能

对于长期追踪某个主题领域的人员来说,检索相关领域的信息是日常的重要工作。除了开展主动检索外,还可以利用搜索引擎提供的信息定制功能,利用信息定制可以由服务提供商自动检索相关信息,扩大信息源,提高信息搜集的智能化和方便性。搜索引擎两大巨头百度和 Google 都提供信息定制,通过个性化主页设置实现新闻、财经、生活等信息的及时搜集。

第三节　网络信息处理

通常我们收集到的和储存的信息是零散的,不能反映信息系统的全貌,甚至其中可能还有一些是过时甚至无用的信息。通过信息的合理分类、组合、整理,就可以使片面零碎的信息转变为较为系统的信息。

一、网络信息整理的程序

(一) 明确信息来源

下载信息时,由于各种原因而没有将网址准确记录下来,这时首先应查看前后下载的文件中是否有同时下载或域名接近的文件,然后用这些接近的文件域名作为原文件的信息来源。如果没有域名接近的文件,应尽量回忆下载站点,以便以后有机会还可以再次查询。对于重要的信息,一定要有准确的信息来源,没有下载信息来源的,一定要重新检索。

（二）浏览信息,添加文件名

从互联网上下载的文件,由于时间的限制,一般都沿用原网站提供的文件名,这些文件名很多是由数字或字母构成的,使用起来很不方便。因此,从网上下载文件后,需要将文件重新浏览一遍,添加文件名。

（三）信息序化

信息序化主要是指对收集的网络信息进行有序化处理,通过综合运用号码法、时序法、地序法等语法信息序化方法,分类法、主题法等语义信息序化方法,权值序化法、逻辑序化等语用信息序化方法,以及信息的优选、浓缩、重新表述等信息优化的基本方法,将大量零散的、杂乱的信息经过整序、优化,形成一个便于有效利用的知识体系,提供所需的知识信息情报服务。信息序化的主要方法有字序法、分类法、主题法、时序法、地序法等。其中常用又较实用的有分类法和主题法。

1. 分类法

是按照一定的规则,把形式、体裁和内容不同的数字信息资料,分门别类地组织成科学系统的、便于人们查找利用的信息排检方法。它是文献信息管理工作部门常用的传统信息排序方法。分类标引是直接按文献信息内容的学科属性进行分类,并用特定的号码予以标识的一种方法。其目的是将文献按类组成一个逻辑体系,编制成分类目录或分类索引,便于保管或检索。研究者可根据收集文献的目的或工作习惯采用适当的分类方法。如果在一定的学科和专业范围内积累资料,可以建立个人资料档,采用统一的分类表,类目可适当增减,分类不必太细;如果是收集一次性使用的资料,如为研究某一课题、撰写一篇论文收集资料,则可根据研究需要进行分类,并在研究过程中进行调整。可以采用《中国图书馆分类法》的体系和配号方法。分类方法一经选定,不要轻易改动。

2. 主题法

是近代产生的信息排序方法,它具有直指、专指、灵活的特点。利用它查找信息,可以既不考虑学科体系,又不通过分类号码,而是直接通过表达信息主题概念的主题词或标题词,从专题的角度去检索所需要的文献信息资料。各种文献资料都要表达一定的内容,而内容所论述的核心问题和主要对象就叫做主题。能够表达主题概念的、经过规范化的、具有检索意义和组配性能的词语,就称为主题词。采用主题词作为文献信息主题标志和查找依据的文献编排检索方法称为主题标引。它是用能直接表达文献主题的名词术语(主题词)标引文献的方法。收集到的文献信息按照这些主题词的字顺排列,另外编制主题目录或主题索引。主题标引方法的关键步骤是正确分析文献信息主题和正确选用主题词。为了正确选词,可以参考《中国汉语主题词表》。网络数据库的主题标引一般采用标准的主题词表为依据。个人信息整序可以根据自己需要和习惯,从主题词表中抽取一定的词或自己选词编成个人主题词表,以防止主题词含义混淆和前后不一致造成误检和漏检。

3. 主题标引和分类标引的利弊

主题标引可以把不同学科、相同主题的文献集中在一起,但却很难让学科性质相同而主题不同的文献集中在一起;分类标引则可以把学科相同,具有不同主题的文献集中起来,但是不能实现主题相同而分散在不同学科的文献集中在一起。例如,《中国古货币》、《货币制造》、《货币管理》这三篇文献按"货币"一词在主题目录中集中在一起,但在分类目录中,由于三篇文献分属于"金融"、"冶金"、"管理"三个类,就分别排列在各处了。另外,主题词直接表达文献主题内容,而分类号只能间接表达文献主题内容。研究者可根据自己的习惯和需要,对文献进行分类标引和主题标引,建立分类个人文档或主题个人文档。

(四) 信息鉴别

信息鉴别就是对收集来的各种原始信息进行质量评价、核实、筛选、取舍,确定课题所需要的信息。在信息鉴别过程中需要注意的问题是,有些信息单独看起来是没有用的,但是综合许多独立信息,就可能发现其价值。比如市场销售趋势需要在数据的长期积累和一定程度的整理后才能表现出来。还有一些信息表面上是相互矛盾的,例如,一家纸业公司的经理想了解一下新闻纸的市场行情,检索到的结果可能会出现两种情况:一类信息告诉他,新闻纸供大于求;而另一类信息则说新闻纸供不应求。这时就要把这些信息进行科学的分类整理。

鉴别信息的真伪,首先要鉴别资料的客观实在性和本质真实性,也就是弄清楚它是否真的发生、存在,是否在一定条件下才能发生;事物是偶然还是必然,是个别还是一般,是现象还是本质,是主流还是支流。我们要从事物的总体本质及其联系上挖掘事物本质的真实性,还要结合各方面的材料综合思考,分清真伪,进行比较分析,不要被局部或暂时现象迷惑。其次,要鉴别信息的深浅程度。常用的鉴别方法是比较法和专注法。

1. 比较法

比较法是通过对同一资料进行对比,以确定信息的正误和优劣。例如,把资料本身的论点和论据相比较,把正在阅读的资料和已经确认可靠的资料相比较,把宣传性广告和产品目录相比较等。

2. 专注法

专注法就是注意专门的鉴别性文章。在学术界经常会针对同一问题产生不同的观点,甚至产生针锋相对的论点的争论,这是很正常的现象。争论中往往会发现原理论的不足之处,甚至错误之处,在争论中理论也会得到发展。

（五）信息加工与处理

网络信息的加工与处理是指将各种有关信息进行比较、分析,并以自己的初衷为基本出发点,发挥个人的才智,进行综合设计,形成新的有价值的个人信息资源,如个人专业资源信息表等。信息加工的目的是要进一步改变或改进信息利用的效率,使其向着最优化发展。因此,信息加工是一个信息再创造的过程,它并不是停留在原有信息的水平上,而是通过智慧的参与,加工出能帮助人们了解和控制下一步计划的程序、方法、模型等信息产品。从网络上得到的信息有时候会是自相矛盾的,还有一些可能是商业对手散布的用来迷惑竞争者的虚假信息。对于上面提到的关于新闻纸的两条信息,就需要进行人工处理。首先要对这两条信息的发源地、发布时间等进行比较,如果发源地和时间都基本相同,就要参考其他信息来进行比较,最终获得真正有价值的信息。

二、网络信息处理的类型

（一）为提高效率而进行的网络信息处理

这种处理主要是指对各种各样的信息的压缩,即去除信息中的多余成分或次要成分,留下信息的主要成分。压缩的前提是要保证信息的失真不会超过允许的限度。目前所采用的信息压缩技术基本局限在语法信息的范畴,主要原理是消除语法信息中的统计相关性和改变统计分布,具体的途径是通过有效性编码来实现。新一代的信息压缩技术突破语法信息的限制,深入到语义信息和语用信息的范畴,不仅从纯语法信息的角度来判断,更主要是从语义信息(信息的逻辑含义)和语用信息(信息的效用价值)的角度来判断信息的价值。因此,基于语义和语用信息分析的信息压缩将比基于语法信息分析的信息压缩更为有效。

（二）为提高抗扰性而进行的网络信息处理

为了提高网络信息的抗干扰性,也必须对信息进行处理。在信息的传输和存储过程中,干扰的出现都会造成信息的变异,形成差错。克服干扰影响的方法在于增强信息的抗干扰能力以及容错能力,具体的途径是对信息进行抗干扰编码。目前,实现抗干扰编码及容错功能设计的一般原理仅局限在语法信息的范畴。因此,通过在信息的语法结构中加入一些附加的成分,以使新的语法结构具有较强的约束关系。

（三）为提高信息纯度而进行的网络信息处理

从基于语义和语用信息的观点来看,对具体的人类主体而言,有的信息是有用的,有的信息无用,有的信息甚至有害。区别其有用、无用还是有害,主要取决于主体的特定目的或目标。另一方面,对任何特定主体来说,有用信息、无用信息或有害信息往往同时存在或互为背景。因此,为了取出有用信息,抑制无用或有害信息,就需要提高信息的纯度。到目前为止,在这一方面所发展的网络信息处理也基本局限在语法信息的范畴内。其中,过滤和识别是最典型的处理技术。

（四）为提高安全度而进行的网络信息处理

信息安全保护是指信息不被未授权者所获得。必须对信息进行处理,把"明码"变成"密码"。这样,即使未授权的用户接收到密码,但由于不知道如何才能把"密码"反变换成为"明码",还是不能获得真正的信息,从而起到了信息保护的目的。把明码变换成为密码的过程称为信息加密或保密过程,把密码反变换成为明码的过程称为信息解密或破密过程。加密和解密是一对矛盾,二者相互促进,相辅相成。

三、网络信息处理常用多媒体软件技术

在进行网络信息加工处理时,各种多媒体处理运用技术是必不可少的。常用的有网络电视节目预定软件技术、视频编辑及格式转换技术、屏幕录像技术以及动态文字制作技术。

（一）网络电视节目预定软件技术

利用网络电视寻找多媒体素材信息是常用的方法。利用网络可以通过预定电视节目的方法,将多媒体素材直接从互联网上录制下来。例如,首先在网络计算机终端机上下载安装 windowsmediaplayer9 播放器,然后从电视节目预定网(http://tv.orinno.com)下载并安装顶悦视听盒客户端软件后,可以免费预订全国各电视台精品电视节目。

（二）视频编辑及格式转换技术

从网络搜集下载的视频信息往往需要进行编辑及格式转换处理,能实现这种功能的常用软件有:

1. 超级解霸

可以将 MPEG 格式影片进行剪辑和重组,并实现 AVI 和 MPEG 文件格式的互换;也可以抓取连续的或单张的图像素材。

2. all video splitter

是一款分割视频文件的软件,支持的输入格式包括 AVI、MPGM、PEG、WMV、ASF,支持的输出格式包括 AVI 和 WMV。使用该软件可以对输出格式进行视频和音频的解码器、尺寸、拉伸模式进行设置,还可以对分割的文件设置十余种过

渡效果。软件使用前要确认计算机中已经正确安装了 DirectX 和 Windows Media Player9 系列以获得全部功能。

3. real media editor

使用这种媒体编辑器，可以很方便地实现对 real 媒体的事件合并、图像映射合并、媒体信息更改等处理。它还是一款分割速度非常快的 RM/RMVB 分割器。

4. "会声会影"数字影片剪辑软件

这是一套专为个人及家庭所设计的数字影片剪辑软件，叮将 MV、DV、V8、TV 所拍下来的如成长写真、国外旅游、个人 MTV、生日派对、毕业典礼等精彩数字化生活剪辑成鲜活的影片，并制作成 VCD、DVD 影音光碟、电子邮件或网络串流影片与亲朋好友一同分享。

(三) 屏幕录像技术

当信息收集者希望把讲演者在投影仪或者其他电脑屏幕显示装置上所播放的一切内容实况录制下来，制作精品课程课件时，需要屏幕录像技术的支持。屏幕录像技术可以把教师在投影仪屏幕上所做的一切操作步骤、过程和声音实时同步录制下来，并制作成小巧的 SWF 文件。可以实现屏幕录像的软件主要有两种：

1. 全程屏幕录像软件

全程屏幕录像软件(camtasia)是一款专门捕捉屏幕影音的工具软件。它能在任何颜色模式下轻松地记录屏幕动作，包括影像、音效、鼠标移动的轨迹、解说声音等。另外，它还具有及时播放和编辑压缩的功能，可对视频片段进行剪接、添加转场效果。它输出的文件格式很多，有常用的 AVI 及 GIF 格式，还可输出为 RM、WMV 及 MOV 格式。它的特点是一帧不漏地将屏幕上所发生的一切录制下来，发布格式可以是 AVI 或 SWF。camtasia 还是一款视频编辑软件，可以将多种格式的图像、视频剪辑连接成电影，输出格式可以是 GIF 动画、AVI、RM、quicktime 电影（需要 quciktime 4.0 以上）等，并可将电影文件打包成 EXE 文件，在没有播放器的机器上也可以进行播放，同时还附带一个功能强大的屏幕动画抓取工具，内置一个简单的媒体播放器。camtasia 由录像机(camtasia recorder)、项目编辑器(camtasia producer)、播放器(camtasia player) 3 个组件组成。

2. 动作录制软件

动作录制软件(macromedia captivate)是一款专业屏幕录像制作工具软件。它可以记录下任何软件操作过程，然后建立连续的 flash 格式的模拟范例。借助它可迅速地以多种格式(flash、SWF、EXE)来创建在线产品展示、E-Learning 软件模拟、用户支持的在线教学课程等。它的特点是只有当操作者移动鼠标或按下按键时，才记录下此时段所发生的动作，其他时间则不录制。录制完成后，可以按帧编辑，加入其他多媒体素材。所以它发布的 SWF 文件体积很小，很适合作演示软件。captivate 支持在任何应用程序录制的操作及立即创建一个模拟并能够在影片中加入自定的文字说明、音效(旁白、背景音乐及声音效果)、视讯、flash 动画、文字动画、影像、超级链接及更多项目。captivate 具有文件小、分辨率高的特点,可以很容易地发布 captivate 模拟及展示到在线网页、录制光盘用于培训课程、商品销售业务或其他用户支持等。

(四) 动态文字制作技术

在制作课件或网页时,经常需要用动态文字特效美化课件和网页的页面,除了使用的 flash 软件制作外,还可以使用 Swish max 或者 Xara 3D 进行文字三维特效制作。

第四节　论　文　写　作

文献信息检索与利用的主要形式之一是撰写学术论文。学术论文的撰写与发表可以反映一个人的科研能力、学识水平、写作功底以及信息素质等方面的综合能力。同时学术论文的撰写与发表必须遵循一定的规范与约定,否则即使是一篇优秀论文也可能发表无门。因此,掌握学术论文撰写的基本规范,了解论文发表的相关要求,是一名科研工作者取得成功,获得同行认可的前提。

一、学术论文概述

(一) 定义

学术论文又称科技论文或研究论文,我国国家标准(GB 7713—87)将它定义为:"某一学术课题在实验性、理论性或观测性上具有新的科研成果或创新见解和知识的科学记录;或是某种已知原理应用于实际中取得新的进展的科学总结用以提供学术会议上宣读、交流或讨论,或在学术刊物上发表,或作其他用途的书面文件。"

(二) 特征

学术论文具有科学性、学术性、国际性、创新性和信息性的特征。科学性指文章的论点客观公允,论据充分可靠,论证严谨周密,有较强的逻辑性;学术性要求论文对事物的客观现象和特征做出描述,站在一定的理论高度,揭示事物内在本质和变化规律;国际性是指在网络环境下,全球性论文数据库已经形成,论文的撰写要使用国际通用的实验方法和描述术语;创新性是学术论文的基本特征,是世界各国衡量科研工作水平的重要标准,是决定论文质量高低的主要标准之一,也是反映它自身价值的标志;信息性主要指论文涵盖大量的最新信息,运用最先进的载体进行记录并且以最快的速度传播与交流。

（三）形式

学术论文的形式包括期刊论文、会议论文和学位论文。另外,文献综述、专题述评和可行性报告(开题报告)三种类型的情报调研报告也属于学术性论文的范畴。

二、学术论文格式及写作要求

学术论文一般分为三个部分:前置部分、主体部分和附录部分。前置部分包括题名、著者、摘要、关键词、中国图书馆分类法分类号等;主体部分包括引言、正文、结论、致谢、参考文献等;附录部分包括插图和表格等。

（一）题名(篇名、标题)

1. 作用

题名是学术论文的必要组成部分。它要求用最简洁、恰当的词组反映文章的特定内容,把论文的主题准确地告诉读者,并且使之具有画龙点睛、吸引读者、启迪读者兴趣的功能。题名相当于论文的"标签",如果表达不当,就会失去其应有的作用,使真正需要它的读者错过阅读论文的机会。文献检索系统多以题名中的主题词作为检索字段,因而这些词必须要准确地反映论文的核心内容,否则就有可能产生漏检。

2. 基本要求

题名要求准确地反映论文的内容;用词简洁,中文最好不超过 20 个汉字,英文最好不超过 10 个实词,使用简短题名而语意未尽时,或系列工作分篇报告时,可借助于副标题名以补充论文的下层次内容;清晰地反映文章的具体内容和特色,力求简洁有效、重点突出,尽可能将表达核心内容的主题词放在题名开头;题名应尽量避免使用化学结构式、数学公式、不太为同行所熟悉的符号、简称、缩写以及商品名称等。

（二）著者

著者署名是学术论文的必要组成部分。著者系指在论文主题内容的构思、具体研究工作的执行及撰稿执笔等方面的全部或局部上作出主要贡献的人员,能够对论文的主要内容负责答辩的人员,是论文的法定权利人和责任者。文章的著者应同时具备三项条件:①课题的构思与设计,资料的分析和解释;②文稿的写作或对其中重要学术内容作重大修改;③参与最后定稿,并同意投稿和出版。著者的姓名应给出全名。学术论文一般均用著者的真实姓名,不用变化不定的笔名。同时还应给出著者完成研究工作的单位或著者所在的工作单位或通信地址,以便读者在需要时可与著者联系。

（三）摘要

1. 写作内容

摘要是以提供文献内容梗概为目的，不加评论和补充解释，简明确切地记述文献重要内容的短文。摘要是现代学术论文的必要附加部分，主要说明本论文的研究目的、内容、方法、成果和结论。要突出本论文的创造性成果或新见解，不要与引言相混淆。摘要是信息检索的主要切入点，是编制二次文献的信息单元。摘要应具有独立性和自明性，并拥有与一次文献同等量的主要信息，即不阅读文献的全文，就能获得必要的信息。因此摘要是一种可以被引用的完整短文。主要内容包括：①研究工作的目的和重要性；②对研究内容和过程的概略叙述；③获得的主要结论，突出论文有创见性的部分；④论述研究结论的价值。

2. 写作要求

摘要一般不分段落或力求少分段落，语言力求精练准确，字数约占全文5%。不同类型学术论文要求不尽相同。期刊论文摘要字数在200~300字；一般学校规定学士论文摘要字数在500字左右；硕士论文摘要约1 000字；博士论文约3 000字。英文摘要内容要与中文摘要内容一致。摘要的精髓在于它的客观性，它只对文献的主要内容或观点作直接、精确而扼要的表达，因而摘要宜采用叙述的语调，一般采用第三人称，不宜使用"本文系统地讨论了"、"本文论述了"等词语开头，更不能加进主观见解、解释或评论，如写进"全面深入地分析了"、"本文有很高学术价值"、"本项研究已取得明显效益"等词语。不能使用正文中列出的章节号、图号、表号、公式号以及参考文献号等。

3. 英文摘要（abstract）

国际著名的检索数据库SCI、ISTP和Ei等索引主要是根据英文题名和文摘选录文献，因此英文摘要对提高论文的档次具有重要意义。英文摘要长度一般为100~200个单词，也可以与中文摘要相对应。其内容要求与中文摘要大体相同，主要说明研究目的、过程、方法和结果。内容要精练，不要将结论译成英文作摘要。英文题目第一词不能用冠词The、A、An和And，单位名称也不用The Institute。国际各大索引数据库题名与文摘是连排的，所以摘要第一句话一定不要与文章题名重复。题名少用缩写词，必要时需在括号中注明全称，也尽量少用特殊字母和希腊字母。英文摘要写作要注意的问题是：①叙述用第三人称，不用第一人称；②尽量用简单句，不用长句；③用事实开头，避免用从句开头，用过去时态叙述研究过程和方法，用现在时态说明作者结论；④不宜使用口语省略式词语，主语与动词应尽量靠近，可用动词的情况不要用动词的名词形式。

（四）关键词

学术论文编列关键词的目的是方便文献标引和信息检索。为了便于读者从浩如烟海的文献中准确的查找文献，特别是适应计算机检索的需要，学术论文都要给出3~8个关键词作为检索入口。关键词作为论文的一个组成部分，列于摘要段之后。关键词的选取应按 GB 3860—83《文献主题标引规则》的规定，在审读文献题名、前言、结论、图表，特别是在审读文献正文的基础上，对文献进行主题分析，然后选定能反映文献内容特征，通用性比较强的关键词。首先要从综合性主题词表(如《汉语主题词表》)和专业性主题词表中选取规范性词(称叙词或主题词)。对于那些反映新技术、新学科而尚未被主题词表录入的新产生的名词术语，亦可用非规范的自由词标出，以供词表编纂单位在修订词表时参照选用。关键词的排列次序一般是第一个为本文论及的主要工作、内容，或二级学科；第二个为本文主要成果名称或若干成果类别名称；第三个为本文采用的科学研究方法名称，综述或评论性文章应为"综述"或"评论"等；第四个为本文采用的研究对象的事或物质名称。关键词避免使用分析、特性等普通词组。

(五) 中国图书馆分类法分类号

为了从论文的学科属性方面揭示其表达的中心内容，同时为了使读者从学科领域、专业门类的角度进行(族性)检索，并为文章的分类统计创造条件，期刊编辑部、学术论文审定机构往往要求论文作者对论文标注中国图书馆文献分类号，简称中图分类号。

1. 中图分类号的选取原则

(1) 在文献内容与形式的关系上应以内容为主要依据；在基础科学与应用科学的关系上以其内容重点、作者写作意图、读者对象的需要为依据。

(2) 尽可能给予较详细的分类号，以准确反映文献内容的学科属性。

(3) 在涉及文献内容中应用与被应用的关系时，一般都选取被应用的学科专业所属的分类号。

(4) 在分支学科与边缘学科、交叉学科关系上，如果这门新兴学科是由某一门学科分化出来的则应选取该学科分类号。

2. 中图分类号的选取方法

(1) 根据论文所反映的学科内容，采用《中国图书馆分类法》进行分类。选定一个分类号，作为文献信息数据库的检索途径或者检索入口。当文献内容涉及多个并列学科、主题或者交叉学科时，可以选定多个分类号。主分类号排在第一位，多个分类号之间应以分号分隔。分类号前应以"中图分类号:"或"[中图分类号]"作为标识。例：中图分类号：G64(高等教育)；F591.99(世界旅游经济地理)。

(2) 利用《汉语分类主题词表》选取正确的分类号。对于一般作者而言，要想通过较短的时间学会和了解《中国图书馆分类法》，进而掌握这部大型工具书的使用是不现实的。而通过使用《中国分类主题词表》则能帮助作者既快又准地选取相应的分类号。具体做法是利用该词表中"主题词——分类号对应表"部分,以主题词款目和主题词串标题的字顺为序,从主题词入手,及时、便捷地查到分类号。

(3) 通过查找数据库中类似的主题论文,了解其中图书分类号,经过分析、比较,选定相应的分类号。具体步骤是:在"中国科技期刊数据库"(或其他有关数据库)中检索与作者即将投稿的论文主题相类似或相近的主题词,可以在得到一批相关文献的同时,清楚了解相应的分类号并限定所需分类号。

(六) 文献标识码

为便于文献的统计和期刊评价,确定文献的检索范围,提高检索结果的适用性,国家新闻出版署规定每篇文章或资料应标识一个文献标识码。对五类文献规定了标识代码,分别为:

A——理论与应用研究学术论文(包括综述报告);

B——实用性技术成果报告(科技)、理论学习与社会实践总结(社科);

C——业务指导与技术管理性文章(包括领导讲话、特约评论等);

D——一般动态性信息(通讯、报道、会议活动、专访等);

E——文件、资料(包括历史资料、统计资料、机构、人物、书刊、知识介绍等);

不属于上述各类的文章以及文摘、补白、广告、启事等不加文献标识码。

中文文章的文献标识码以"文献标识码:"或"[文献标识码]"作为标识,例如,文献标识码:A

英文文章的文献标识码以"Documentcode:"作为标识。

(七) 引言(绪论)

论文的引言又叫绪论。写引言的目的是向读者交代研究课题的来龙去脉,其作用在于唤起读者的注意,使读者对论文有一个总体的了解。

1. 引言内容

一般包括以下几项:

(1) 研究背景、目的及意义。包括问题的提出,研究对象及其基本特征;研究现状及存在的问题,研究的重要性和选题理由、作用和意义。

(2) 研究范围。课题所涉及的范围,或取得成果的适用范围。

(3) 理论依据、实验基础和研究方法。如果要引出新的概念或术语,则应加以定义或阐明。

(4) 取得成果的意义。预期的结果及其地位、作用、意义以及研究价值评述,交代方法和结果等可以供哪些领域和人员参考。

2. 写作要求

(1) 言简意赅,突出重点。引言中要求写的内容较多,而篇幅有限,这就需要根据研究课题的具体情况确定阐述重点。众所周知的和前人文献中已有的记述不必细写。主要写好研究的理由、目的、方法和预期结果,意思要明确,语言要简练。

(2) 开门见山,不绕圈子。

(3) 尊重科学,不落俗套。例如,过于谦虚客套的语言如"限于时间和水平"或"由于经费有限,时间仓促","不足或错误之处在所难免,敬请读者批评指正"等,尽量不要写入。

(4) 如实评述,防止吹嘘自己和贬低别人。

(八) 正文

1. 正文内容

正文是学术论文的核心组成部分,主要回答课题"怎么研究"(how)的问题。正文应充分阐明论文的观点、原理、方法及具体达到预期目标的整个过程,并且突出一个"新"字,以反映论文具有的首创性。根据需要,论文可以分层深入,逐层剖析,按层设分层标题。正文通常占有论文篇幅的大部分。它的具体陈述方式往往因不同学科、不同文章类型而有很大差别,不能牵强地作出统一的规定。一般应包括材料、方法、结果、讨论和结论等几个部分。试验与观察、数据处理与分析、实验研究结果的得出是正文的最重要成分,应该给予极大的重视。要尊重事实,在资料的取舍上不能随意掺入主观成分,或妄加猜测,不能忽视偶发性现象和数据。

2. 写作要求

撰写学术论文不要求有华丽的辞藻,但要求思路清晰,合乎逻辑,用语简洁准确、明快流畅;内容务求客观、科学、完备,要尽量让事实和数据说话;凡是能够用简要的文字讲解的内容,应用文字陈述。用文字不容易说明白或说起来比较烦琐的,应由表或图(必要时用彩图)来陈述。表或图要具有自明性,即其本身给出的信息就能够说明欲表达的问题。数据的引用要严谨确切,防止错引或重引,避免用图形和表格重复地反映同一组数据。资料的引用要标明出处。对现有的知识避免重新描述和论证,尽量采用标注参考文献的方法,对需保密的资料应作技术处理。

(九) 结论和建议

结论又称结束语、结语。它是在理论分析和实验验证的基础上,通过严密的逻辑推理而得出的富有创造性、指导性、经验性的结果描述。它又以自身的条理性、明确性、客观性反映了论文或研究成果的价值。结论与引言相呼应,同摘要一样,其作用是便于读者阅读和为二次文献作者提供依据,是全篇论文的"精髓"之处。结论不是研究结果的简单重复(特别是学位论文),而是高度概括全篇论文的研究成果。结论的表达要扼要准确、精练完整,不要模棱两可、含糊其辞。

1. 结论的内容与格式

结论是对研究结果更深入一步的认识,是从正文部分的全部内容出发,并涉及引言的部分内容,经过判断、归纳、推理等过程,将研究结果升华成新的总观点。内容主要包括:①本研究结果解决了什么理论或实际问题,得出了哪些规律性的东西;②对前人有关本问题的看法做了哪些检验、修正、补充、发展或否定;③本研究的不足之处或有待进一步研究的问题。如果整篇文章不可能导出结论,也可以没有结论而进行必要的讨论。结论的格式可以分条来写,并以数字编号。每条结论概括成几句话或一句话。如果结论内容较少,也可以不分条写,整个结论合为一段,用几句话描述。结论里应包括必要的数据,但主要是用文字表达,一般不再用插图和表格。根据结论内容的不同,结论可分为分析综合型、解释说明型、事实对比型、提出问题型、预示展望型等写作类型。

2. 结论和建议的撰写要求

(1) 概括准确,措词严谨。结论是论文最终、总体的总结,对论文创新内容的概括应当准确、完整,不要轻易放弃,更不要漏掉一条有价值的结论,但也不能凭空杜撰。措词要严谨,语句要像法律条文那样只能作一种解释,清清楚楚。肯定和否定要明确,一般不用"大概"、"也许"、"可能是"这类词语,以免使人有似是而非的感觉,怀疑论文的真正价值。

(2) 明确具体,简短精练。结论段有相对的独立性,专业读者和情报人员可以只看摘要和结论而能大致了解论文反映的成果和成果的价值,所以结论段应提供明确、具体的定性和定量的信息。对要点要具体表述,不能用抽象和笼统的语言。可读性要强,如一般不单用量符号,而宜用量名称,比如,"T 与 p 呈正比关系"不如"×× 温度与 ×× 压力呈正比关系"易读。行文要简短,不再展开论述,不对论文中各段的小结作简单重复。语言要锤炼,删去可有可无的词语,如"通过理论分析和实验验证,可得出下列结论"则是画蛇添足式的语言。

(3) 不作自我评价。研究成果或论文的真正价值是通过具体"结论"来体现的,所以不宜用如"本研究具有国际先进水平"、"本研究结果属国内首创"、"本研究结果填补了国内空白"一类语句来做自我评价。成果到底属何种水平,是否首创或者填补了空白,应该由作者以外的组织或者读者评说,不必由论文作者把它写在结论里。"建议"部分可以单独用一个标题,也可以包括在结论段,如作为结论的最末一条。如果没有建议,也不要勉强杜撰。

(十) 致谢

现代科学研究往往不是一个人能单独完成的,而需要他人的合作与帮助,因此,当研究成果以论文形式发表时,作者应当对他人的劳动给予充分肯定,并对他们表示感谢。致谢的对象一般是对研究课题直接提供过资金、设备、人力以及文献资料等支持和帮助的团体和个人。学位论文有时对导师、学长及家人进行致谢，但要注意分寸。致谢一般单独成段，放在文章的最后面，但它不是论文的必要组成部分。致谢也可以列出标题并与全文编列一致的序号，放在结论段之后。也可以不列标题和序号，空一行置于"结论"段之后。主要资助单位应在文章首页下脚加注，一般不再专门致谢。

（十一）参考文献与注释

2005 年 10 月 1 日开始实施的《文后参考文献著录规则》（GB/T 7714—2005）规定，参考文献是指"为撰写或编辑论文和著作而引用的有关文献信息资源"。在学术论文中，凡是引用前人（包括作者自己过去）已发表的文献中的观点、数据和材料等，都要对它们在文中出现的地方予以标明，并在文末列出参考文献表。这项工作叫做参考文献著录。被列入的参考文献应该只限于那些著者亲自阅读过和论文中引用过，而且正式发表的出版物，或其他有关档案资料，包括专利等文献。私人通信、内部讲义及未发表的著作，一般不宜作为参考文献著录，但可用脚注或文内注的方式，以说明引用依据。

1. 文后参考文献的著录方法

有"顺序编码制"和"著者出版年制"两种。前者根据正文中引用参考文献的先后，按著者、题名、出版事项的顺序逐项著录；后者首先根据文种（按中文、日文、英文、俄文、其他文种的顺序）集中，然后按参考文献著者的姓氏笔画或姓氏首字母的顺序排列，同一著者有多篇文献被参考引用时，再按文献出版年份的先后依次给出。其中，顺序编码制为我国学术期刊所普遍采用。使用"著者出版年制"的较少，这里不做介绍。

2. 参考文献类型

根据 GB 3469—83《文献类型与文献载体代码》规定，印刷型文献以单字母方式标识：M——专著，C——论文集，N——报纸文章，J——期刊文章，D——学位论文，R——报告，S——标准，P——专利；从专著、论文集中析出的文献采用单字母"A"标识，对于其他未说明的文献类型，采用单字母"Z"标识。对于数据库、计算机程序及电子公告等数字文献类型，以双字母作为标识：DB——数据库，CP——计算机程序，EB—电子公告。对于非纸张型载体数字文献，需在参考文献标识中同时表明其载体类型，采用双字母标识：MT——磁带，DK——磁盘，CD——光盘，OL——联机网络，并以下列格式表示包括了文献载体类型的参考文献类型标识：DB/OL——联机网上数据库，DB/MT——磁带数据库，M/CD——光盘图书，CP/DK——磁盘软件，J/OL——网上期刊，EB/OL——网上电子公告。其著录格式为：[文献类型标识 / 载体类型标识]，例如，[DB/OL]——联机网上数据库（database online），[DB/MT]——磁带数据库（database on magnetic tape），[M/

CD］——光盘图书（monograph on CD-ROM），［CP/DK］——磁盘软件（computer program on disk），［J/OL］——网上期刊（serial online），［EB/OL］——网上电子公告（electronic bulletin board online）。

以纸张为载体的传统文献在引作参考文献时不必注明其载体类型。

3. 文后参考文献编排格式

参考文献按在正文中出现的先后次序列表于文后，以"参考文献:"（左顶格）或"［参考文献］"（居中）作为标识。参考文献的序号左顶格，并用数字加方括号表示，如［1］、［2］…，以与正文中的指示序号格式一致。每一参考文献条目的最后均以"."结束。各类参考文献条目的编排格式及示例如下:

（1）专著、论文集、学位论文、报告。

［序号］主要责任者.文献题名［文献类型标识］.出版地:出版者,出版年:起止页码（任选）.

［1］刘二稳,阎维兰.信息检索［M］.北京:北京邮电大学出版社,2007:15~18.

（2）期刊文章。

［序号］主要责任者.文献题名［J］.刊名,年,卷（期）:起止页码.

［2］赵新力.信息资源的开发和发展趋势［J］.广东科技,2006（4）:14~16.

（3）论文集中的析出文献。

［序号］析出文献主要责任者.析出文献题名［A］.原文献主要责任者（任选）.原文献题名［C］.出版地:出版者,出版年.析出文献起止页码.

［3］钟文发.非线性规划在可燃毒物配置中的应用［A］.赵玮.运筹学的理论与应用——中国运筹学会第五届大会论文集［C］.西安:西安电子科技大学出版社,1996.468~471.

（4）报纸文章。

［序号］主要责任者.文献题名［N］.报纸名,出版日期（版次）.

［4］谢希德.创造学习的新思路［N］.人民日报,1998-12-25（10）.

（5）国际、国家标准。

［序号］标准编号,标准名称［S］.

［5］GB/T 16159-1996,汉语拼音正词法基本规则［S］.

（6）专利。

［序号］专利所有者.专利题名［P］.专利国别:专利号,出版日期.

［6］姜锡洲.一种温热外敷药制备方案［P］.中国专利:881056073,1989-07-26.

（7）电子文献。

［序号］主要责任者.电子文献题名［电子文献及载体类型标识］.电子文献的出处或可获得地址,发表或更新日期/引用日期(任选).

［7］王明亮.关于中国学术期刊标准化数据库系统工程的进展［EB/OL］. http://www.cajcd.edu.cn/pub/wml.txt/980810-2.html,1998-08-16/1998-10-04.

(8) 各种未定义类型的文献。

［序号］主要责任者.文献题名［Z］.出版地.出版者,出版年

4. 参考文献与注释的区别

参考文献是作者写作论著时所参考的文献书目,一般集中列表于文末;注释是对论著正文中某一特定内容的进一步解释或补充说明,一般排印在该页地脚。参考文献序号用方括号标注,而注释用数字加圆圈标注,如①、②…。

(十二) 附录

附录是论文的附件,不是必要组成部分。它在不增加文献正文部分的篇幅和不影响正文主体内容叙述连贯性的前提下,向读者提供论文中部分内容的详尽推导、演算、证明、仪器、装备或解释、说明,以及提供有关数据、曲线、照片或其他辅助资料如计算机软件架构框图和程序软件等。附录与正文一样,编入连续页码。附录段置于参考文献表之后,按照图、表、公式、文献等类别依次用大写正体 A、B、C…编号,每个大类下编号用阿拉伯数字。

三、毕业论文写作

本科以上高校毕业论文是学生从事科研工作取得的创造性成果或新的见解,作为申请授予相应学位时评审用的学术论文。学位论文应是一篇(或一组)系统完整的论文,可以得到指导和帮助或在他人基础上继续研究完成,但应注明,不能照抄他人成果。论文学术观点应明确,逻辑严谨,文字通顺。学士论文一般为1万字以上;硕士论文一般为3万字以上;博士论文为5万字以上。学士学位论文要注意在基础学科或应用学科中选择有价值的课题,对所研究的课题有新的见解,并能表明作者在本门学科上掌握了坚实的基础理论和系统的专门知识,具有从事科技工作或独立担负专门技术工作的能力。学士学位论文工作在完成培养计划所规定的课程学习后开始,一般应包括文献阅读、开题报告、拟订工作计划、科研调查、实验研究、理论分析和文字总结等工作环节。在论文题目确定后,用于论文工作的时间一般为1年。

(一) 学士论文写作的目的和意义

1. 学士学位论文写作目的

首先是对学生的知识能力进行一次全面的考核。其次是对学生进行科学研

究基本功的训练,培养学生综合运用所学知识独立地分析问题和解决问题的能力,为以后撰写专业学术论文打下良好的基础。

2. 学士论文写作的意义

它是大学生完成学业的标志性作业,是对学习成果的综合性总结和检阅,是大学生从事科学研究的最初尝试,是在教师指导下所取得的科研成果的文字记录,也是检验学生掌握知识的程度、分析问题和解决问题基本能力的一份综合答卷。毕业论文是实现培养目标的重要教学环节,也是衡量教学水平、获得学生毕业和学位资格的重要依据。

3. 学士论文写作要求

学士论文包含一般科技论文要求,但又更加系统全面。它反映大学生的理论基础、学术水平、独立工作能力、创新以及写作水平等。在理论部分要求详细说明国内外最新进展情况,基础理论也应加以介绍;对创新点要论述详细,包括理论分析实验系统和实验结果;结论中要有比较详细的总结并明确自己的贡献。

(二)学士论文的结构与写作格式

学士学位论文的结构与写作格式除了要在封面部分填写指导教师姓名、专业方向、作者姓名学号等学业信息,并且在题名后面添加论文目录外,其他与普通学术论文完全相同。另外在论文创作过程中,一般要求呈交相应的文件资料和表格,常见的有开题报告、文献综述、写作计划等。

(三)学士论文写作的基本程序

毕业(学士)论文工作的基本环节包括选题、文献检索、毕业实习、提交开题报告、毕业论文(设计)任务书、撰写文献综述、毕业论文撰写、中期检查、毕业论文审阅、毕业论文评阅、论文答辩、成绩评定等。应用型本科高校学士论文的创作一般从第四学年初开始,至学年末结束,其流程如图 9-2 所示。

(四)学士论文选题

科学研究的第一步是选择研究的课题。学士论文选题指大学本科学生在教师指导下拟订学士论文写作方向和目标,包括课题和论文题目的确定。

1. 选题应该遵循的原则

(1)科学性原则。选题必须符合最基本的科学原理和客观实际,要有理论依据和事实依据。它体现在实验设计、研究内容、研究方法和研究结果都具有科学性。

(2)创新性原则。选定的课题要具有新颖性、先进性,其研究成果能有助于某一问题的解决,能推动某一学科的发展。因此必须对选题在研究领域的影响程度进行基本估计,对选题的预期成果的先进性进行估计,努力吸收先进的理论、技术和方法。

毕业实习、毕业设计（论文）工作流程

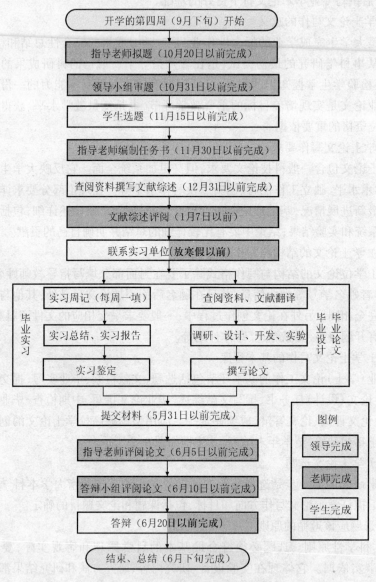

图9-2　某高校毕业（设计）论文工作流程

　　（3）可行性原则。要从现实可能性出发选定课题，做到知己知彼，处理好量力而行与尽力而为的关系。为此应当注意选题的价值取向，把现实需要与长远需要结合起来，处理好基础理论研究与应用研究的关系，避免选题与他人重复。

2. 选题来源

(1) 从教育科研行业管理部门的科研规划中选题。例如《广西教育科学"十五"规划课题指南》,分教育发展战略研究、德育研究、素质教育理论与实验研究、教育法规建设研究、教师队伍建设研究、学校管理研究等 22 个大项,共计 268 个课题。

(2) 从学术会议和期刊的征稿启事中选题。

(3) 从改革和发展面临的问题中选题。例如"高等教育大众化过程中规模与效益的关系研究"。

(4) 从提高本专业工作质量上去发掘课题。

(5) 从自己或他人的经验或教训中提出课题。

(6) 从各种信息交流中发掘课题。

(7) 从古今中外的文献资料中发现课题。

(8) 从学校发布的学士论文选题目录中选择课题。

3. 选题方法

(1) 边缘交叉学科选题法。就是从学科之间的接触点、交叉区中去选择研究课题。可以到两门相邻学科的边缘交叉地带选题,也可以到多种领域的边缘交叉处去选题;选题可以考虑将一门学科的理论和方法移植到另一门学科中去或者综合多学科的理论和方法去研究新课题。

(2) 学术界争论焦点选题法。就是从某些争论的焦点问题中选择研究课题。例如,"关于应试教育与素质教育关系的研究"、"关于知识本位还是能力本位的研究"。

(3) 转换思维选题法。这种方法是从与原有结论的不同角度进行思考,或从不同的层次上认识原有的研究对象,从而发现或引出研究课题。主要的转换方法有:①在同一层次上转换。从思考问题的一个方面转向另一个方面。②在两个不同层次上转换。可以从较抽象转化较具体,也可以从较具体转向较抽象。③在同一事物的不同发展阶段之间或者不同事物的结合部之间考虑选题。④通过对事物的纵向的历史比较或者横向的水平比较选择课题。

(五) 文献检索与整理

论文选题确定以后,要围绕论题进行相关文献检索,并对检索到的资料整理。具体步骤如下:

1. 分析论题

具体进行以下工作:

(1) 查找论题涵盖的具体问题的准确答案,用来解决研究的问题,或在写作中作为论据和引证使用。

（2）查找特定文献,根据与选中论题相关学科的某些文献线索查找原文,或根据本专业已知的著名学者或者机构,查询其所有发表的文章。

（3）对可能要论及的问题做大致的了解。

（4）查阅论题的前沿和最新资料,了解研究动态、发展趋势。

（5）对论题做全面调查研究,了解该论题的整个发展过程。全面而细致地了解国内外有关的所有出版物的情况、年代范围。

（6）对论题做深入的专题研究,在充分掌握材料和重要研究成果的基础上,形成创新性的具有一定学术水平的观点或论断。

2. 选择检索工具,确定检索范围

按照先国内后国外、先综合后专题、由近及远的原则选择检索用数据库。

3. 确定检索途径和选择检索方法

一般选用多个涵盖主要主题概念的词汇作为检索关键词,再考虑数据库提供的可检索字段和扩展检索条件,列出恰当的检索表达式进行检索。

4. 评估检索结果

评判检索结果的地域分布是否涵盖研究课题所包括的国家或地区;检索结果的内容是否与课题研究相关;检索结果是否具有新颖性、创造性、全面性、完整性和时效性;能否提供对所研究课题全面的认识和了解。除此以外,还要考察检索文献作者的所属机构和学术经历,用来评判检索文献的学术性、权威性和可信性。当检索结果显现太多和研究课题不相关的记录、显现太少和研究课题相关的记录或没有和课题相关记录时,必须重新考虑建立新的检索命题,对检索策略进行优化,进行缩检或扩检。

5. 检索的扩展或收缩

对已确定的检索词再增加相应的同义词、同义相关词、缩写词、全称和别称进行检索,保证文献的检全率,防止漏检;利用系统提供树形词表等助检手段和功能,用规范词、相关词、更广义的上位词进行扩展检索;利用检索到的文献后所标引的参考文献或者数据库提供的相关文献进行再检索;运用布尔逻辑组配符、截词符或者位置算符进行扩展或者收缩检索。

6. 检索资料的整理

对收集到的资料进行阅读、鉴别、分类重组,用复制、粘贴、数码摄像、扫描、摘抄等多种方法手段对资料进行处理,从中获取灵感,逐渐强化自己的论文主题,为论文撰写做好准备。

（六）提交开题报告

开题报告是用来介绍和证明将要开展的课题(专题)的研究目的、意义、作用、目标的说明性文件。目的是阐述、审核和确定论文题目(选题)。一般包括选题的目的和意义,国内外的发展现状与趋势,选题内容、拟采用的方法和手段,预期研究成果及所需的科研条件,工作进度计划等内容。

(七) 文献综述

通过撰写文献综述可以从查阅文献的角度,为论文创作找到突破口和前进方向。牛顿曾把他的成功归结为站在前人的肩膀上。做毕业论文是一项重要的学术工作,就要站在前人的肩膀上找到自己前进的方向。文献综述的撰写基础是文献调研。文献综述的撰写为毕业(设计)论文的撰写奠定了坚实的基础。真正意义上的"文献综述",可以理解为"关于文献的文献",是对文献再加工而形成的三次文献,即综述的作者并不需要自己去做第一手的工作,但却可以凭借自己的学识和判断力对某一领域的研究做出综合性的介绍,并加入自己的预测和判断。作为毕业论文创作过程的一部分,文献综述实际上是一篇为做毕业论文而撰写的读书报告。

1. 写作要求

李政道教授曾经在一次学术演讲的开场白中说过:"到昨天晚上 11 点 30 分为止,世界物理学前沿研究的进展情况是这样的……" 这句话可以理解为最简单的文献综述开头模式。文献综述是要告诉自己和其他人,到某个时段为止,有关某篇毕业论文题目前人曾做过了哪些工作,从查找到的文献可以看出可能有几条路线或方案完成既定的目标任务。另外,有哪些重要的文献可以作为今后实施方案的参考资料。作者不以介绍自己的研究工作(成果)为目的,而是针对有关专题,通过对大量现有文献的调研,对相关专题的研究背景、现状、发展趋势所进行较为深入系统的介绍与评价。对作者来说,文献综述既是主观的又是客观的。客观是因为它反映了某学科相关研究材料,他人、前人的研究成果;主观是因为综述是对前人、他人成果的总结归纳,归纳是否准确,是文献综述最重要的部分。因此撰写文献综述要坚持两个标准:首先必须要有课题涉及的专业基础理论;其次必须涵盖国内外近 5 年的学术成果,重点在于最新文献的分析。这样就可以知道国内外研究动态,把握整个研究趋势,论文也就有了一定依据。写好文献综述,科学研究和论文创作才能达到理想的高度。

2. 写作格式

文献综述的格式与一般研究性论文的格式有所不同。这是因为研究性的论文注重研究的方法和结果,而文献综述介绍与主题有关的详细资料、动态、进展、展望以及对以上方面的评述,因此文献综述的格式相对多样。文献综述的格式除了题目、摘要、关键词等科技论文必备的要素以外,一般都包含以下四部分:前言、主题、总结和参考文献。撰写文献综述时可按这四部分拟写提纲,再根据提纲进行撰写加工。前言主要说明选题缘由;主题主要通过对自己所掌握的与课题相关的文献信息进行述评,并找出普遍性和规律性的东西,同时分析特色文献给选题带来的有益思考,重点在于阐述在大量的相关文献中发现了什么;总结部分主要论述选题的切入点,应该怎样动手创作;参考文献部分主要是建立自己的专题资料库,应尽可能详尽,篇幅甚至可以超过正文。

（八）拟订写作提纲,安排论文结构

通过前述的大量工作,从大量的现象和材料中把握事物特点,总结出课题发生发展规律,初步形成学术思想。在此基础上开始拟订写作提纲,安排论文结构。首先要确定论文主题,包括基本观点和中心论点。其次要划分好层次段落,注意过渡照应,斟酌好开头结尾。

（九）撰写初稿

正式开始论文创作要巧妙谋篇构思,包括使用多种方法对论题进行分析、论证和阐释,恰当地运用说明、议论、叙述等表达方式,正确使用公式、符号与图表,体现准确、严密、简明、通俗的语言特色。

（十）修改定稿

修改的内容包括:控制篇幅、订正论点、调整结构、更动材料、锤炼语言、推敲题目、规划文面。修改的方法有:热改法、冷改法、他改法、诵改法等多种方法。

（十一）撰写答辩报告

答辩报告是对原文的简述、提炼、概括、充实和评析。一般要包括八个方面的内容,根据答辩委员会的要求,可以适当删减或者充实。

（1）选题动机、缘由、目的、依据,其理论和实际意义。

（2）选题已经有的研究成果和争议,自己的观点、切入点,主要研究途径和方法。

（3）立论的理论和事实依据,典型材料、数据和重要引文出处。

（4）论文中的新观点、新见解,研究获得的主要创新成果和学术价值。

（5）存在问题、薄弱环节、没论述清楚的地方,继续研究的打算。

（6）意外的发现和处理的想法。

（7）论文所涉及的重要引文、概念、定义、定理、定律和典故。

（8）写作论文的收获和体会。

（十二）毕业论文等级评定

毕业论文的等级评定各校不尽相同,一般都会把文献综述、开题报告、毕业论文写作和答辩情况综合考虑,采用百分制或者等级制评定。

论文评价内容主要如下:

（1）选题要新。论文选题要具有开创性,具有一定的理论和实践意义。

（2）内容有一定的深度和广度。包括内容可靠、数据准确,实验可重复;对所研究的课题有创新,要能够反映出作者一定的学术水平和解决问题的实际能力,不能重复、抄袭别人的劳动成果。

(3) 论述具有逻辑性。包括思路清晰、结构严谨、推导合理和编排规范,对事物进行抽象概括和论证,描述事物本质,表现内容的专业性和系统性。

(4) 有效性。指能达到公开发表或通过答辩。

(5) 篇幅相当,字数一般在一万字左右。

行文格式规范和文面清晰美观也是评级的重要内容。

第五节　文献信息的合理利用与学术剽窃

一、文献信息的合理利用

(一) 国际条约对文献合理利用的规定

一些国际条约和各国的著作权法中对文献的合理使用都有明确的规定。著名的《保护文学艺术作品伯尔尼公约》列出了三种具体的合理使用行为,包括适当引用、为教学目的的合理使用以及时事新闻的合理使用。是否合理使用文献的判断应考虑四种要素:第一,作品使用的目的及性质,如是为商业营利还是为教学或者个人学习研究、图书馆为收藏而复制等。第二,作品的性质,如是小说还是新闻或是法律文件。对不同的作品应有不同的合理使用要求,对于未发表作品的合理使用要严于已经发表作品。第三,所使用部分在作品中的质量和所占比例,指同整个有著作权作品相比所使用部分的数量和内容的实质性。关于被使用作品的数量,许多国家都做出了具体规定。第四,对被使用作品的影响。主要指对著作权作品未来潜在市场与价值的影响等。

(二) 中国关于文献合理利用的规定

《中华人民共和国著作权法》以及《中华人民共和国著作权法实施条例》规定,使用可以不经著作权人许可的已经发表的作品时,在不影响该作品的正常使用,也不损害著作权人合法利益的基础上,并且使用时必须指明作者姓名、作品名称和作品出处的条件下,可以在 12 个方面合理使用公开发表的文献。

(1) 为个人学习、研究或者欣赏,使用他人已经发表的作品;

(2) 为介绍、评论某一作品或者说明某一问题,在作品中适当引用他人已经发表的作品;

(3) 为报道时事新闻,在报纸、期刊、广播电台、电视台等媒体中不可避免地再现或引用已经发表的作品；

（4）报纸、期刊、广播电台、电视台等媒体刊登或者播放其他报纸、期刊、广播电台、电视台等媒体已经发表的关于政治、经济、宗教问题的时事性文章，但作者声明不许刊登、播放的除外；

（5）报纸、期刊、广播电台、电视台等媒体刊登或者播放在公众集会上发表的讲话，但作者声明不许刊登、播放的除外；

（6）为学校课堂教学或者科学研究，翻译或者少量复制已经发表的作品，供教学或者科研人员使用，但不得出版发行；

（7）国家机关为执行公务在合理范围内使用已经发表的作品；

（8）图书馆、档案馆、纪念馆、博物馆、美术馆等为陈列或者保存版本的需要，复制本馆收藏的作品；

（9）免费表演已经发表的作品，该表演未向公众收取费用，也未向表演者支付报酬；

（10）对设置或者陈列在室外公共场所的艺术作品进行临摹、绘画、摄影、录像；

（11）将中国公民、法人或者其他组织已经发表的以汉语言文字创作的作品翻译成少数民族语言文字作品在国内出版发行；

（12）将已经发表的作品改成盲文出版。

（三）合理引用文献数量的界定参考

中华人民共和国文化部出版局曾颁布实施过《图书、期刊版权保护试行条例实施细则》。该细则已经于 2003 年 12 月 4 日起废止，但是第十五条对"适当引用"作出的界定，在创作实践中仍可参考。其中对作者在一部作品中引用他人作品的片断的引用量作出了具体规定。具体内容为：非诗词类作品不得超过 2 500 字或被引用作品的 1/10，如果多次引用同一部长篇非诗词类作品，总字数不得超过 1 万字；引用诗词类作品不得超过 40 行或全诗的 1/4（古体诗词除外）；凡引用一人或多人的作品，所引用的总量不得超过本人创作作品总量的 1/10（专题评论文章和古体诗词除外）。

（四）数字文献的合理利用

数字化文献资源是以网络为依托，在线高效传输并具有信息量大、复制容易的特点。当前涉及数字文献合理利用的群体主要是网络环境下的数字图书馆和用户。

1. 数字图书馆对数字文献的合理使用

2006 年 5 月 18 日国务院颁布了《信息网络传播权保护条例》并于 2006 年 7 月 1 日实施。其中第六条规定："通过信息网络为学校课堂教学或者科学研究，向少数教学、科研人员提供少量已经发表的作品,可以不经著作权人许可,不向其支付报酬。"第七条规定:"图书馆、档案馆、纪念馆、博物馆、美术馆等可以不经著作权人许可,通过信息网络向本馆馆舍内服务对象提供本馆收藏的合法出版的数字作品和依法为陈列或者保存版本的需要以数字化形式复制的作品,不向其支付报酬,但不得直接或者间接获得经济利益。当事人另有约定的除外。"上述规定赋予了图书馆等机构在一定条件下可以不经著作权人的许可将其作品复制并在本馆网上进行传播,即赋予图书馆的"法定许可"权限。

2. 数字图书馆用户对数字文献的合理使用

由于数字文献通过网络传输的特殊情况,扩大了数字图书馆用户合理使用数字文献的范畴,如个人浏览时在硬盘或 RAM 中的复制,用离线浏览器下载,下载后用来阅读的打印,为网站定期制作备份,数字图书馆远程网络服务,服务器间传输所产生的复制及系统自动产生的复制等。

目前,我国高等院校和科研院所的图书馆对网络电子期刊、电子数据库合理使用的具体规定各不相同,但一般性的原则是一致的,即授权用户出于个人的研究和学习目的,可以对网络数据库进行下列的合理使用:①检索网络数据库;②阅读检索结果(包括文摘索引记录或全文);③打印检索结果;④下载并保存检索结果;⑤将检索结果发送到自己的电子信箱里;⑥承担使用单位正常教学任务的授权用户,可以将作为教学参考资料的少量检索结果,下载并组织到本单位教学使用的课程参考资料包(course pack)中,置于内部网络中的安全计算机上,供选修特定课程的学生在该课程进行期间通过内部网络进行阅读。

3. 数字图书馆用户的侵权行为

主要指侵犯网络数据库商知识产权的 10 项行为,应严格禁止:

(1) 对文摘索引数据库中某一时间段、某一学科领域或某一类型的数据进行批量下载;

(2) 对全文数据库中某种期刊(或会议录)或它们中的一期或者多期的全部文章进行下载;

(3) 利用批量下载工具对网络数据库进行自动检索和下载(个别数据库一篇文章不能方便下载的除外);

(4) 存储于个人计算机的用于个人研究或学习的资料以公共的方式提供给非授权用户使用;

(5) 把课程参考资料包中的用于特定课程教学的资料以公共方式提供给非授权用户使用;

(6) 设置代理服务器为非授权用户提供服务;

(7) 在使用用户名和口令的情况下,有意将自己的用户名和口令在相关人员

中散发,通过公共途径公布;

(8) 直接利用网络数据库对非授权单位提供系统的服务;

(9) 直接利用网络数据库进行商业服务或支持商业服务;

(10) 直接利用网络数据库内容汇编生成二次产品,提供公共或商业服务。

（五）学术造假与剽窃

学术造假与剽窃行为在全球的漫延正在对科学的严谨性与真实性构成严重的威胁。

1. 学术造假的行为表现

学术造假行为主要表现在:在实验过程中忽略次要研究规则,过多借用同行的错误实验数据以及剽窃。我国虽有多部法律、法规、规章禁止剽窃,却都没有为中文作品剽窃行为定义的立法规范。根据商务印书馆出版的《新华字典》中的定义:"抄袭他人著作,是为剽窃;而把别人的文章或者作品照着写下来当做自己的,是为抄袭。"据此,抄袭与剽窃应为同一概念,国家版权局版权管理司也持相同意见。按照《美国语文学会研究论文写作指南》(第5版)的定义,"剽窃"指的是一种欺骗形式,它被界定为"虚假声称拥有著作权,即取用他人的思想作品,将其作为自己的作品公开发表的错误行为"。因此,凡是在自己的文章中使用他人的思想见解或语言表述,而没有申明其来源的,就是剽窃。

2. 剽窃的形式与行为

(1) 剽窃的形式。一般而言,剽窃有以下几种形式:①总体的剽窃。整体立论、构思、框架等方面抄袭。②直接抄袭。直接地从他人论著中寻章摘句,整段、整页地抄袭,为了隐蔽,同时照搬原著中的引文和注释。③在通篇照搬他人文字的情况下,只将极少数的文字做注,这对读者有严重的误导作用。④只是更动几个无关紧要的字或换一种句型。⑤偷换综述的概念。"综述"的意义在于相同或相近的思想出自不同的论者,因而对其归纳整合,形成一种更具有普遍意义的分析视角。抄袭是将诸多作者的观点不加整理地全部照单全收。⑥跳跃颠转式抄袭。指从同一源文本中寻章摘句,并不完全遵循源文本的行文次第和论述逻辑。⑦拼贴组合式抄袭。将来自不同源文本的语句拼凑起来,完全不顾这些语句在源文本中的文脉走向。

(2) 剽窃行为。一般把下列行为看作剽窃行为:①把别人的作品当成自己的公开发表;②拷贝别人的句子或观点,却没有说明;③在引用别人作品中的语言时不加引号;④对于所引材料的来源提供了错误的信息;⑤拷贝原文的结构,改动了其中的字词,却没有说明;⑥大量拷贝他人的句子和观点构成文章的大部分内容。

(3) 对剽窃的司法界定及处理。在学术活动中,行为是否构成剽窃往往很难认定。实践中司法机关常常从如下几方面判断:①被告对原作品的更改程度。如果被告的文章整体上与原告相似,只是个别词句上稍做改动,则一般认为是剽窃。②作品的性质。如果原作品是喜剧,但被告的作品是正剧或者悲剧,即使有些情节相同,也很难说后者是抄袭。如果原作品是经济学论文,被告作品是哲学论文,即使两者在论据、论点上有相似甚或相同之处,也很难说是剽窃。但如果所用篇幅过多,又未加注,则可能构成侵权。按照《著作权法》第四十六条规定,剽窃他人作品的,应当根据情况,承担停止侵害、消除影响、赔礼道歉、赔偿损失等民事责任。

二、文献信息综合运用示例:以关于"生态旅游研究"为例

(一) 分析研究课题

当前在全世界范围内,生态旅游正在被当成一剂促进社会发展的灵丹妙药而备受推崇。它能够资助科学研究,保护脆弱的原始生态系统,使农村社会受益,促进贫穷国家的发展,提高生态和文化的敏感性,在旅游业渗透环境保护意识和社会道德感,满足不同层次旅游者的需要,有助于建立世界和平。该课题应该是经济学属下的旅游经济类别;同时又是政治、经济、法律、社会学、农业、环境工程、建筑规划等学科的交叉边缘学科。

(二) 选择检索工具或者检索系统

可供选择的数据库有:CNKI、维普、万方、Web of Science 数据库、Biosis Preview 数据库、ISI Proceedings 数据库、SpringerLink 期刊全文数据库、Ei Village2 数据库、剑桥科学文摘数据库、WorldSciNet(WSN)数据库、EBSCOHost 数据库、Google、百度等。

(三) 选择关键词构造检索策略

1. 利用中国期刊全文数据库(CNKI)

(1) 分类检索。"总目录"→"经济政治与法律"→"交通运输及旅游经济"→检索结果。

(2) 高级检索或者专业检索。

检索式为:关键词 = 生态旅游 and(题名 = 旅游 or 题名 = 生态)。

点击"检索"按钮进入检索结果页面。

2. 利用维普中文科技期刊数据库

(1) 分类检索。"分类表"→"经济"→"旅游经济"→"所选分类"→检索结果。

检索词前面的英文字母是各字段的代码,可在检索入口选择框中查看。

代码字段:U 任意字段;S 机构;M 题名或关键词;J 刊名;K 关键词;F 第一作者;A 作者;T 题名;C 分类号;R 文摘。

(2) 高级检索。

检索式为:K= 生态旅游 and（M= 旅游 or M= 生态）→检索结果。

（3）根据需要利用多种检索工具系统继续检索，直到认为资料基本齐全为止。

（4）下载获取检索信息（共获得 10 291 条相关文献信息）。

① 黄晓园.自然保护区周边社区生态与经济协调发展机制构建研究.新西部,2009（9）:61~62.

② 徐凤翔.学习自然、保护自然是生态旅游的精髓.世界环境,2009（5）:15~19.

③ 冯育青.苏州太湖湖滨湿地生态恢复模式与对策.南京林业大学学报（自然科学版）,2009,33（5）:126~130.

④ 王芳,林妙花.生态位态势视角下的区域旅游经济协调发展研究.产业与科技论坛,2009,8（6）:51~52.

以下略。

（四）撰写文献综述

生态旅游研究综述（纲要）

姓名	单位

【摘要】本文从生态旅游研究的意义、历史发展、现状分析以及前景预测四个方面对国内外生态旅游研究进行综述。

【关键词】生态　旅游　研究

【中图法分类号】F590.7；F590.3

【文献类型标识码】A

1. 问题提出

1.1 生态旅游的概念

1.2 生态旅游的作用

1.3 世界生态旅游研究机构的主要研究内容

在世界旅游组织、联合国环境署等国际组织的倡导下,世界各地开展了多种多样的生态旅游理论研究与实践活动,推动了生态旅游在全世界的发展。然而,在全世界范围内,生态旅游的概念和原则还处在探讨阶段,相关概念混淆不清,各种规范和认证还没有完全成型,国际性的统一标准尚未建立,生态旅游的滥用和泛化问题相当严重。在这种情况下,正如世界生态旅游学会所指出的那样:"尽管生态旅游具有带来积极的环境和社会影响的潜力,但是如果实施不当,将和大众旅游一样具有破坏性。"本研究综述根据目前所掌握的文献资料,对近20年来世界范围内关于生态旅游的相关历史、现状、前景进行简要的回顾和梳理,以期更加清楚地了解生态旅游产生和发展的背景、过程,探索其本质和正确的发展方向。

2. 历史发展

2.1 友好利用自然环境阶段

2.2 经营创新阶段

2.3 生态旅游合理发展模式探索阶段

3. 现状分析

3.1 生态旅游理论研究

3.2 生态旅游实践研究

3.3 生态旅游与其他旅游形式的关系

4. 前景预测

4.1 法规体系与科学认证

4.2 用科学发展观构建和谐社会

参考文献(略)

本 章 小 结

　　数字信息是用数字化的形式和载体记录人类科技文化知识、思想和实践活动的统称。它是在教学科研和工作生活中需要综合利用的主要信息源。本章在列出科研课题设计与实施程序的基础上,从信息利用的角度讲述数字信息收集整理及论文写作知识,阐述了数字信息的级别和收集数字性信息应具备的技能和方法,介绍了论文写作的程序、方法以及知识产权实务。本章提供了信息综合利用的案例。

复习思考题

1. 简述科研课题设计与实施的程序。

2. 简述获取科研课题的途径。

3. 收集数字信息应具备哪些技能?

4. 网络信息处理一般有哪些类型?

5. 数字信息合理利用主要指哪些方面?

6. 结合本专业实际,自拟一项研究课题并撰写一篇文献综述。

参 考 文 献

1. 张厚生. 信息检索. 南京：东南大学出版社, 2006.

2. 张海政, 等. 信息检索. 合肥：安徽科学技术出版社, 2007.

3. 陈洁, 张健. 科技创新原理及应用. 苏州：苏州大学出版社, 2007.

4. 张承华. 科技文献检索与论文写作. 济南：山东大学出版社, 1992.

5. 芮延年. 创新学原理及其应用. 北京：高等教育出版社, 2007.

6. 贺志刚, 李修波. 现代信息检索. 济南：山东大学出版社, 2003.

7. 沈固朝. 网络信息检索 工具·方法·实践. 北京：高等教育出版社, 2004.

8. 匡松, 洪平洲. 信息资源检索与利用. 北京：人民邮电出版社, 2008.

9. 王立苹. 人文信息资源检索. 哈尔滨：东北林业大学出版社, 2006.

10. 符绍宏, 等. 因特网信息资源检索与利用. 北京：清华大学出版社, 2005.

11. 张承华. 信息检索与网络基础. 济南：山东文化音像出版社, 2001.

12. 王曰芬, 等. 网络信息资源检索与利用. 南京：东南大学出版社, 2003.

13. 沈传尧, 等. 信息资源检索. 徐州：中国矿业大学出版社, 2005.

14. 刘二稳. 信息检索. 北京：人民邮电出版社, 2007.

15. 王胜利, 袁锡宏. 经济信息检索与利用. 北京：海洋出版社, 2008.

16. 喻萍, 詹纯喆, 谢蓉. 现代经济信息检索与利用. 北京：化学工业出版社, 2010.

17. 张辉编. 信息检索与利用. 济南：山东人民出版社, 2006.

18. 阚元汉. 专利信息检索与利用. 北京：海洋出版社, 2008.

19. 谢德体, 陈蔚杰, 徐晓琳. 信息检索与分析利用. 北京：清华大学出版社, 2007.

20. 张承华. 信息检索与利用. 海口：南海出版公司, 1999.

21. 黄晓斌. 网络信息资源开发与管理. 北京：清华大学出版社, 2009.

22. 葛敬民. 信息检索实用教程. 北京：高等教育出版社, 2005.

23. 朱江岭. 虚拟图书馆与网上信息检索. 北京：海洋出版社, 2005.